DER GESUNDE NAPF

Felix Biedermann

77 Superfoods für Hunde

Mit 23 gesunden Rezepten für Leckerli, die Immunsystem, Verdauung & Wohlbefinden stärken

EULOGIA VERLAG

Bibliografische Information der Deutschen Nationalbibliothek.

Die Deutsche Nationalbibliothek verzeichnet diese Publikation in der Deutschen Nationalbibliografie; detaillierte bibliografische Daten sind im Internet über http://dnb.dnb.de abrufbar.

Für Fragen und Anregungen:
info@eulogiaverlag.de

ISBN Softcover: 978-3-96967-668-4
ISBN E-Book: 978-3-96967-669-1

Originale Erstausgabe 2024

Eulogia Verlags GmbH
Gerhofstraße 1–3
20354 Hamburg

Satz und Layout: Tomasz Dębowski
Umschlaggestaltung: Katharina Netolitzky unter Verwendung folgender Bilder:
Hund: © ValeriyPH/Shutterstock
Foto Autor: © Felix Biedermann
Fußboden, Grünlippmuschelpulver, Karotten und Petersilie: Freepik
Aronia Beeren: Freepik
Salbei: kaiskynet/Freepik
Eierschalenpulver: Freepik
Hagebutten: stockking/Freepik
Chlorella: zoldatoff/Freepik
Reishi Pilze: sommail/Freepik
Chiasamen: samael334/Freepik
Granatapfelkerne: 8photo/Freepik

Inhaltsverzeichnis

Teil III: Dein Fahrplan für gesunde Hundeernährung im Alltag

Vorwort

Hallo, liebe Hundeliebhaberin, lieber Hundeliebhaber, dieses Buch ist genau das Richtige für dich, wenn du deinem Hund nicht einfach Futter geben willst, sondern Fürsorge, Gesundheit und ein besseres Leben.

Warum das so wichtig ist? Seit vielen Jahren darf ich Hundebesitzer zur Ernährung ihrer geliebten Vierbeiner beraten, und mit jeder Analyse wurde mir klarer: Die Natur hat mehr zu bieten, als wir oft denken. Und da kommen Superfoods für Hunde ins Spiel: Sie sind in meinen Augen kein Trend, sondern eine wertvolle Schatzkiste, die wir nur öffnen müssen.

Meine Reise zu diesem Thema begann nicht im Labor, sondern direkt am Futternapf im Austausch mit Hundeliebhabern und deren Problemen aus dem Alltag. Viele Hundebesitzer wollen nur das Beste für deren Vierbeiner, aber sind gleichzeitig total überfordert mit der riesigen Auswahl an Produkten. Zudem leiden immer mehr Hunde unter schmerzhaften Beschwerden durch die falsche Ernährung. Genau hier setze ich an und werde Dir sowie Deiner Fellrakete(n) helfen.

Nach meinem ersten Buch „Das ABC der Hundeernährung" wusste ich: Die Nachfrage nach konkreten Zutaten, die wirklich wirken, ist riesig. Dieses Buch hier in deinen Händen ist meine vertiefte Antwort darauf und bietet viele Helfer aus der Welt der Pflanzen, Öle und natürlichen Wirkstoffe.

In diesem Buch findest du 77 spannende Superfoods, die deinem Vierbei-

Schon damals war klar: Hunde gehören zu meinem Leben.

ner helfen können. Du erfährst, wie sie wirken, wie du sie dosierst und worauf du achten solltest. Und damit du nicht nur liest, sondern auch gleich loslegen kannst, bekommst du von mir sinnvolle Produktempfehlungen und 23 einfache sowie gesunde Leckerli-Rezepte, die du zu Hause selbst zubereiten kannst.

Mein erstes Buch hat vielen den Einstieg erleichtert.

Ich will dir keine starren Regeln aufdrücken oder dich bekehren. Stattdessen möchte ich dir ein Tool an die Hand geben, damit du dich im riesigen Futterdschungel zurechtfindest und mit gezielten Superfoods genau das findest, was zu deinem Vierbeiner passt. Nicht alles auf einmal, sondern Schritt für Schritt mit Klarheit, Praxis und gesundem Menschenverstand. Du wirst verstehen, was drinsteckt, was wirkt und wie du die Ernährung deines Hundes mit einfachen Mitteln auf ein neues Level bringen kannst.

Wenn du durch dieses Buch blätterst, wirst du kleine Schätze entdecken: dir noch unbekannte Pflanzen und altbewährte Hausmittel – und das Ganze alltagstauglich erklärt. Du wirst Superfoods entdecken, die deinem Hund helfen, und Rezepte, die er lieben wird. Vielleicht wird dieses Buch irgendwann Flecken bekommen, Eselsohren, schriftliche Notizen oder Krümel zwischen den Seiten und das wäre für mich das schönste Kompliment.

Ich wünsche dir von Herzen eine inspirierende Reise voller Aha-Momente, praktischer Tipps und einer noch tieferen Verbindung zu deinem vierbeinigen Liebling.

Mit wuffigen Grüßen
Dein

Felix Biedermann

EINFÜHRUNG

Was ist ein Superfood für Hunde?

„Superfood“ klingt erst mal nach einem Modewort, nach Smoothies, Avocado-Bowls und einem Hauch Instagram. Aber wer sich ernsthaft mit der Ernährung unserer Hunde beschäftigt, merkt schnell: Da steckt noch viel mehr dahinter. Denn wenn du Superfoods richtig einsetzt, dann werden diese zu echten Kraftpaketen für die Gesundheit deines Hundes.

Viele Hundebesitzer fragen sich irgendwann: *„Was kann ich noch tun, um meinem Hund zu helfen, ohne gleich zu Medikamenten greifen zu müssen?“* Und genau hier kommen wieder unsere Superfoods ins Spiel. Nicht als Allheilmittel, sondern als natürlicher Begleiter. Als gezielte Ergänzung, die den Unterschied machen kann.

Was ist eigentlich ein Superfood?

Der Begriff „Superfood“ ist nicht gesetzlich geschützt. Es gibt keine offizielle Definition und auch keine feste Liste dafür. Aber in der Praxis meint er ganz einfach: natürliche Lebensmittel mit einer außergewöhnlich hohen Nährstoffdichte.

Das bedeutet ganz einfach: Sie liefern nicht nur Energie, sondern eine geballte Ladung wertvoller Inhaltsstoffe. Zum Beispiel sekundäre Pflanzenstoffe, Antioxidantien, Vitamine, essenzielle Fettsäuren oder Enzyme.

Kurz gesagt: Superfoods haben das Potenzial, den Organismus zu stärken, Prozesse im Körper zu unterstützen und Beschwerden gezielt zu lindern. Und das Ganze auf eine sanfte und nachhaltige Art und Weise, ganz ohne Chemie.

Warum Superfoods gerade bei Hunden sinnvoll sind

Unsere Hunde sind längst nicht mehr nur Wachhunde oder Mäusefänger. Sie sind Familienmitglieder, Seelentröster, Begleiter – und genau deshalb wollen viele Menschen heute mehr als nur „irgendein Futter“. Die allermeisten Hundebesitzer wollen verstehen, *was wirklich drin ist* und *was wirkt*. Und das ist auch enorm wichtig. Denn viele Hunde kämpfen heute mit chronischen Beschwerden: Juckreiz, Durchfall, Unruhe, stumpfem Fell oder schmerzenden Gelenken.

Die Ursachen sind oft sehr komplex, aber die Ernährung spielt fast immer eine zentrale Rolle. Genau hierbei können Superfoods eine entscheidende Unterstützung sein: Sie können Entzündungen hemmen, das Immunsystem regulieren, die Verdauung stärken oder das Nervensystem beruhigen. Verwende sie nicht als Ersatz für eine gute Grundernährung, sondern als gezielte Ergänzung mit Wirkung.

Erfahrungen aus der Praxis

In meiner täglichen Arbeit mit Hundebesitzern habe ich es unzählige Male erlebt, dass eine kleine Veränderung schon Großes bewirken kann. Zum Beispiel bei einer älteren Labrador-Hündin mit Verdauungsproblemen, die durch Flohsamenschalen und fermentierte Hirse endlich wieder einen normalen Stuhlgang erhielt und wieder entspannter wurde. Oder bei einem sensiblen Rüden, der mit Ashwagandha deutlich gelassener wurde. Und auch bei einem Allergiker-Hund, bei dem Zistrose, Seealgen und eine gezielte Futteranpassung für eine spürbare Verbesserung sorgten.

Diese Erfahrungen, kombiniert mit meinem Wissen über Hundeernährung, waren der Auslöser für dieses Buch.

Verantwortung statt Verwirrung

Es gibt heute unzählige Produkte, Meinungen und Trends rund um Hundefutter, Superfood und Ernährungsarten. Aber was wirklich hier fehlt, ist Klarheit. Mit diesem Buch will ich dir nicht noch eine weitere Meinung aufzwingen, sondern dir helfen, deine eigenen fundierten Entscheidungen zu treffen.

Mit einfachen Erklärungen, praktischen Anwendungen, nachvollziehbaren Empfehlungen und einem klaren Ziel: deinem Hund durch natürliche Zutaten zu mehr Gesundheit und Wohlbefinden verhelfen.

Was dich in diesem Buch erwartet

Dieses Buch ist wie ein Kompass durch den Dschungel an Nahrungsergänzungen, Hausmitteln und Superzutaten, aber ohne Schnickschnack. Damit du dich gut zurechtfindest, habe ich die 77 Superfoods **nach Wirkungsbereichen gegliedert**: z. B. Gelenke & Bewegung, Haut & Fell, Verdauung, Herz & Kreislauf oder Nerven & Gehirn.

Jedes Superfood folgt dabei einem festen Aufbau, damit du schnell findest, was du suchst:

- Was ist das eigentlich genau?
- Welche Wirkung hat es bei Hunden?
- Wie wird es dosiert?
- Worauf solltest du achten?
- Und mit welchen anderen Superfoods lässt es sich sinnvoll kombinieren?

So kannst du gezielt nach den Bedürfnissen deines Hundes schauen, ob er jung ist, älter wird, sensibel reagiert oder einfach mehr Unterstützung im Alltag braucht.

Im zweiten Teil findest du **23 gesunde Leckerli-Rezepte** zum Selbermachen. Diese sind ebenfalls thematisch sortiert: Mal für Gelenke, mal für´s Immunsystem oder einfach für zwischendurch und das Ganze immer einfach, natürlich mit Superfoods.

Zum Schluss bekommst du noch **eine praktische Übersicht im Anhang**, mit der du schnell passende Zutaten für konkrete Beschwerden findest. Dieses Buch ist kein Nachschlagewerk für die Schublade, sondern etwas, dass dich im Alltag begleitet. Blättere quer, markiere Seiten, schreibe dir was daneben. Und nutze es so, wie es dir und deinem Hund am meisten bringt.

Mach es dir nun bequem, schnapp dir ein paar Notizzettel und lass uns gemeinsam die große Welt der Superfoods entdecken. Dein Hund wird es lieben und du wirst staunen, was alles möglich ist. Das Ganz ohne Hokuspokus, dafür aber mit Herz, Wissen und Klarheit.

Ernährung ist nicht nur Theorie, denn sie beginnt im echten Leben mit deinem Hund.

TEIL I

77 Superfoods für deinen Hund

KAPITEL 1

Gelenke, Knochen und Beweglichkeit

1 Grünlippmuschel

Klingt wie ein exotisches Gourmetgericht, ist aber für viele Hunde ein echter Segen: die Grünlippmuschel. Sie stammt aus Neuseeland und wächst dort im offenen Meer. Ihre grünlich schimmernden Ränder sind nicht nur hübsch anzusehen, sondern in ihr steckt richtig viel Wertvolles. Und zwar für die Gelenke deiner Fellrakete, besonders dann, wenn dein Hund schon ein bisschen in die Jahre gekommen ist.

Diese Muschel hat es in sich, denn sie liefert natürliche Bausteine für Gelenkknorpel, sogenannte Glykosaminoglykane. Diese können deinem Hund dabei helfen, sich geschmeidiger zu bewegen. Dazukommen entzündungshemmende Omega-3-Fettsäuren und wichtige Mineralien wie Zink und Mangan.

Viele Hundebesitzer berichten mir, dass ihre Vierbeiner nach ein paar Wochen mit der Grünlippmuschel wieder mehr Freude an Bewegung haben – egal, ob beim Treppensteigen, Toben oder einfach beim Aufstehen morgens.

Wirkung im Napf

Grünlippmuschel wirkt leider nicht direkt über Nacht, aber sie wirkt mit der Zeit. Ich setze sie gern bei Hunden mit Arthrose, Gelenkentzündungen oder nach Operationen ein. Vor allem auch bei sportlichen Hunden, die viel leisten müssen, kann sie helfen, die Gelenke langfristig zu schützen.

Dosierung & Anwendung

Wenn du deinem Hund Grünlippmuschel geben möchtest, solltest du auf das reine Pulver setzen und am besten möglichst ohne Zusätze und ohne Trägerstoffe. Die Wirkung entfaltet sich nicht sofort, sondern baut sich mit der Zeit auf. Wichtig ist also eine regelmäßige Anwendung und idealerweise täglich über mehrere Wochen hinweg.

Dosierung nach Körpergewicht (Richtwert):

- bis 5 kg Körpergewicht → ca. 0,2 g pro Tag
- 5–10 kg → ca. 0,3–0,4 g pro Tag
- 10–20 kg → ca. 0,5–0,8 g pro Tag
- 20–30 kg → ca. 0,9–1,2 g pro Tag
- 30–40 kg → ca. 1,3–1,5 g pro Tag
- ab 40 kg → 1,6–2,0 g pro Tag

Tipp: Mische das Pulver ganz einfach unter das tägliche Futter. Bei sensiblen Hunden empfiehlt es sich, es zunächst mit etwas Wasser oder Brühe anzurühren, um es besser einzuarbeiten.

Dauer der Anwendung:

- Bei akuten Beschwerden: mind. 6–8 Wochen am Stück
- Zur Prävention (z. B. bei Senioren oder sportlich aktiven Hunden): 2–3 Kuren pro Jahr à 6 Wochen
- Bei chronischen Problemen: Daueranwendung möglich, ggf. mit kurzen Pausen

Worauf du achten solltest

Achte auf eine schonende Verarbeitung, also am besten luftgetrocknet oder gefriergetrocknet. Hitze zerstört die empfindlichen Wirkstoffe. Nicht geeignet ist die Muschel, wenn dein Hund eine Muschelallergie hat. Das kommt zwar selten vor, aber du solltest das trotzdem im Hinterkopf behalten. Und wie immer gilt, die Ernährung ist nun mal kein Zaubertrick. Die Grünlippmuschel wirkt am besten, wenn du auch auf die Bewegung, das Gewicht und das Gesamtfutter deines Vierbeiners achtest.

Was passt gut dazu?

Ich kombiniere sie oft mit Hagebutte (für die Vitamin-C-Aufnahme), mit Kollagen oder mit mit der Teufelskralle und das Ganze je nach Be-

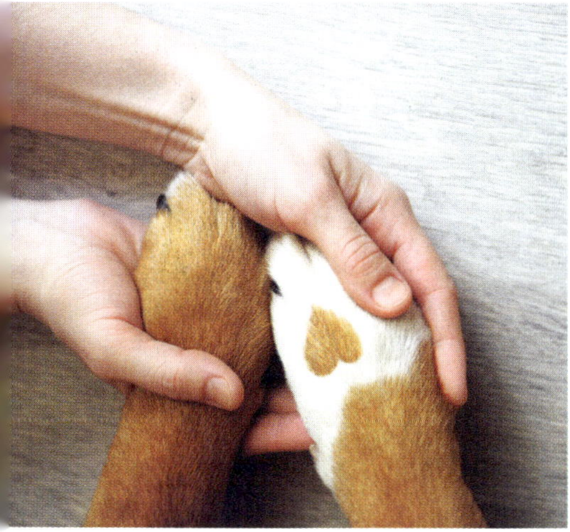

darf. So bekommt man eine richtig schöne Rundumversorgung für den Bewegungsapparat.

Mein Praxistipp

Ich habe Hunde erlebt, die plötzlich wieder ins Auto gesprungen sind, obwohl sie vorher nur langsam hochkamen. Nicht, weil die Muschel zaubern kann, sondern weil sie wirkt. Leise, aber nachhaltig.

Scanne den QR-Code, um mein Lieblingsprodukt für die Grünlippmuschel zu sehen:

2 Hagebuttenpulver

Diese kleine rote Frucht am Strauch sieht harmlos aus, aber in ihr steckt echte Power für deinen Hund. Die Hagebutte gehört zu den ältesten Heilpflanzen Europas und liefert geballte Naturkraft. Vor allem als Pulver wird sie bei Hunden immer beliebter, denn sie kann nicht nur das Immunsystem stärken, sondern auch Gelenke, Zellen und den gesamten Stoffwechsel unterstützen.

Das Besondere an der Hagebutte ist ihr hoher Gehalt an natürlichem Vitamin C – und zwar in einer Form, die dein Hund optimal verwerten kann. Außerdem bringt sie auch entzündungshemmende Pflanzenstoffe wie Galaktolipide und Flavonoide mit, die beispielsweise bei Arthrose oder chronischen Entzündungen helfen können.

Wirkung im Napf

Ich setze das Pulver der Hagebutte gern ein, wenn es um die Gelenkgesundheit unserer Vierbeiner geht. Vor allem bei Hunden, die schon erste Beschwerden zeigen. Sie unterstützt die Knorpelversorgung, kann freie Radikale abfangen und hilft dabei, Entzündungen im Körper zu regulieren. Vor allem auch in der Erkältungszeit oder bei anfälligen Hunden kann sie ein wertvoller Begleiter sein.

Dosierung & Anwendung

Achte auf ein reines Hagebuttenpulver, das am besten aus Schale und Frucht gewonnen wurde, schonend getrocknet und ohne Zusatzstoffe.

Dosierung nach Körpergewicht (Richtwert):

- bis 5 kg → ca. 0,5 g pro Tag
- 5–10 kg → ca. 0,8–1 g
- 10–20 kg → ca. 1,2–2 g
- 20–30 kg → ca. 2–3 g
- 30–40 kg → ca. 3–4 g
- ab 40 kg → ca. 4–5 g

Tipp: Du kannst das Pulver einfach übers Futter deines Lieblings streuen. Manche Hunde mögen es auch in etwas Joghurt oder Brühe, vor allem wenn sie empfindlich sind.

Dauer der Anwendung:

Bei Gelenkproblemen gerne dauerhaft oder als Kur über 6 bis 8 Wochen. Zur Immunstärkung im Herbst oder Winter eignet sich das Pulver ebenfalls sehr gut.

Worauf du achten solltest

Die Qualität des Pulvers macht den Unterschied. Achte darauf, dass es luftgetrocknet, fein vermahlen und ohne Zusatzstoffe ist! Wenn dein Hund bereits Medikamente bekommt, kläre die Einnahme bitte vorher mit deinem Tierarzt des Ver-

trauens kurz ab. Vitamin C kann – in seltenen Fällen – Wechselwirkungen hervorrufen.

Was passt gut dazu?

Ich kombiniere Hagebuttenpulver gern mit der Grünlippmuschel (für Gelenke), Kollagenhydrolysat (für Knorpel und Bindegewebe) oder auch mit etwas Kurkuma. So bekommt dein Hund ein richtig gutes Powerpaket für mehr Bewegungsfreude.

Mein Praxistipp

Ich hatte mal eine Hündin in der Beratung, die kaum noch Treppen steigen wollte. Nach knapp 7 Wochen unter der Verwendung mit Hagebutte und Grünlippmuschel hat sie wieder oben auf dem Sofa geschlafen. Kein Witz.

Wenn du wissen willst, welches Produkt ich damals der Hündin empfohlen habe: Scanne den QR-Code und ich zeig dir meinen Favoriten.

3 MSM (Methylsulfonylmethan)

Bei MSM denkst du an einen komplizierten Chemiebaustein? Ganz unrecht hast du nicht. MSM ist eine organische Schwefelverbindung. Aber bevor du jetzt weiterblätterst, halte kurz inne. Denn genau dieser natürliche Schwefel kann deinem Hund helfen, wieder mehr Freude an Bewegung zu haben.

MSM kommt in kleinsten Mengen sogar in frischen Lebensmitteln vor. Aber durch Lagerung, Erhitzung und industrielle Verarbeitung geht es meist verloren. Am besten führt man MSM gezielt über hochwertige Ergänzungen dem Vierbeiner zu. Vor allem bei Hunden mit Gelenkbeschwerden, steifen Bewegungen oder entzündlichen Prozessen im Körper ist MSM ein Geheimtipp.

Wirkung im Napf

MSM kann entzündungshemmend und schmerzlindernd wirken. Es unterstützt die Bildung von Kollagen, kann die Gelenkbeweglichkeit verbessern und hilft dem Körper bei der Entgiftung. Gerade bei älteren Hunden, bei Arthrose oder nach Operationen setze ich MSM gerne begleitend ein und habe damit bis jetzt sehr gute Erfahrungen gemacht.

Ein weiterer Pluspunkt von MSM ist, dass es die Aufnahme anderer Nährstoffe verbessert - zum Beispiel von Vitamin C oder Glucosamin, was ideale Ergänzungen zu anderen Gelenkhelfern sind.

Dosierung & Anwendung

MSM gibt es meist als Pulver zu kaufen. Achte darauf, dass es rein sowie ohne Zusatzstoffe ist. Ich bevorzuge pharmazeutische Qualität. Diese erkennst du an dem Gütesiegel „OptiMSM".

Dosierung nach Körpergewicht (Richtwert):

- bis 5 kg → ca. 100–150 mg pro Tag
- 5–10 kg → ca. 200–300 mg
- 10–20 kg → ca. 400–600 mg
- 20–30 kg → ca. 700–900 mg
- 30–40 kg → ca. 1–1,2 g
- ab 40 kg → 1,3–1,5 g

Kleiner Tipp: Mische es am besten unters Futter, bei empfindlichen Hunden mit etwas Joghurt oder Brühe.

Dauer der Anwendung:

Bei akuten Beschwerden gib es mindestens für 6 Wochen am Stück. Zur

Unterstützung bei chronischen Themen kannst du es auch als Dauerergänzung verwenden und am besten mit gelegentlichen Pausen (z. B. alle 8 Wochen 1 Woche Pause).

Worauf du achten solltest

MSM hat in der Regel kaum Nebenwirkungen, aber bei empfindlichen Hunden kann es anfangs zu etwas weicherem Kot kommen. Deshalb lass es in dem Fall einfach langsam einschleichen und starte mit der halben Dosis.

Und achte darauf, dass du MSM nicht gleichzeitig mit blutverdünnenden Medikamenten gibst. Halte bitte vorher Rücksprache mit deinem Tierarzt, wenn dein Hund Medikamente bekommt.

Was passt gut dazu?

MSM lässt sich zum Beispiel mit Grünlippmuschel, Kollagenhydrolysat, Hagebuttenpulver oder Teufelskralle super kombinieren. Besonders in Kombination mit Vitamin C (z. B. aus der Hagebutte) wird die Wirkung verstärkt.

Mein Praxistipp

Ich habe einige Seniorenhunde begleitet, die mit MSM wieder besser laufen konnten. Zwar nicht über Nacht, aber sichtbar nach 4 bis 6 Wochen. Es ist kein Zaubertrick, sondern ein Baustein, der dem Körper hilft, von innen heraus zu regenerieren.

Wenn du sehen willst, welches MSM ich empfehle: Scanne einfach den QR-Code und ich zeige dir mein bewährtes Produkt.

4 Teufelskralle

Der Name klingt fies. Aber keine Sorge, die Teufelskralle hat nichts mit Krallen zu tun, sondern mit der besonderen Form ihrer Frucht. Sie stammt aus den trockenen Regionen Südafrikas und wird dort seit Jahrhunderten in der traditionellen Medizin eingesetzt. Auch bei Hunden ist sie heute ein echter Klassiker, wenn es um Gelenke, Sehnen und Beweglichkeit geht.

Was diese Pflanze so besonders macht, ist ihr hoher Gehalt an Harpagosid. Diesem sekundären Pflanzenstoff wird eine entzündungshemmende und schmerzlindernde Wirkung zugeschrieben. Besonders bei Hunden mit Arthrose oder Rückenproblemen ist die Teufelskralle eine sanfte, aber wirkungsvolle Unterstützung.

Wirkung im Napf

Die Teufelskralle wirkt nicht sofort, aber dafür nachhaltig bei deinem Liebling. Ich setze sie oft bei chronischen Gelenkbeschwerden, Arthroseschüben oder Spondylose ein. Viele Hundebesitzer berichten mir, dass ihre Fellnasen nach ein paar Wochen wieder besser laufen können. Nicht weil sie plötzlich geheilt sind, sondern weil der Körper dank der Teufelskralle besser mit den Entzündungen zurechtkommt.

Sie wirkt wie eine Art natürlicher Entzündungsregler im Körper deines Vierbeiners und kann auch dann sinnvoll sein, wenn Schmerzmittel reduziert oder begleitet eingesetzt werden sollen.

Dosierung & Anwendung

Du bekommst Teufelskralle meist als Pulver oder als Kapseln, aber ich empfehle dir das Pulver. Denn dadurch kannst du die tägliche Dosierung für deinen Hund deutlich

besser anpassen. Achte aber unbedingt auf den Harpagosid-Gehalt, denn dieser sollte idealerweise mindestens 1,5 % betragen.

Dosierung nach Körpergewicht (Richtwert):

- bis 5 kg → ca. 100–200 mg pro Tag
- 5–10 kg → ca. 300–400 mg
- 10–20 kg → ca. 500–800 mg
- 20–30 kg → ca. 900–1.200 mg
- 30–40 kg → ca. 1.300–1.500 mg
- ab 40 kg → 1.600–2.000 mg

Geheimtipp: Bevor du das Pulver der Teufelskralle unters Futter mischst, feuchte es leicht an, damit es nicht „staubt“ oder den Geruchssinn stört.

Dauer der Anwendung:

Bei akuten Schmerzen solltest du es für mindestens 4 bis 6 Wochen am Stück geben. Im Falle von chronischen Beschwerden ist die Teufelskralle auch als Langzeitanwendung möglich. Hierbei sind aus meiner Erfahrung regelmäßige Pausen (z. B. nach 6–8 Wochen 1 Woche) empfehlenswert.

Worauf du achten solltest

Teufelskralle wirkt stark über die Leber, daher solltest du sie bei Hunden mit **Lebererkrankungen** nur in Absprache mit deinem Tierarzt einsetzen. Auch bei trächtigen Hündinnen oder bei Hunden mit Magenproblemen ist Vorsicht geboten. Achte auf eine gute Qualität (z. B. Bioqualität und reines Wurzelpulver), dann bekommst du ein wertvolles Pflanzenmittel mit starker Wirkung – und das ganz ohne Chemie.

Was passt gut dazu?

Ich kombiniere Teufelskralle gern mit Grünlippmuschel, MSM, Kollagen oder auch mit einem hochwertigen Vitamin-C-Lieferanten wie der Hagebutte. So bekommt dein Hund eine richtig gute Unterstützung für seine Gelenke und den gesamten Bewegungsapparat.

Mein Praxistipp

Ein Rüde mit Spondylose kam kaum noch auf sein Sofa. Nach rund 5 Wochen mit Teufelskralle, Grünlippmuschel und einer Futterumstellung war er wieder deutlich beweglicher. Meine Klientin war dadurch entspannter und glücklich, dass der Spuk endlich ein Ende hat. Es ist aber kein Wunder, denn wenn Entzündungen zurückgehen, steigt auch wieder die Lebensfreude.

Scanne den QR-Code, wenn du wissen willst, welches Teufelskralle-Produkt ich empfehle.

5 Mangostan

Sie sieht aus wie eine kleine, runde Frucht mit dicker Schale und hat es in sich. Die Mangostan, auch als „Königin der Früchte“ bezeichnet, stammt ursprünglich aus Südostasien. In Europa ist sie recht unbekannt, dabei zählt sie zu den stärksten antioxidativen Superfoods, die du deinem Vierbeiner geben kannst. Besonders in Pulverform wird sie zunehmend beliebter, vor allem wenn es um Zellschutz, Immunsystem und entzündliche Prozesse geht.

Das Fruchtfleisch der Mangostan ist sowohl süß als auch saftig und auch für uns Menschen ein echter Genuss. Für Hunde ist es aber vor allem der getrocknete und schonend verarbeitete Fruchtschalen-Extrakt, der interessant ist. Denn dieser Extrakt steckt voller seltener Xanthone. Das sind hochwirksame Pflanzenstoffe, die freie Radikale neutralisieren und dem Körper deines Lieblings helfen, sich selbst zu schützen.

Wirkung im Napf

Ich empfehle Mangostan bei Hunden mit chronischen Entzündungen, Hautproblemen, einem gestressten Immunsystem oder auch einfach dann, wenn du etwas Gutes für die Zellgesundheit deines Vierbeiners tun möchtest.

Die Wirkung von Mangostan ist nicht vordergründig spektakulär, aber sie läuft still und konstant im Hintergrund. Es unterstützt vor allem den Zellstoffwechsel, reduziert oxidativen Stress und stärkt die körpereigene Abwehr.

Besonders spannend finde ich die Wirkung bei Hunden, die viel Umweltbelastungen ausgesetzt sind. Sei es durchs Stadtleben, Medikamente, Impfungen oder Stress.

Dosierung & Anwendung

Mangostan gibt es meist als feines Pulver aus der Schale oder als Kapseln. Ich empfehle dir die Pulvervariante, weil du damit gezielter dosieren kannst.

Dosierung nach Körpergewicht (Richtwert):

- bis 5 kg → ca. 100 mg pro Tag
- 5–10 kg → ca. 150–200 mg
- 10–20 kg → ca. 300–400 mg
- 20–30 kg → ca. 500–600 mg
- 30–40 kg → ca. 700–800 mg
- ab 40 kg → ca. 900–1.000 mg

Tipp: Mische es einfach unters Futter. Verrühre es bei sensiblen Hunden zuerst mit etwas Wasser oder Brühe. Das Pulver ist geschmacksneutral bis leicht herb, wird aber meist gut von Hunden akzeptiert.

Dauer der Anwendung:

Ideal ist eine Kur von 6 bis 8 Wochen, bei Bedarf auch länger. Gerade bei chronischen Beschwerden oder zur Immunstärkung kann die regelmäßige Anwendung sinnvoll sein.

Worauf du achten solltest

Wichtig ist vor allem, dass du auf reines Schalenextrakt ohne Zusatzstoffe achtest und keine Produkte mit Zucker oder Fruchtpüree verwendest. Die Qualität spielt eine große Rolle. Halte Ausschau nach folgenden Stichworten: luftgetrocknet, ohne Hitze und aus kontrolliertem Anbau.

Bei Hunden mit sehr empfindlicher Verdauung ist Mangostan weniger geeignet. Lass es langsam einschleichen!

Was passt gut dazu?

Mangostan lässt sich toll kombinieren mit Hagebutte (Vitamin C), MSM, Chlorella oder auch Heidelbeeren. Damit deckst du gleich mehrere Ebenen ab: Zellschutz, Entzündungshemmung, Stoffwechsel und Immunsystem.

Mein Praxistipp

Ich hatte eine Hündin zur Behandlung, die ständig kleine Entzündungen an den Ohren hatte. Das war zwar nichts Dramatisches, aber chronisch. Nach einer 6-wöchigen Kur mit Mangostan und einer gezielten Umstellung auf antioxidantienreiches Futter war plötzlich Ruhe. Das war kein Zufall, sondern das Ergebnis einer stillen, aber wirkungsvollen Unterstützung aus der Natur.

Wenn du wissen möchtest, welches Mangostan-Pulver ich meinen Klienten empfehle: Scanne den QR-Code und ich zeige dir meinen Favoriten.

6 Cissus quadrangularis

Diese unscheinbare Pflanze aus der Familie der Weinreben hat es richtig in sich. *Cissus quadrangularis* stammt ursprünglich aus Afrika und Asien und wird dort seit Jahrhunderten in der ayurvedischen Medizin eingesetzt. Inzwischen wird sie auch in der westlichen Tiertherapie immer beliebter und vor allem dann, wenn es um Knochen, Sehnen, Bänder und Heilungsprozesse geht.

Wirkung im Napf

Cissus quadrangularis wirkt entzündungshemmend, antioxidativ und knochenstärkend. Sie unterstützt die Regeneration von Knochengewebe, kann helfen Schmerzen zu lindern und hat sich besonders bei Frakturen, Bänderrissen oder Gelenkentzündungen bewährt.

Ich setze sie gern unterstützend ein bei Hunden nach einem Kreuzbandriss, nach Operationen, bei schwachem Bindegewebe oder auch bei älteren Hunden, deren Bewegungsapparat etwas zusätzliche Hilfe braucht. Auch bei großen, schnell wachsenden Hunden kann sie unterstützend sein, gerade wenn es um Wachstumsschmerzen oder den Aufbau von kräftigen Strukturen geht.

Dosierung & Anwendung

Cissus bekommst du als Extrakt, Pulver oder auch in Kombination mit anderen Pflanzenstoffen. Wichtig ist, dass das Extrakt vor allem auf Ketosteroide und Iridoide standardisiert ist. Ich empfehle dir die Pulvervariante, weil du damit gezielter dosieren kannst.

Dosierung nach Körpergewicht (Richtwert):

- bis 5 kg → ca. 100–150 mg pro Tag
- 5–10 kg → ca. 200–300 mg
- 10–20 kg → ca. 400–500 mg
- 20–30 kg → ca. 600–800 mg
- 30–40 kg → ca. 900–1.000 mg
- ab 40 kg → ca. 1.100–1.300 mg

Geheimtipp: Vermenge das Pulver am besten mit einem Löffel Joghurt, Quark oder etwas Brühe, denn das hilft einerseits bei der Aufnahme und andererseits wird es dadurch noch schmackhafter.

Dauer der Anwendung:

Zur Regeneration nach Verletzungen oder Operationen empfehle ich eine mindestens 8-wöchige Anwendung. Bei chronischen Beschwerden oder zur Stärkung von Bändern und Sehnen kann Cissus auch dauerhaft gegeben werden, aber mache bitte nach 2 Monaten Anwendung eine Woche Pause.

Worauf du achten solltest

Achte auf hochwertige Extrakte, idealerweise mit einem Ketosteroid-Gehalt von mindestens 2,5 %. Finger weg von Produkten mit unnötigen Füllstoffen, künstlichen Vitaminen oder Zucker.

Nicht geeignet ist Cissus für trächtige Hündinnen oder für Hunde mit hormonellen Erkrankungen. Sprich das im Zweifel immer kurz mit deinem Tierarzt des Vertrauens ab.

Was passt gut dazu?

Ich kombiniere Cissus oft mit Kollagenhydrolysat, Vitamin C (z. B. aus Hagebutte), MSM oder Glucosamin. Damit hast du eine richtig starke Kombination für den gesamten Bewegungsapparat und besonders dann, wenn dein Hund Unterstützung beim Wiederaufbau braucht.

Mein Praxistipp

Ein Junghund mit starkem Bänderschwächesyndrom wurde mir von einer Tierphysiotherapeutin geschickt. Wir haben gemeinsam mit Cissus, Kollagen und gezieltem Training gearbeitet. Nach drei Monaten war aus dem wackeligen Riesenbaby ein stabiler, bewegungsfreudiger Hund geworden und der Tierarzt meiner Klientin war erstaunt über die Fortschritte.

Wenn du wissen willst, welches Cissus-Produkt ich persönlich empfehle: Scanne den QR-Code und ich zeige dir mein favorisiertes Produkt.

7 Astaxanthin

Diese leuchtend rote Substanz sieht aus wie ein Farbstoff – und genau das ist sie auch. Aber was sie im Körper deines Vierbeiners leisten kann, ist weit mehr als hübsch aussehen. Astaxanthin gehört zu den stärksten bekannten Antioxidantien der Natur. Es wird aus einer Mikroalge gewonnen, die unter extremen Umweltbedingungen überlebt – und genau diese Widerstandskraft gibt sie in Form von Astaxanthin weiter.

Was viele nicht wissen: Astaxanthin ist 6000-mal stärker als Vitamin C, 550-mal stärker als Vitamin E und deutlich wirksamer als viele andere Antioxidantien. Es schützt die Zellen, wirkt entzündungshemmend und ist ein echter Boost für das Immunsystem.

Wirkung im Napf

Astaxanthin ist mein persönlicher Geheimtipp bei Hunden mit chronischen Entzündungen, Allergien, Hautproblemen, Zellstress oder einem geschwächten Immunsystem. Auch bei älteren Hunden oder in besonders belastenden Phasen (zum Beispiel nach Impfungen,

Operationen oder bei Stress) setze ich es gern begleitend ein.

Es schützt die Zellmembranen, reduziert oxidativen Stress und kann deinem Liebling helfen, den Alterungsprozess zu verlangsamen. Viele meiner Klienten berichten nach einigen Wochen über glänzenderes Fell, mehr Energie und bessere Regeneration.

Dosierung & Anwendung

Astaxanthin gibt es meist als Kapsel, Pulver oder Öl. Wichtig ist, dass du auf die Herkunft achtest. Es sollte natürliches Astaxanthin aus der Alge *Haematococcus pluvialis* sein und nicht synthetisch! Mit dem Pulver kannst du gezielter dosieren.

Dosierung nach Körpergewicht (Richtwert):

- bis 5 kg → ca. 1–1,5 mg pro Tag
- 5–10 kg → ca. 2–3 mg
- 10–20 kg → ca. 4–5 mg
- 20–30 kg → ca. 6–7 mg
- 30–40 kg → ca. 8–9 mg
- ab 40 kg → 10–12 mg pro Tag

Tipp: Da Astaxanthin fettlöslich ist, gib es am besten mit einer fettreichen Mahlzeit oder einem hochwertigen Öl (z. B. Lachsöl). Das verbessert die Aufnahme von Astaxanthin deutlich.

Dauer der Anwendung:

Ideal sind Kuren von 6 bis 8 Wochen. Bei chronischen Beschwerden oder älteren Hunden kannst du Astaxanthin auch dauerhaft einsetzen. Lege gern kleine Pausen ein (zum Beispiel 1 Woche nach 2 Monaten Anwendung).

Worauf du achten solltest

Vermeide synthetische Produkte aus industrieller Herstellung, denn diese weisen meist deutlich weniger Wirkung auf. Achte auf die Angabe „natürliches Astaxanthin aus *Haematococcus pluvialis*“ und idealerweise auf einen kontrollierten Anbau ohne Lösungsmittelrückstände.

Wenn dein Vierbeiner gerade andere Medikamente bekommt, besprich die Gabe von Astaxanthin zur Sicherheit bitte mit deinem Tierarzt.

Was passt gut dazu?

Ich kombiniere Astaxanthin sehr gern mit Omega-3-Fettsäuren (z. B. Lachsöl, Leinöl oder Krillöl), Hagebutte (als Vitamin-C-Lieferant), Chlorella oder auch Mangostan. Diese Synergie ist super für Immunsystem, Zellschutz und zur Entzündungsregulation.

Mein Praxistipp

Ich hatte einen Allergiker-Rüden, der ständig mit Hautentzündungen und stumpfem Fell zu kämpfen hatte. Nachdem wir Astaxanthin ins Spiel gebracht haben, zusammen mit einem hochwertigen Öl und einer Futterumstellung, wurde das Fell deutlich weicher, der Juckreiz ließ spürbar nach und meine Klientin war begeistert, wie viel Lebensfreude zurückkam.

Falls du erfahren möchtest, welches Astaxanthin ich meinen Klienten immer wieder empfehle: Scanne den QR-Code und ich zeige dir mein favorisiertes Produkt.

KAPITEL 2

Gehirn, Nerven und Stressreduktion

8 Gotu Kola

Wenn man Gotu Kola zum ersten Mal hört, dann denkt man vielleicht eher an einen exotischen Tee als an ein Superfood für Hunde. Doch dieses kleine, unscheinbare Blatt aus dem asiatischen Raum hat es in sich. In der ayurvedischen und traditionellen Chinesischen Medizin wird es schon seit Jahrhunderten als Heilpflanze zur Stärkung des Geistes, zur Wundheilung und für die Regeneration des Körpers eingesetzt. Auch bei unseren Hunden kann Gotu Kola eine wertvolle Unterstützung sein, besonders bei Hautproblemen, Narben, Nervosität oder schlechter Durchblutung.

Wirkung im Napf

Gotu Kola ist bekannt für seine wundheilenden, zellregenerierenden und durchblutungsfördernden Eigenschaften. Ich setze es vor allem bei Hunden mit Hautirritationen, schlecht heilenden Wunden oder Operationsnarben ein. Auch bei älteren Hunden mit schwächerer Durchblutung oder bei gestressten Hunden, die nervös oder unausgeglichen wirken, hat sich Gotu Kola bewährt.

Die enthaltenen Triterpenoide wirken stark zellschützend und fördern den Aufbau von neuem Gewebe, was vor allem nach Operationen, Verletzungen oder bei Problemen mit der Hautbarriere ideal ist. Gleichzeitig kann Gotu Kola beruhigend auf das Nervensystem wirken.

Dosierung & Anwendung

Gotu Kola ist meist als Pulver oder Extrakt erhältlich. Achte aber auf reine Qualität, am besten Bio und ohne Zusatzstoffe oder Streckmittel. Aus meiner Sicht solltest du die Pulvervariante verwenden, denn damit kannst du Gotu Kola gezielter dosieren.

Dosierung nach Körpergewicht (Richtwert):

- bis 5 kg → ca. 50–100 mg pro Tag
- 5–10 kg → ca. 150–200 mg
- 10–20 kg → ca. 300–400 mg
- 20–30 kg → ca. 500–600 mg
- 30–40 kg → ca. 700–800 mg
- ab 40 kg → ca. 900–1.000 mg

Tipp: Misch es am besten unters Futter und fange am Anfang mit kleiner Menge an, um die Verträglichkeit zu testen. Bei sensiblen Hunden kannst du es mit etwas Brühe oder Joghurt vermengen.

Dauer der Anwendung:

Zur Regeneration von Haut und Gewebe empfehle ich eine Kur von 6 bis 8 Wochen. Bei nervösen Hunden oder älteren Tieren mit schlechter Durchblutung kann es auch langfristig eingesetzt werden. Mach aber bitte nach 2 Monaten Anwendung immer eine kleine Pause von ungefähr einer Woche. Danach kannst du mit der Dosierung fortfahren.

Worauf du achten solltest

Gotu Kola ist eine milde, aber wirkungsvolle Pflanze. Aber bei trächtigen Hündinnen oder bei bekannter Lebererkrankung sollte es nicht gegeben werden. Achte wie immer auf die Qualität, denn ein hoher Gehalt an Triterpenen ist entscheidend für die Wirksamkeit.

Was passt gut dazu?

Ich kombiniere Gotu Kola gern mit Chlorella (zur Entgiftung), Mangostan (für Zellschutz), Ashwagandha (zur Beruhigung) oder mit Hagebuttenpulver (für die

Hautregeneration). So entsteht ein ganzheitlicher Ansatz für Heilung, Beruhigung und Aufbau für deinen Liebling.

Mein Praxistipp

Ich hatte mal eine Hündin in der Beratung, die nach einer OP eine schlecht heilende Narbe hatte. Nach drei Wochen mit Gotu Kola, Zink und Hagebutte konnte man zusehen, wie das Gewebe sich regenerierte. Die Besitzerin war baff über die Wirkung und auch über die Ruhe, die auf einmal in ihrer Hündin einkehrte.

Wenn du wissen willst, welches Gotu Kola ich empfehle: Scanne einfach den QR-Code und ich zeige dir mein persönliches Lieblingsprodukt.

9 Gingko Biloba

Er sieht aus wie ein ganz normaler Baum, aber der Ginkgo ist alles andere als gewöhnlich. Denn er gilt als lebendes Fossil, überstand Eiszeiten, Umweltkatastrophen und wächst heute noch in asiatischen Tempelanlagen. Genau diese Widerstandskraft macht *Ginkgo biloba* auch für unsere Hunde so spannend.

In der Pflanzenheilkunde ist Ginkgo bekannt für seine durchblutungsfördernde und nervenstärkende Wirkung. Auch bei unseren Vierbeinern kann er dabei helfen, die geistige Fitness zu unterstützen, den Kreislauf anzuregen und das Nervensystem zu stabilisieren.

Wirkung im Napf

Ich setze Ginkgo gern bei älteren Hunden ein, die geistig abbauen, vergesslicher werden oder sich schlechter orientieren. Auch bei Hunden mit neurologischen Beschwerden, nach einem Bandscheibenvorfall oder bei Tieren, die durch Angst und Stress aus dem Gleichgewicht geraten sind.

Ginkgo verbessert die Durchblutung im Gehirn und sorgt so dafür, dass die Nervenzellen besser versorgt werden. Das kann nicht nur die Konzentration und Wahrnehmung fördern, sondern auch die emotionale Ausgeglichenheit. Viele Hunde werden nach ein paar Wochen mit Ginkgo wacher, ruhiger und mental stabiler.

Dosierung & Anwendung

Ginkgo biloba bekommst du als Extrakt, Tabletten oder Pulver. Für die Fütterung empfehle ich dir ein reines Extrakt in Pulverform und am besten standardisiert auf mindestens 24 % Ginkgoflavonglykoside, denn das ist wichtig für die Wirkung.

Dosierung nach Körpergewicht (Richtwert):

- bis 5 kg → ca. 20–40 mg pro Tag
- 5–10 kg → ca. 50–70 mg
- 10–20 kg → ca. 80–100 mg
- 20–30 kg → ca. 120–150 mg
- 30–40 kg → ca. 160–200 mg
- ab 40 kg → ca. 220–250 mg

Tipp: *Ginkgo biloba* kann etwas bitter schmecken, deshalb misch es am besten unter feuchtes Futter oder Joghurt, wenn dein Hund empfindlich ist.

Dauer der Anwendung:

Ich empfehle eine Kur von mindestens 6 Wochen, besser wären sogar

8 bis 10 Wochen. Bei älteren Hunden mit kognitiven Einschränkungen ist Ginkgo auch zur Daueranwendung geeignet. Achte bei Langzeiteinsatz aber auf eine einwöchige Pause alle zwei Monate.

Worauf du achten solltest

Ginkgo kann blutverdünnend wirken. Wenn dein Hund also Medikamente bekommt oder bald operiert wird, sprich bitte vorher mit deinem Tierarzt darüber. Verwende bitte keine Kombi mit anderen blutverdünnenden Stoffen (wie Weidenrinde oder hochdosiertem Vitamin E), wenn du unsicher bist. Achte beim Kauf unbedingt auf eine standardisierte Extrakt-Qualität, denn reines Blattpulver bringt kaum Wirkung.

Was passt gut dazu?

Ich kombiniere *Ginkgo biloba* gerne mit Astaxanthin (für Zellschutz), Cholin (für die Gehirnfunktion), Omega-3-Fettsäuren (z. B. aus Lachsöl oder Leinöl) und *Rhodiola rosea* (für Stressbalance). Besonders bei älteren Hunden ist das eine richtig schöne Rundumversorgung fürs Köpfchen.

Mein Praxistipp

Ein Labrador-Opi, 12 Jahre alt, lief oft planlos durch die Wohnung, stand minutenlang an der Wand und schien seine Menschen manchmal nicht mehr zu erkennen. Nach 6 Wochen mit Ginkgo-Extrakt, Omega-3 und gezielter Futterumstellung war er deutlich präsenter. Er hat wieder reagiert, sich gefreut, wenn jemand zur Tür reinkam, und seine Familie war richtig erleichtert.

Wenn du wissen willst, welches Ginkgo-Produkt ich damals und aktuell immer noch persönlich empfehle: Scanne den QR-Code und ich zeige dir meinen Favoriten.

10 Ashwagandha

Der Name klingt fast ein bisschen mystisch, und das ist auch gut so. Denn Ashwagandha, auch Schlafbeere genannt, ist eine der bekanntesten Pflanzen aus der ayurvedischen Medizin. Seit über 3.000 Jahren wird sie eingesetzt, um Körper und Geist zu stärken, Stress zu regulieren und die innere Balance wiederzufinden.

In der westlichen Welt ist Ashwagandha inzwischen als sogenanntes „Adaptogen" bekannt. Das bedeutet: Sie hilft dem Körper, besser mit Stress umzugehen. Genau das macht sie auch für unsere Hunde so wertvoll. Besonders in herausfordernden Lebensphasen, bei nervösen Hunden oder in Zeiten mit viel Unruhe ist sie ein natürlicher Helfer.

Wirkung im Napf

Ashwagandha wirkt ausgleichend auf das Nervensystem, kann Stresshormone wie Cortisol regulieren und hilft deinem Liebling zur Ruhe zu kommen. Ich setze es oft ein bei Hunden mit Angstverhalten, Nervosität, innerer Unruhe oder bei jenen, die durch viele Reize überfordert sind.

Auch bei älteren Hunden, die schlecht schlafen oder viel winseln, bringt Ashwagandha oft eine spürbare Entlastung. Gleichzeitig

unterstützt die Pflanze auch das Immunsystem und kann helfen, die Schilddrüse und den Hormonhaushalt sanft zu balancieren.

Dosierung & Anwendung

Ashwagandha bekommst du als Extrakt oder Pulver. Bitte achte auf eine standardisierte Form mit mindestens 5 % Withanoliden, denn das ist der wirksame Hauptstoff. Ich empfehle dir das Pulver, da du es individuell dosieren kannst.

Dosierung nach Körpergewicht (Richtwert):

- bis 5 kg → ca. 50–100 mg pro Tag
- 5–10 kg → ca. 150–200 mg
- 10–20 kg → ca. 300–400 mg
- 20–30 kg → ca. 500–600 mg
- 30–40 kg → ca. 700–800 mg
- ab 40 kg → ca. 900–1.000 mg

Tipp: Starte mit einer kleineren Dosis und erhöhe sie Stück für Stück, um die Verträglicheit zu steigern.

Dauer der Anwendung:

Ich empfehle eine Anwendung von mindestens 4 bis 6 Wochen. Bei chronischem Stress oder zur emotionalen Unterstützung darf Ashwagandha auch dauerhaft gegeben werden. Aber nach 8 Wochen solltest du eine kurze Pause von einer Woche einlegen, bevor du fortfährst.

Worauf du achten solltest

Bei trächtigen Hündinnen, bei Schilddrüsenüberfunktion oder bei sehr empfindlicher Verdauung solltest du vorher Rücksprache mit deinem Tierarzt halten.
Wichtig ist eine reine Qualität ohne Streckmittel. Der Name *Withania somnifera* sowie der Withanolidgehalt sind entscheidend.

Was passt gut dazu?

Ich kombiniere Ashwagandha gern mit *Rhodiola rosea* (für Stressresistenz), GABA oder L-Theanin (zur Nervenberuhigung), Omega-3 (für das Gehirn) und Chlorella (zur Entgiftung bei stressbedingtem Stoffwechselstress). So bekommst du eine ausgewogene Mischung, die Körper und Kopf wieder in Einklang bringt.

Mein Praxistipp

Eine Hündin aus meiner Beratung bellte ständig bei jedem Geräusch, jedem Besucher und jeder Kleinigkeit. Meine Klienten waren dadurch sichtlich überfordert. Nach einer Kombination aus Ashwagandha, Omega-3 und gezieltem Alltagstraining wurde sie nach 5 Wochen deutlich ruhiger. Nicht sediert, sondern einfach gelassener. Und genau das ist es, was Ashwagandha leisten kann.

Wenn du wissen möchtest, welches Ashwagandha-Produkt ich seit Jahren empfehle und selbst bei vielen Hunden verwende: Scanne den QR-Code und ich zeige dir meinen Favoriten.

11 Passionsblume

Die Passionsblume sieht nicht nur wunderschön aus, sondern sie gehört auch zu den sanftesten, aber wirkungsvollsten pflanzlichen Helfern bei Unruhe, Angst und Nervosität. Ihre beruhigende Wirkung ist wissenschaftlich gut dokumentiert und sie wird sowohl in der Humanmedizin als auch in der Tiertherapie gern eingesetzt.

Ursprünglich stammt sie aus Mittel- und Südamerika. In der Pflanzenheilkunde wurde sie früh für ihre entspannenden Eigenschaften geschätzt. Genau diese Wirkung kann auch deinem Vierbeiner helfen, besser zur Ruhe zu kommen.

Wirkung im Napf

Ich setze die Passionsblume vor allem bei Hunden ein, die unter Trennungsangst, Geräuschangst (z. B. Silvester), chronischer Unruhe oder Stress in neuen Situationen leiden.

Sie wirkt auf das zentrale Nervensystem, ohne müde oder träge zu machen - einfach entspannend und ohne zu „sedieren“.

Laut einer Übersichtsarbeit von Akhondzadeh et al. (2001)[1] *zeigen Extrakte der Passionsblume anxiolytische Effekte, vergleichbar mit synthetischen Beruhigungsmitteln, allerdings ohne deren Nebenwirkungen wie Sedierung oder Abhängigkeitspotenzial.*

Das macht die Passionsblume so besonders, denn dein Liebling kann damit entspannen, ohne seine Persönlichkeit zu verlieren.

Dosierung & Anwendung

Die Passionsblume ist meist als Trockenextrakt, Pulver oder in Kombipräparaten erhältlich. Achte auf hochwertige Qualität, am besten mit einem Extraktstandard von mindestens 3,5 % Flavonoiden (das sind die aktiven Pflanzenstoffe).

Dosierung nach Körpergewicht (Richtwert):

- bis 5 kg → ca. 50–100 mg pro Tag
- 5–10 kg → ca. 150–200 mg
- 10–20 kg → ca. 300–400 mg
- 20–30 kg → ca. 500–600 mg
- 30–40 kg → ca. 700–800 mg
- ab 40 kg → ca. 900–1.000 mg

Tipp: Am besten mischst du es am Abend oder in besonders aufregenden Situationen schon vorbeugend unters Futter von deinem Hund.

1 Literaturverweis für Interessierte: Akhondzadeh, S., Naghavi, H. R., Vazirian, M., Shayeganpour, A., Rashidi, H., & Khani, M. (2001). Passionflower in the treatment of generalized anxiety: A pilot double-blind randomized controlled trial with oxazepam. Journal of Clinical Pharmacy and Therapeutics, 26(5), 363-367.

Dauer der Anwendung:

Ich empfehle eine Kur von 3 bis 6 Wochen, bei Bedarf auch länger. Besonders in stressreichen Lebensphasen oder bei chronischer Nervosität darf die Passionsblume auch dauerhaft eingesetzt werden. Wichtig ist dabei nur, dass du nach ungefähr 6 bis 8 Wochen immer mal eine kleine Pause von einer Woche einlegst.

Worauf du achten solltest

Die Passionsblume ist gut verträglich, aber achte stets auf Qualität, denn diese ist entscheidend. Verwende bitte nur Extrakte ohne Alkohol und ohne Zusatzstoffe. Bei trächtigen Hündinnen oder bei Hunden mit sehr niedrigem Blutdruck halte bitte Rücksprache mit deinem Tierarzt, denn die Passionsblume kann leicht blutdrucksenkend wirken.

Was passt gut dazu?

Ich kombiniere Passionsblume gern mit Baldrian (bei starker Unruhe), Ashwagandha (für die Stresshormonregulation), L-Tryptophan (für Stimmung und Schlaf) oder Rhodiola (bei Stressüberlastung). Gerade bei nervösen oder sensiblen Hunden entsteht so eine runde Unterstützung, die ganz ohne Chemie wirkt.

Mein Praxistipp

Ein Chihuahua von meiner Klientin hatte extreme Trennungsangst und er jaulte, sobald seine Halterin zur Tür rausging. Mit einer Kombination aus Passionsblume, gezieltem Entspannungstraining und einem neuen Tagesrhythmus konnten wir in wenigen Wochen eine deutliche Verbesserung erreichen. Heute bleibt er entspannt allein, döst vor sich hin und die Nachbarn schlafen wieder ruhig.

Wenn du wissen willst, welches Präparat der Passionsblume ich persönlich seit Jahren nutze und weiterempfehle: Scanne den QR-Code, ich zeige dir meinen Favoriten.

12 Zitronenmelisse

Schon der Duft der Zitronenmelisse macht glücklich, oder was sagst du? Diese zarte Pflanze mit ihrem frischen, zitronigen Aroma ist ein echter Klassiker aus dem Kräutergarten, aber sie kann weit mehr als nur gut riechen oder Tee verfeinern. In der Naturheilkunde wird sie seit Jahrhunderten wegen ihrer beruhigenden, krampflösenden und nervenstärkenden Wirkung geschätzt. Genau diese Eigenschaften machen sie auch für unsere Hunde zu einem wertvollen Helfer.

Wirkung im Napf

Ich empfehle Zitronenmelisse vor allem bei Hunden, die nervös sind, schlecht schlafen, viel winseln oder einfach nicht zur Ruhe kommen können. Besonders bei stressbedingten Magenproblemen, bei Unruhe durch neue Situationen oder zur Unterstützung in hormonellen Ausnahmelagen (z. B. Läufigkeit oder Scheinträchtigkeit) wirkt Zitronenmelisse wunderbar entspannend.

Sie hat eine ausgleichende Wirkung auf das vegetative Nervensystem und unterstützt gleichzeitig den Magen-Darm-Trakt von deinem Vierbeiner. Das ist besonders praktisch bei sensiblen Hunden, die auf Stress mit Bauchweh oder Appetitlosigkeit reagieren.

Die Wirkung ist sanft, aber konstant und es passiert auch kein Knock-out, sondern gleicht einem inneren Durchatmen für Körper und Kopf.

Dosierung & Anwendung

Zitronenmelisse bekommst du meist als getrocknetes Kraut, Pulver oder in Form von Extrakten. Für die Fütterung empfehle ich dir reines Pulver ohne Zusätze und am besten aus kontrolliert biologischem Anbau.

Dosierung nach Körpergewicht (Richtwert):

- bis 5 kg → ca. 100–150 mg pro Tag
- 5–10 kg → ca. 200–300 mg
- 10–20 kg → ca. 400–500 mg
- 20–30 kg → ca. 600–700 mg
- 30–40 kg → ca. 800–900 mg
- ab 40 kg → ca. 1.000–1.200 mg

stress) kannst du Zitronenmelisse auch kurzfristig gezielt einsetzen. Bei chronischem Stress oder sensiblen Hunden ist eine Daueranwendung möglich, aber achte bitte auf regelmäßige kleine Pausen von z. B. 1 Woche nach 6 Wochen Einsatz.

Tipp: Gib das Pulver direkt ins Futter oder vermenge es mit etwas Brühe oder Joghurt, denn das macht es besonders schmackhaft. Manche Hunde mögen auch einen lauwarmen Tee aus Zitronenmelisse, der übers Futter gegeben wird.

Dauer der Anwendung

Ich empfehle eine Kur von 4 bis 6 Wochen. In akuten Stressphasen (z. B. Umzug, Silvester, Tierarzt-

Worauf du achten solltest

Verwende bitte keine Tinkturen mit Alkohol und achte auf eine schonende Trocknung ohne Hitze, damit die ätherischen Öle erhalten bleiben. Zitronenmelisse ist sehr gut verträglich, aber bei trächtigen Hündinnen oder einem sehr empfindlichen Magen-Darm-Trakt solltest du wie immer vorsichtig starten und Rücksprache mit deinem Tierarzt des Vertrauens halten.

Was passt gut dazu?

Ich kombiniere Zitronenmelisse gerne mit der Passionsblume (für innere Ruhe), Kamille (bei Magenproblemen), L-Tryptophan (für Stimmung und Schlaf) oder Ashwagandha (bei chronischem Stress). Gerade bei nervösen Hunden entsteht so eine sanfte, aber wirkungsvolle Kombination, die Körper und Seele anspricht.

Mein Praxistipp

Ein Junghund, den ich seit längerer Zeit begleite, hatte große Probleme mit der Eingewöhnung ins neue Zuhause. Er hechelte, schlief kaum, hatte Durchfall und war kaum ansprechbar. Nach einer Kur mit Zitronenmelisse, einer Futteranpassung und gezieltem Tagesrhythmus war er nach 3 Wochen wie ausgewechselt: ruhig, kontaktfreudig und mit stabiler Verdauung.

Wenn du wissen willst, welche Zitronenmelisse ich empfehle, die ich selbst bei sensiblen Hunden einsetze: Scanne einfach den QR-Code und ich zeige dir mein Lieblingsprodukt.

13 Rhodiola rosea (Rosenwurz)

Diese kraftvolle Pflanze wächst in den eisigen Höhenlagen Sibiriens und Skandinaviens, wo sie extremen Bedingungen trotzt: Kälte, Wind, UV-Strahlung und kaum Nährstoffe. Vor allem diese Widerstandskraft gibt sie weiter an dich und deinen Hund.

Rhodiola rosea gehört zu den sogenannten Adaptogenen. Das bedeutet: Sie hilft dem Körper, besser mit Stress umzugehen ohne dabei aufzuputschen oder zu sedieren. In der Naturheilkunde ist Rosenwurz seit Jahrhunderten ein echter Geheimtipp bei Erschöpfung, Stress sowie emotionalem Ungleichgewicht. Und auch im Napf unserer Vierbeiner entfaltet sie ihre sanfte, aber spürbare Kraft.

Wirkung im Napf

Ich empfehle Rhodiola bei Hunden, die erschöpft wirken, viel Stress haben oder schnell aus dem Gleichgewicht geraten. Zum Beispiel durch Veränderungen, Reizüberflutung, starke Bindungsangst oder auch nach Krankheiten, die an die Substanz gingen. Rhodiola unterstützt den Energiestoffwechsel, schützt das Nervensystem vor Überlastung und kann sogar die Konzentration und Ausdauer verbessern. Sie wirkt ausgleichend, stärkt die innere Balance und hilft dem Körper, sich besser auf Herausforderungen einzustellen.

Dosierung & Anwendung

Rhodiola rosea bekommst du meistens als Pulver oder Extrakt. Achte auf eine standardisierte Qualität mit mind. 3 % Rosavine und 1 % Salidrosid, denn das sind die Hauptwirkstoffe, die für die stressregulierende Wirkung verantwortlich sind.

Dosierung nach Körpergewicht (Richtwert):

- bis 5 kg → ca. 30–50 mg pro Tag
- 5–10 kg → ca. 75–100 mg
- 10–20 kg → ca. 150–200 mg
- 20–30 kg → ca. 250–300 mg
- 30–40 kg → ca. 350–400 mg
- ab 40 kg → ca. 450–500 mg

Tipp: Gib Rhodiola immer morgens oder vormittags, da sie aktivierend wirken kann. Gib das Pulver direkt unters Futter oder misch es mit etwas Brühe, denn das erhöht die Akzeptanz.

Dauer der Anwendung

Ideal sind Kuren von 4 bis 6 Wochen. Bei chronischem Stress, Erschöpfung oder starken Belastungen kannst du Rosenwurz auch langfristig einsetzen. Aber achte auf regelmäßige Pausen von einer Woche nach 6 bis 8 Wochen Anwendung.

Worauf du achten solltest

Rhodiola ist gut verträglich, aber nicht für trächtige Hündinnen oder Hunde mit hohem Blutdruck geeignet. Achte wie immer auf die Reinheit, keine Streckmittel, keine Zusatzstoffe und ein klares Wirkstoffprofil.

Was passt gut dazu?

Ich kombiniere *Rhodiola rosea* gern mit Ashwagandha (zur Regulierung der Stresshormone), GABA oder L-Tryptophan (zur Beruhigung), Omega-3-Fettsäuren (für das Ge-

hirn) und Zitronenmelisse (für innere Ruhe). So entsteht ein balancierter Cocktail für Körper und Seele von deinem Liebling.

Mein Praxistipp

Ein sensibler Australian Shepherd kam vor zwei Jahren zu mir in Behandlung. Er war ständig überdreht, schreckhaft, fraß schlecht und konnte sich kaum entspannen. Mit Rhodiola, einer sanften Futterumstellung und gezieltem Alltagstraining konnten wir nach knapp fünf Wochen erste Fortschritte sehen. Er wurde ruhiger, ausgeglichener und sein Blick wurde wieder klarer. Heute ist er ein fröhlicher, arbeitsfreudiger Hund und seine Halterin ist dankbar, dass er endlich bei sich angekommen ist.

Wenn du wissen willst, welches Rhodiola-Produkt ich meinen Klienten empfehle und selbst einsetze: Scanne einfach den QR-Code und ich zeige dir mein Lieblingsprodukt.

14 Maca

Wenn eine Pflanze mitten in den Höhenlagen der Anden, auf über 4.000 Metern wächst, dann weißt du, dass sie etwas Besonderes ist. Maca, auch bekannt als peruanischer Ginseng, stammt aus Südamerika und wird dort seit über 2.000 Jahren als Kraftwurzel verehrt. Sie wächst in karger Erde, bei Wind, Frost sowie intensiver UV-Strahlung – und genau diese Widerstandsfähigkeit gibt sie auch an unseren Körper weiter.

Die Macawurzel gilt als adaptogen: Sie unterstützt den Körper deines Hundes, sich besser an Stresssituationen anzupassen. Gleichzeitig wirkt sie hormonregulierend, kräftigend und vitalisierend. Besonders bei älteren Hunden, hormonellen Dysbalancen oder einfach zur Stärkung in Zeiten von Erschöpfung ist Maca ein echter Schatz aus der Natur.

Wirkung im Napf

Ich setze Maca gern ein bei Hunden, die kraftlos wirken, hormonell aus dem Gleichgewicht geraten sind oder einfach eine Extraportion Energie brauchen. Besonders in der Rekonvaleszenz, bei alternden Hunden, bei Rüden mit hormonell bedingtem Stress oder bei Hündinnen mit starker Scheinträchtigkeit zeigt Maca oft eine spürbare Verbesserung.

Dosierung & Anwendung

Du bekommst Maca meist als Pulver oder in Kapseln. Für Hunde empfehle ich reines Maca-Pulver, am besten aus biologischem Anbau und ohne Zusätze. Es gibt gelbe, rote und schwarze Maca, aber ich empfehle dir die gelbe Variante für den Allround-Einsatz.

Dosierung nach Körpergewicht (Richtwert):

- bis 5 kg → ca. 100–150 mg pro Tag
- 5–10 kg → ca. 200–300 mg
- 10–20 kg → ca. 400–500 mg
- 20–30 kg → ca. 600–700 mg
- 30–40 kg → ca. 800–900 mg
- ab 40 kg → ca. 1.000–1.200 mg

Tipp: Maca hat einen leicht malzigen Geschmack, was viele Hunde

mögen. Deshalb gib es direkt unters Futter oder mit etwas Ziegenmilch oder Brühe angerührt.

Dauer der Anwendung

Ich empfehle eine Kur von 6 bis 8 Wochen. Bei chronischer Erschöpfung oder hormonellen Problemen kannst du Maca auch langfristig einsetzen. Aber bitte mach alle zwei Monate eine Pause von etwa einer Woche, denn der Körper von deinem Vierbeiner soll lernen, wieder von selbst ins Gleichgewicht zu kommen.

Worauf du achten solltest

Verwende kein Maca bei trächtigen Hündinnen oder bei Hunden mit starker Schilddrüsenüberfunktion. Achte auf reines Pulver ohne Füllstoffe und idealerweise auf schonend sonnengetrocknetes Maca aus Peru.

Was passt gut dazu?

Ich kombiniere Maca gern mit Ashwagandha (für hormonelle Balance), *Rhodiola rosea* (bei Stress), Omega-3-Fettsäuren (für Energie und Gehirn) und Hagebutte (für Zellschutz und Vitalität). Vor allem bei älteren Hunden oder hormonell auffälligen Rüden ist das eine kraftvolle Kombination, die wieder Schwung bringt.

Mein Praxistipp

Ein Rüde aus meiner Beratung war nach einer Kastration wie ausgewechselt: träge, lustlos, schnell reizbar. Wir haben Maca mit Ashwagandha kombiniert und dazu eine gezielte Ernährung aufgebaut. Nach wenigen Wochen war er wieder aufmerksamer, lebensfroher und insgesamt deutlich stabiler. Genau dafür liebe ich diese Pflanze.

Wenn du wissen möchtest, welches Maca-Pulver ich persönlich nutze und meinen Klienten empfehle: Scanne einfach den QR-Code und ich zeige dir mein Lieblingsprodukt.

Schon entdeckt? Die FutterPost für deinen Hund

Wenn dich die bisherigen Kapitel berührt haben und du spürst: „Ich will mehr für meinen Hund tun, aber ich brauche jemanden, der mir regelmäßig weiterhilft", dann habe ich etwas Einzigartiges für dich: **meine FutterPost.**

Jeden Sonntagabend bekommst du wertvolle Tipps, neue Erkenntnisse, Empfehlungen aus der Praxis und exklusive Inhalte rund um Hundeernährung, Superfoods und Gesundheit für deinen Vierbeiner.

Alles fundiert, ehrlich, verständlich, ohne Hype und ohne Geschwurbel. Nur das, was unseren Vierbeinern wirklich hilft.

Du erfährst dort oft als Erstes, wenn ich neue Produkte teste, Angebote teile oder von einem spannenden Fall aus meiner Beratung erzähle.

Wenn du willst, dass dein Hund nicht nur satt wird, sondern langfristig gesünder, vitaler und glücklicher durchs Leben geht, dann trag dich einfach ein. Die Anmeldung ist kostenlos. Der Mehrwert dadurch ist unbezahlbar, sagen viele meiner Leser.

Scanne einfach den QR-Code und du bist bei der FutterPost dabei.

15 Topinambur

Wenn du deinem Vierbeiner etwas Gutes für die Verdauung tun willst, dann ist Topinambur eine meiner ersten Empfehlungen. Diese knollenartige Pflanze aus der Familie der Korbblütler sieht aus wie eine Mischung aus Ingwer und Kartoffel, stammt ursprünglich aus Nordamerika und wurde dort schon von den Ureinwohnern wegen ihrer kräftigenden und darmfreundlichen Wirkung geschätzt.

Wirkung im Napf

Topinambur enthält von Natur aus sehr viel Inulin, einen präbiotischen Ballaststoff, der die guten Darmbakterien deines Hundes füttert. Das sorgt für eine bessere Verdauung, stabilen Stuhlgang und kann auch bei sensiblen oder allergischen Hunden helfen, das Immunsystem zu stärken.

Ich setze Topinambur oft ein bei Hunden mit Verdauungsbeschwerden, Blähungen, nach Antibiotikagaben oder bei Tieren, die zu weichem Kot neigen. Auch bei Hautproblemen kann es indirekt helfen, weil der Ursprung vieler dieser Beschwerden im Darm liegt.

Dosierung nach Körpergewicht (Richtwert / Pulver):

- bis 5 kg → ca. ½ TL pro Tag
- 5–10 kg → ca. 1 TL
- 10–20 kg → ca. 1–1,5 TL
- 20–30 kg → ca. 1,5–2 TL
- 30–40 kg → ca. 2–2,5 TL
- ab 40 kg → ca. 3 TL pro Tag

Dosierung & Anwendung

Topinambur gibt es als Pulver, Chips oder sogar frisch. Für die gezielte Fütterung empfehle ich wie immer das Pulver, vor allem bitte ohne Zusätze, aus schonender Trocknung und am besten in Bioqualität.

Tipp: Fang mit Topinambur bitte langsam an und steigere die Menge nach ein paar Tagen. Denn zu viel auf einmal kann zu Blähungen führen, da der Darm sich an das Inulin gewöhnen muss.

Worauf du achten solltest

Wähle ein hochwertiges und fein gemahlenes Pulver ohne Zusatzstoffe. Wenn dein Hund an Diabetes leidet, dann sprich die Gabe bitte vorher mit deinem Tierarzt des Vertrauens ab. Topinambur kann den Blutzucker leicht beeinflussen und das kann für Beschwerden sorgen!

Dauer der Anwendung

Du kannst Topinambur als Kur über 4 bis 6 Wochen geben oder dauerhaft als Teil der täglichen Fütterung. Vor allem bei Hunden mit empfindlichem Magen-Darm-Trakt oder nach Medikamentengaben ist eine regelmäßige Unterstützung sehr sinnvoll.

Was passt gut dazu?

Ich kombiniere Topinambur gern mit Flohsamenschalen (für die Kotkonsistenz), Chlorella (zur Entgiftung), Hagebutte (für die Darmschleimhaut) oder auch mit fermentierten Kräutern. Das ergibt eine richtige Rundumversorgung für Darm und Immunsystem.

Mein Praxistipp

Ein Labradormix aus meiner Beratung hatte über Monate immer wieder Durchfall, war sehr sensibel, gestresst und wurde außerdem mit Antibiotika behandelt. Mit Topinambur, einer gezielten Aufbaukur und passendem Futter war der Kot nach zwei Wochen stabil, das Fell glänzte wieder und der Vierbeiner war viel ausgeglichener.

Wenn du wissen möchtest, welches Topinambur-Pulver ich in meiner Beratung mit meinen Klienten verwende: Scanne einfach den QR-Code, um mein Lieblingsprodukt zu sehen.

16 Flohsamenschalen

Manche Superfoods sind unscheinbar, aber genau das macht sie so genial. Flohsamensc) halen sehen aus wie kleine, fast durchsichtige Flocken, doch sie gehören zu den kraftvollsten Helfern für die Verdauung deines Hundes. Sie stammen von der Pflanze *Plantago ovata*, die in Indien und Nordafrika wächst, und werden seit Jahrhunderten in der traditionellen Heilkunde eingesetzt.

Das Besondere an Flohsamenschalen ist, dass sie fast ausschließlich aus löslichen Ballaststoffen bestehen. Sie quellen stark auf und wirken wie ein sanfter Schwamm im Darm deines Vierbeiners. Zudem binden sie überschüssiges Wasser, regulieren die Verdauung und unterstützen die natürliche Darmbewegung.

Wirkung im Napf

Ich setze Flohsamenschalen besonders gerne ein, wenn Hunde Durchfall, weichen Kot, schleimigen Stuhl oder auch immer wieder wechselnde Kotkonsistenzen zeigen. Auch bei Verstopfung oder bei Hunden mit Reizdarmsymptomatik wirken sie ausgleichend, stabilisieren die Verdauung und sorgen für einen regelmäßigen, gut geformten Kotabsatz.

Aber auch bei Hunden mit Allergien, Hautproblemen oder Magenübersäuerung leisten sie gute Dienste, denn der Darm spielt bei all dem eine zentrale Rolle. Flohsamenschalen schaffen hier Balance, ohne Nebenwirkungen oder Irritationen.

Dosierung & Anwendung

Achte bitte unbedingt auf reine Bioqualität von Flohsamenschalen, am besten fein gemahlen, ohne Füllstoffe oder sonstige Zusätze.

Dosierung nach Körpergewicht (Richtwert):

- bis 5 kg → ca. ¼ TL pro Tag
- 5–10 kg → ca. ½ TL
- 10–20 kg → ca. 1 TL
- 20–30 kg → ca. 1–1,5 TL
- 30–40 kg → ca. 1,5–2 TL
- ab 40 kg → ca. 2–2,5 TL pro Tag

Tipp: Lass Flohsamenschalen immer mit ausreichend Wasser quellen! Entweder vor dem Füttern mit etwas Wasser anrühren und 10 bis 15 Minuten quellen lassen oder unter ein gut feuchtes Futter mischen. Niemals trocken geben, denn das kann im schlimmsten Fall zu Verstopfungen führen!

Dauer der Anwendung

Du kannst Flohsamenschalen sowohl als Kur über 2 bis 4 Wochen geben als auch bei chronischen Beschwerden dauerhaft füttern. Sie sind sehr gut verträglich und dürfen langfristig Teil der Fütterung sein, besonders bei sensiblen oder älteren Hunden.

Worauf du achten solltest

Flohsamenschalen können die Aufnahme von Medikamenten leicht verzögern, deshalb gib sie mit einem Abstand von mindestens 2 Stunden zu anderen Mitteln oder Tabletten. Wähle auf jeden Fall eine reine Qualität, keine Mischprodukte mit Zucker, künstlichen Aromen oder Trägerstoffen!

Was passt gut dazu?

Ich kombiniere Flohsamenschalen gerne mit Topinambur (für präbiotische Unterstützung), Moortrinkkur oder Heilerde (bei Magenproblemen), Probiotika (nach Antibiotika oder bei stark gestörter Darmflora) und Leinsamenschleim (bei Reizdarm oder Schleimhautreizungen). Durch diese Kombination bekommt dein Liebling eine sanfte, aber gezielte Darmpflege.

Mein Praxistipp

Ein Dalmatiner aus meiner Beratung hatte jahrelang weichen Kot, zum Teil bis zu 5-mal am Tag. Tierarzt, Spezialfutter, Kotuntersuchungen und nichts half dauerhaft. Nach nur 17 Tagen mit Flohsamenschalen, einer hochwertigen Futterumstellung und etwas Heilerde hatte der Rüde das erste Mal in seinem Leben vernünftigen Kot. Seitdem sind Flohsamenschalen bei ihm fest im Napf verankert.

Wenn du wissen willst, welche Flohsamenschalen ich damals und heutzutage noch in meinen Beratungen empfehle: Scanne einfach den QR-Code. Dort findest du mein Lieblingsprodukt für deinen Vierbeiner.

17 Ulmenrinde

Sie ist ein echter Geheimtipp unter den natürlichen Magenhelfern: die amerikanische Rotulme, besser bekannt als Ulmenrinde oder „Slippery Elm“. Ihr Inneres bildet bei Kontakt mit Wasser einen gelartigen Schleim und genau dieser Schleim ist der Grund, warum die Ulmenrinde bei empfindlichen Hunden so geschätzt wird.

Bereits die nordamerikanischen Ureinwohner nutzten die Rinde der Ulme für Verdauungsprobleme, Entzündungen im Magen-Darm-Trakt und zur Beruhigung gereizter Schleimhäute. Genau dafür setze ich sie auch heute noch in meiner Beratung ein, vor allem, wenn der Magen rebelliert.

Wirkung im Napf

Ulmenrinde wirkt beruhigend, schützend und schleimhautschonend. Sobald du sie mit Wasser verrührst, entsteht eine weiche, gelartige Masse und dieser Schleim legt sich wie ein Schutzfilm über die gereizten Stellen im Magen oder Darm deines Vierbeiners.

Ich empfehle sie vor allem bei Hunden mit Magenschleimhautentzündung, Gastritis, Sodbrennen, ständiger Übelkeit oder auch nach der Gabe von Medikamenten. Auch bei Hunden, die häufig erbrechen, viel Gras fressen oder aufgeregt auf nüchternen Magen sind, wirkt die Ulmenrinde oft Wunder. Sie beruhigt den Verdauungstrakt, hilft bei der Regeneration der Schleimhäute und kann sogar bei Durchfall oder Verstopfung ausgleichend wirken.

Dosierung & Anwendung

Ulmenrinde gibt es als Pulver und bitte verwende unbedingt 100 % reine, fein vermahlene innere Rinde der amerikanischen Rotulme (*Ulmus rubra*).

So bereitest du die Ulmenrinde richtig zu:

- 1 Messlöffel (ca. 1 g) Pulver mit 50–100 ml lauwarmem Wasser vermischen
- gut verrühren und 10–15 Minuten quellen lassen, bis ein dicklicher Schleim entsteht
- diesen direkt pur geben oder vor dem Füttern ins Maul oder unter das Futter mischen

Dosierung nach Körpergewicht (Richtwert):

- bis 5 kg → ca. ½ Messlöffel pro Tag
- 5–10 kg → ca. 1 Messlöffel
- 10–20 kg → ca. 1–1,5 Messlöffel
- ab 20 kg → ca. 2 Messlöffel pro Tag

Tipp: Gib die Ulmenrinde idealerweise 30 Minuten vor der Mahlzeit, dann kann sie ihre schützende Wirkung im Magen voll entfalten.

Dauer der Anwendung

Bei akuten Beschwerden reichen oft 5 bis 7 Tage. Bei chronischer Gastritis oder wiederkehrenden Problemen kannst du sie auch über mehrere Wochen geben. In meiner Beratung arbeite ich oft mit Kuren von 2 bis 4 Wochen, je nach Schwere der Beschwerden. Wichtig ist hierbei immer, mit kleinen Pausen zu arbeiten (z. B. 1 Woche Pause nach 3 Wochen Anwendung)!

Worauf du achten solltest

Die Ulmenrinde kann die Aufnahme von Medikamenten oder Nahrungsergänzungsmitteln leicht verzögern, deshalb gib sie mit mindestens 2 Stunden Abstand zu anderen Mitteln. Bei tragenden Hündinnen oder bei gleichzeitiger starker Verstopfung bitte nicht anwenden. Achte stets auf eine reine Qualität, ohne Zucker, keine Aromen und keine Mischprodukte.

Was passt gut dazu?

Ich kombiniere Ulmenrinde gerne mit Flohsamenschalen (zur Stabilisierung der Verdauung), Kartoffelflocken oder Moortrinkkur (bei Magenübersäuerung), Heilerde (bei Reizungen und Toxinbindung) und Kamille oder Zitronenmelisse (bei nervösem Magen). Dadurch entsteht eine ganzheitliche Beruhigung für den gesamten Verdauungstrakt.

Mein Praxistipp

Ein sensibler Shih-Tzu, den ich betreut habe, litt seit Jahren unter morgendlichem Erbrechen. Kein

Futter half dauerhaft, denn der Magen war einfach ständig gereizt. Wir haben eine Kur mit der Ulmenrinde gestartet, morgens vor dem Fressen, zudem mit einer Futteranpassung und kleinen Mahlzeiten über den Tag verteilt. Bereits nach sechs Tagen war das morgendliche Erbrechen verschwunden und kam auch nie wieder zurück.

Wenn du wissen möchtest, welche Ulmenrinde ich seit Jahren einsetze und mit bestem Gewissen empfehle: Scanne den QR-Code und ich zeige dir mein Lieblingsprodukt.

18 Zeolith

Zeolith sieht aus wie graues Pulver oder staubige Steinchen. Doch dieser natürliche Vulkanmineralstoff hat es in sich. Zeolith (speziell Klinoptilolith-Zeolith) ist ein mikroporöses Gestein, das durch vulkanische Aktivität in Kombination mit Meerwasser entstanden ist. Die Besonderheit: Im Körper wirkt es wie ein natürlicher Schwamm, der ganz ohne Chemie Schadstoffe binden und ausleiten kann.

In der Naturheilkunde wird Zeolith seit Jahren zur Entgiftung, zur Darmreinigung und zum pH-Ausgleich eingesetzt. Auch für unsere Vierbeiner ist es ein spannendes Superfood, sollte allerdings mit Augenmaß und Know-how angewendet werden.

Wirkung im Napf

Zeolith wirkt im Verdauungstrakt wie ein Filter: Es kann Toxine, Schwermetalle, Ammoniak oder krankmachende Gärstoffe binden. Zudem wirkt es dadurch entlastend für Leber, Nieren und Darm und trägt zu einer verbesserten Verdauung und Ausleitung bei.

Ich nutze Zeolith in der Beratung vor allem bei Hunden mit schlechter Kotkonsistenz, Allergien, Juckreiz, chronischer Müdigkeit oder nach Medikamentengaben (z. B. Antibiotika, Entwurmungen). Auch bei Hunden, die viel Gras fressen oder Sodbrennen haben, zeigt sich oft eine spürbare Verbesserung.

Dosierung & Anwendung

Verwende bitte nur medizinisch reines Klinoptilolith-Zeolith, geprüft auf Schwermetalle, fein vermahlen (idealerweise < 20 μm), das frei von Zusatzstoffen ist.

Dosierung nach Körpergewicht (Richtwert):

- bis 5 kg → ca. ¼ TL pro Tag
- 5–10 kg → ca. ½ TL
- 10–20 kg → ca. ¾ bis 1 TL
- 20–30 kg → ca. 1–1,5 TL
- ab 30 kg → ca. 2 TL pro Tag

Tipp: Rühre das Pulver in etwas Wasser ein (1–2 EL) und gib es am besten morgens 30 Minuten vor der Fütterung, denn dadurch wird es deutlich besser aufgenommen. Alternativ kannst du es auch übers Futter streuen, wenn dein Vierbeiner es gut verträgt.

Dauer der Anwendung

Zeolith eignet sich sowohl für kurze Entgiftungsphasen (2 bis 4 Wochen) als auch zur längerfristigen Unter-

stützung (z. B. bei Allergikern oder stark belasteten Hunden). Bei längerer Anwendung solltest du alle 6 bis 8 Wochen eine Pause einlegen. So bleibt die Wirkung erhalten und der Organismus deines Vierbeiners wird nicht einseitig oder dauerhaft belastet.

Worauf du achten solltest

Zeolith kann die Aufnahme von Medikamenten oder Vitalstoffen beeinflussen, deshalb halte mindestens 2 Stunden Abstand zu anderen Mitteln. Verwende niemals Futtermittel-Zeolith oder billige Industrieprodukte, denn diese sind häufig belastet. Es geht um Qualität, Reinheit und Sicherheit – besonders bei sensiblen Hunden! Gib Zeolith nicht bei trächtigen Hündinnen, bei Verstopfung oder bei akuten Darmverschlüssen.

Was passt gut dazu?

Ich kombiniere Zeolith häufig mit Flohsamenschalen (für die Bindung und Regulation), Chlorella oder Spirulina (zur Unterstützung der Ausleitung), Topinambur oder Inulin (zur Förderung der Darmflora) und Leberkräutern wie Mariendistel oder Artischocke (zur Leberentlastung). Durch diese Kombi entsteht ein rundes Entgiftungskonzept, das nicht überfordert, sondern sanft begleitet.

Mein Praxistipp

Eine ältere Hündin kam zu mir mit chronischem Juckreiz, ständigem Grasfressen und stumpfem Fell. Tierärzte hatten Allergien im Blick, aber trotz Futterwechsel keine Besserung erzielt. Daher starteten wir eine sanfte Darmentgiftung mit Zeolith, Topinambur und ein paar Tagen Schonkost. Nach knapp drei Wochen war das Grasfressen weg, das Fell glänzte und der Juckreiz ließ Stück für Stück nach. Ihr Frauchen war darüber verblüfft und macht seitdem bei Verdacht regelmäßig eine Darmentgiftung bei ihrer Hündin.

Wenn du wissen möchtest, welches Zeolith ich persönlich einsetze und guten Gewissens empfehlen kann: Scanne den QR-Code, denn dort findest du mein Lieblingsprodukt.

19 Chlorella

Chlorella klingt wie ein Zauberspruch und ein bisschen ist es das auch. Diese winzige, grüne Süßwasseralge gehört zu den ältesten Lebewesen der Erde. Was auf den ersten Blick wie ein unscheinbares Algenpulver aussieht, ist in Wahrheit ein wahres Kraftpaket für den Körper deines Hundes.

Chlorella enthält unglaublich viele Vitalstoffe: darunter Eisen, Magnesium, Zink, Kalzium, B-Vitamine, Folsäure, Chlorophyll und sogar hochwertige Aminosäuren. Aber ihr vielleicht größter Schatz ist ihre Fähigkeit zur natürlichen Entgiftung.

Wirkung im Napf

Ich setze Chlorella besonders gern bei Hunden ein, die überempfindlich auf Umweltfaktoren reagieren, regelmäßig Medikamente bekommen haben oder nach Impfungen, Wurmkuren oder Narkosen Unterstützung brauchen. Sie kann helfen, den Körper sanft zu entlasten und gleichzeitig mit wichtigen Mikronährstoffen zu versorgen.

Chlorella wirkt im Körper wie ein innerer Schwamm. *„Sie bindet unter anderem Schwermetalle (wie Quecksilber, Blei oder Cadmium), Ammoniak, Pestizide und andere Umweltgifte im Verdauungstrakt und hilft, sie auf natürlichem Weg auszuleiten."*[2]

Gleichzeitig stärkt sie das Immunsystem, unterstützt die Zellregeneration und hat sogar positive Effekte auf das Zahnfleisch und die Maulflora.

Dosierung & Anwendung

Am besten verwendest du ein hochwertiges Chlorellapulver in Bioqualität mit zertifizierter Reinheit. Achte darauf, dass es nicht aus China stammt, sondern idealerweise aus deutschem oder europäischem Anbau.

Dosierung nach Körpergewicht (Richtwert):

- bis 5 kg → ca. 100–150 mg pro Tag
- 5–10 kg → ca. 200–300 mg
- 10–20 kg → ca. 400–600 mg
- 20–30 kg → ca. 700–900 mg
- 30–40 kg → ca. 1.000–1.200 mg
- ab 40 kg → ca. 1.300–1.500 mg

Tipp: Chlorella hat einen leicht „grünen", algenartigen Geruch. Mische es deshalb einfach unter feuch-

2 Kawasaki Y. et al. (2014): Effects of Chlorella vulgaris on immune function and lipid metabolism in dogs. Journal of Nutritional Science and Vitaminology, 60(6), 361-365.

tes Futter oder gib es mit etwas Joghurt oder Brühe, denn dadurch wird es von den meisten Hunden besser akzeptiert.

Dauer der Anwendung

Ich empfehle Kuren mit Chlorella von 4 bis 6 Wochen, z. B. nach Antibiotikagaben, Impfungen, Entwurmungen oder bei chronischer Belastung. Bei Hunden mit Umweltallergien, Hautproblemen oder schwachem Immunsystem kann Chlorella auch längerfristig gegeben werden, aber bitte mit regelmäßigen Pausen (z. B. 1 Woche Pause nach 6 Wochen Einnahme).

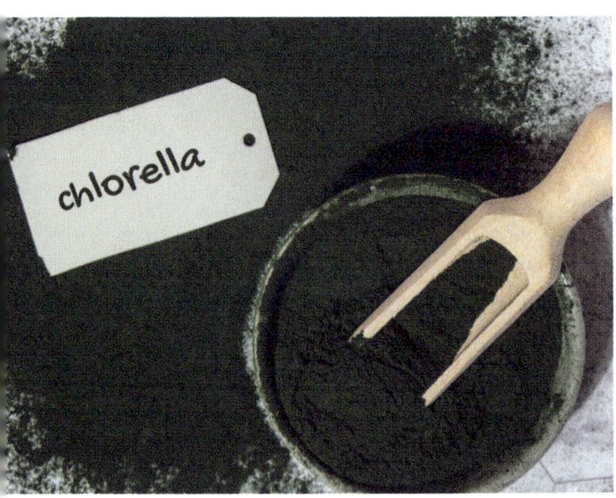

Worauf du achten solltest

Verwende bitte nur hochwertige, laborgeprüfte Produkte. Günstige Billigpräparate enthalten oft Schwermetalle, was bei einem Entgiftungsmittel natürlich völlig kontraproduktiv ist!

Chlorella ist nicht geeignet bei schwerer Nierenerkrankung oder akuten Gallenproblemen. Bei trächtigen Hündinnen solltest du bitte vor Verwendung Rücksprache mit deinem Tierarzt halten.

Was passt gut dazu?

Ich kombiniere Chlorella gern mit Zeolith (zur zusätzlichen Bindung von Giften), Mariendistel (zur Leberunterstützung), Spirulina (zur Nährstoffversorgung) und Topinambur (zur Förderung der Darmflora). Dadurch entsteht eine ganzheitliche Entgiftungs- und Aufbaukur, die den Körper deines Lieblings wirklich stärkt.

Mein Praxistipp

Ein älterer Mischlingsrüde, der aus dem Tierschutz kam, hatte ständig stumpfes Fell, juckende Haut, eine träge Verdauung und war insgesamt ziemlich müde. Nach einer 6-wöchigen Kur mit Chlorella, Zeolith, Flohsamenschalen und einem hochwertigen Futter war er wie verwandelt: glänzendes Fell, stabile Verdauung, kein Kratzen mehr und endlich wieder Lebensfreude!

Wenn du wissen möchtest, welches Chlorella ich meinen Klienten empfehle und selbst bei sensiblen Hunden verwende: Scanne einfach den QR-Code, dort findest du mein Lieblingsprodukt.

20 Karaya-Gummi

Wenn dein Vierbeiner einen empfindlichen Magen hat und du eine natürliche, sanfte Lösung suchst, dann solltest du Karaya-Gummi unbedingt kennen. Dieses pflanzliche Produkt stammt aus dem Harz des Karaya-Baums (*Sterculia urens*), der vor allem in Indien wächst. Das getrocknete Harz wird zu einem feinen Pulver verarbeitet und wirkt im Magen-Darm-Trakt wie ein beruhigender Balsam.

Karaya-Gummi zählt zu den quellfähigen Ballaststoffen und bildet bei Kontakt mit Wasser eine gelartige Substanz. Diese kann sich schützend auf die Schleimhäute im Magen und Darm legen (ähnlich wie die Ulmenrinde) und wird deshalb besonders bei Magenreizung, nervösem Magen oder Übersäuerung eingesetzt.

Wirkung im Napf

Ich empfehle Karaya-Gummi vor allem bei Hunden, die oft schmatzen, Gras fressen, sich morgens übergeben oder bei denen der Verdacht auf Magenübersäuerung besteht. Auch bei gereiztem Darm oder nach Medikamentengabe hilft Karaya-Gummi, die Schleimhäute zu beruhigen und eine gesunde Darmtätigkeit zu fördern.

Es wirkt leicht sättigend, kann überschüssige Magensäure binden und unterstützt die Regeneration

der empfindlichen Schleimhautschichten. Zudem fördert es die Gleitfähigkeit des Darminhalts und kann bei Verstopfung sanft helfen.

Dosierung & Anwendung

Achte auf reines Karaya-Gummi in Lebensmittelqualität, das frei von Zusatzstoffen, Pestiziden oder Rieselhilfen ist. Am besten in Pulverform, denn das lässt sich besonders einfach dosieren.

Dosierung nach Körpergewicht (Richtwert):

- bis 5 kg → ca. ¼ Messlöffel pro Tag
- 5–10 kg → ca. ½ Messlöffel
- 10–20 kg → ca. 1 Messlöffel
- 20–30 kg → ca. 1–1,5 Messlöffel
- ab 30 kg → ca. 2 Messlöffel pro Tag

Tipp: Rühre das Pulver in ca. 50 ml lauwarmes Wasser ein und lass es 10 Minuten quellen, bis ein dicklicher Schleim entsteht. Diesen kannst du direkt vor dem Füttern ins Maul von deinem Vierbeiner geben oder unters Futter mischen. Bei Hunden mit sehr empfindlichem Magen kann ich dir die Gabe 30 Minuten vor der Hauptmahlzeit empfehlen.

Dauer der Anwendung

Karaya-Gummi eignet sich sowohl zur akuten Unterstützung (z. B. bei Magenverstimmung) als auch für längerfristige Anwendungen, wenn dein Hund zu Übersäuerung oder chronischem Sodbrennen neigt. Ideal sind Kuren von 2 bis 4 Wochen mit kleinen Pausen dazwischen.

Worauf du achten solltest

Karaya-Gummi kann die Aufnahme von Medikamenten verzögern. Gib es deshalb immer mit einem Abstand von mindestens zwei Stunden zu Tabletten oder anderen Zusät-

zen. Achte wie immer auf die Qualität von einer reinen Ware ohne Zusätze oder Verunreinigungen!

Was passt gut dazu?

Ich kombiniere Karaya-Gummi gern mit Ulmenrinde (zur Schleimhautpflege), Flohsamenschalen (zur Kotregulation), Heilerde (bei Toxinbelastung) und einem magenfreundlichen Futter. Auch Kamille oder Melisse wirken wunderbar beruhigend in Kombination.

Mein Praxistipp

Karaya-Gummi ist ein eher seltener Begleiter in der Hundeernährung, aber gerade deshalb umso spannender. Allerdings ist es im deutschsprachigen Raum nicht ganz einfach zu bekommen. Die Qualität schwankt stark, viele Produkte im Internet sind nicht geprüft oder enthalten Zusätze, die ich nicht empfehlen kann. Deshalb rate ich dir: Wenn du Karaya-Gummi nutzen möchtest, dann lass dich im Fachhandel beraten oder sprich mit einer erfahrenen Fachperson vor Ort. Denn nur ein reines, unverfälschtes Produkt kann auch wirklich helfen – und das hat dein Liebling verdient.

21 Johannisbrot (Carob)

Wenn du nach einem natürlichen Mittel suchst, das nicht nur den Magen deines Hundes beruhigt, sondern ihm auch noch richtig gut schmeckt, dann ist Johannisbrot genau das Richtige. Auch bekannt als Carob, stammt dieses Superfood aus dem Mittelmeerraum und wird aus den getrockneten, gemahlenen Schoten des Johannisbrotbaums gewonnen.

Carob ist süßlich im Geschmack, reich an Ballaststoffen und enthält viele gesunde Inhaltsstoffe wie Kalzium, Eisen, Magnesium, B-Vitamine und natürliche Gerbstoffe. Es ist frei von Koffein und Theobromin und somit ein absolut hundefreundlicher Kakaoersatz.

Wirkung im Napf

Ich setze Carob in meiner Beratung besonders gern bei Hunden mit empfindlichem Magen, akuten Durchfällen oder chronischem Reizdarm ein. Die Gerbstoffe im Johannisbrot wirken leicht adstringierend. Sie helfen also dabei, die Darmschleimhaut zu beruhigen und Flüssigkeit im Stuhl zu binden.

Gleichzeitig ist Carob mild, gut verträglich und durch seinen angenehmen Geschmack ideal für mäkelige oder sensible Hunde. Es kann bei Übelkeit, weichem Kot oder auch einfach zur Verdauungsunterstützung ganz sanft und ohne Nebenwirkungen eingesetzt werden.

Dosierung & Anwendung

Nutze bitte nur reines, fein gemahlenes Johannisbrotpulver ohne Zusätze oder Zucker. Achte auf Bioqualität, denn Rückstände von Pestiziden oder Konservierungsstoffen haben in einem so sensiblen Produkt nichts verloren.

Dosierung nach Körpergewicht (Richtwert):

- bis 5 kg → ca. ¼ TL pro Tag
- 5–10 kg → ca. ½ TL
- 10–20 kg → ca. 1 TL
- 20–30 kg → ca. 1,5 TL
- 30–40 kg → ca. 2 TL
- ab 40 kg → ca. 2,5 TL pro Tag

Tipp: Mische das Pulver unter feuchtes Futter oder rühre es mit etwas Wasser, Brühe oder Ziegenmilch an. Besonders beliebt ist die Kombination mit Banane oder Apfelmus, denn das schmeckt nicht nur gut, sondern bringt gleich noch mehr Ballaststoffe mit.

Dauer der Anwendung

Carob eignet sich sowohl bei akuten Beschwerden (z. B. bei Durchfall oder Magenverstimmung) als auch zur langfristigen Unterstützung. Es kann bedenkenlos über Wochen hinweg gegeben werden, vor allem bei Hunden mit chronischen Verdauungsbeschwerden oder Appetitmangel. Aber mach bitte trotzdem nach einer längeren Dosierung von ca. 6 Wochen wieder eine kleine Pause von 1 Woche.

Worauf du achten solltest

Verwende ausschließlich Johannisbrotpulver in Lebensmittel- oder besser noch Tierheilqualität. Achte darauf, dass es nicht geröstet ist, da dadurch wertvolle Inhaltsstoffe verloren gehen können. Bei sehr empfindlichen Hunden bitte langsam einschleichen und mit kleinen Mengen starten.

Was passt gut dazu?

Ich kombiniere Carob gerne mit Karaya-Gummi oder Flohsamenschalen (bei weichem Kot), mit Leinsamen oder Chiasamen (zur Schleimhautpflege) und mit Heilerde (zur Bindung von Toxinen). Für magenempfindliche Hunde ergibt das eine sanfte, stärkende Mischung mit richtig guter Wirkung.

Mein Praxistipp

Ein kleiner Terrier aus meiner Beratung hatte immer wieder leichten Durchfall nach Aufregung oder Futterwechsel. Nichts half dauerhaft, bis wir schlussendlich auf Johannisbrot gekommen sind. In Kombination mit einer Futterumstellung, etwas Flohsamenschalen und Johannisbrot (Carob) war der Kot nach wenigen Tagen deutlich fester. Die Besitzerin war begeistert, vor allem weil ihr Hund das Carob-Pulver mit echter Begeisterung schleckt.

Wenn du wissen möchtest, welches Johannisbrotpulver ich in meinen Beratungen empfehle und welches ich auch selbst verwende, dann scanne einfach den QR-Code und dort findest du wieder mein Lieblingsprodukt.

KAPITEL 4

Haut, Fell und Allergien

22 Leinöl

Manchmal sind es die einfachsten Dinge, die den größten Unterschied machen, und so ist es auch mit Leinöl. Dieses goldgelbe Pflanzenöl wird aus den reifen Samen der Leinpflanze (*Linum usitatissimum*) kalt gepresst und zählt zu den wertvollsten pflanzlichen Ölen überhaupt.

Was es so besonders macht? Sein hoher Gehalt an Omega-3-Fettsäuren und allen voran Alpha-Linolensäure (ALA), die deinem Vierbeiner bei zahlreichen Beschwerden helfen kann. Leinöl hat nicht nur eine lange Tradition in der menschlichen Ernährung, sondern auch in der natürlichen Tierheilkunde – und das völlig zu Recht.

Wirkung im Napf

Ich setze Leinöl bei vielen Hunden ein, die mit trockener Haut, stumpfem Fell, Entzündungen oder Allergien zu tun haben. Die entzündungshemmende Wirkung der Omega-3-Fettsäuren unterstützt Haut, Fell, Gelenke, Immunsystem und sogar das Herz-Kreislauf-System. Es wirkt regulierend auf die Verdauung, fördert die Zellregeneration und kann auch bei älteren Hunden zu mehr Vitalität beitragen.

Ein weiterer großer Vorteil ist, dass Leinöl die Darmschleimhaut stärkt und die Aufnahme fettlöslicher Vitamine verbessern kann. All das macht es zu einem echten Allrounder im Napf deines Lieblings.

Dosierung & Anwendung

Bitte verwende ausschließlich kaltgepresstes Bio-Leinöl aus einer Ölmühle deines Vertrauens. Achte unbedingt auf frische Ware, denn Leinöl ist sehr empfindlich und sollte immer im Kühlschrank aufbewahrt und innerhalb von 6 bis 8 Wochen verbraucht werden.

Dosierung nach Körpergewicht (Richtwert):

- bis 5 kg → ca. ¼ TL pro Tag
- 5–10 kg → ca. ½ TL
- 10–20 kg → ca. 1 TL
- 20–30 kg → ca. 1,5 TL
- 30–40 kg → ca. 2 TL
- ab 40 kg → ca. 2,5 TL pro Tag

Tipp: Gib das Öl immer frisch übers Futter von deiner Fellrakete. Idealerweise bei Rohfütterung (BARF) oder bei selbstgekochtem Futter, aber auch bei Fertigfutter kannst du es als sinnvolle Ergänzung verwenden. Vor allem dann, wenn zu wenig Omega-3 im Fertigfutter enthalten ist. Achte deshalb stets auch auf die Zusammensetzung des Futters!

Dauer der Anwendung

Leinöl kannst du dauerhaft füttern, aber nur wenn es wirklich frisch ist! Achte einfach auf die Haltbarkeit und den Geruch: Riecht es bitter oder ranzig, dann ist es nicht

mehr geeignet. Am besten gibst du deinem Hund über einen längeren Zeitraum jeden Tag seine individuelle Dosis; gerade bei Haut- oder Gelenkproblemen braucht der Körper etwas Zeit für die Umstellung.

Worauf du achten solltest

Gib das Öl nie erhitzt oder mitgekocht, denn dadurch verliert es seine Wirkung. Leinöl ist empfindlich

gegenüber Licht, Luft und Wärme. Kaufe daher lieber kleinere Flaschen und lagere sie immer kühl, dunkel und gut verschlossen.

Bei Hunden mit Bauchspeicheldrüsenproblemen oder Fettunverträglichkeit halte bitte vorher Rücksprache mit einer fachkundigen Person deines Vertrauens!

Was passt gut dazu?

Ich kombiniere Leinöl oft mit Bierhefe oder Seealgenmehl (zur Haut- und Fellpflege), mit Chlorella (zur Entgiftung), mit Topinambur (für die Verdauung) und Kurkuma (zur Gelenkunterstützung). Durch diese Kombination entsteht ein Rundum-Paket für Gesundheit und Wohlbefinden.

Mein Praxistipp

Ein Schäferhund-Mix aus meiner Beratung hatte schuppige Haut, Juckreiz und ein völlig glanzloses Fell. Die Besitzerin hatte schon zig Shampoos ausprobiert – ohne Erfolg. Wir haben das Futter angepasst, hochwertiges Leinöl integriert und zusätzlich eine kleine Menge Bierhefe gegeben. Nach nur drei Wochen war der Unterschied riesig: weiches, glänzendes Fell, kein Schuppen mehr und viel weniger Juckreiz.

Wenn du wissen möchtest, welches Leinöl ich aus voller Überzeugung empfehle und was ich auch für meine sensiblen Hunde nutze, dann scanne einfach den QR-Code. Dort findest du mein Lieblingsprodukt – frisch, rein und garantiert ohne Schnickschnack.

23 Hirse

Wenn du deinem Vierbeiner ein glutenfreies, gut verträgliches und nährstoffreiches Getreide geben möchtest, ist Hirse eine hervorragende Option. Sie zählt zu den ältesten Kulturpflanzen der Welt und wurde schon vor über 8.000 Jahren angebaut! Hirse ist nicht nur sättigend, sondern auch vollgepackt mit wichtigen Mineralstoffen, Spurenelementen und leicht verdaulichen Kohlenhydraten. Vor allem bei sensiblen oder allergischen Hunden ist Hirse oft die erste Wahl und das völlig zu Recht.

Wirkung im Napf

Ich empfehle Hirse besonders bei Hunden mit empfindlicher Verdauung, bei Allergien auf glutenhaltige Getreidesorten wie Weizen oder Dinkel sowie bei Haut- und Fellproblemen. Denn Hirse enthält reichlich Silizium (Kieselsäure), das wichtig für kräftiges Fell, gesunde Haut und stabile Krallen ist.

Außerdem liefert Hirse Magnesium, Eisen, Zink, B-Vitamine und wertvolle Ballaststoffe, womit sie eine echte Wohltat für den Darm, die Nerven und den Stoffwechsel ist. Besonders bei nervösen Hunden oder in Phasen der Regeneration kann Hirse deinen Vierbeiner rundum stärken.

Dosierung & Anwendung

Wähle am besten **goldene Hirse** oder **Braunhirse** aus kontrolliert biologischem Anbau. Idealerweise in geschälter Form oder als Flocken, da ungeschälte Hirse Bitterstoffe enthalten kann und schwerer verdaulich ist.

So bereitest du Hirse richtig zu:

1) Gründlich waschen, um Bitterstoffe zu entfernen
2) Im Verhältnis 1:2 mit Wasser ca. 10 bis 15 Minuten weichkochen
3) Danach ca. 5 Minuten ziehen lassen
4) Abkühlen und unter das Futter mischen

Dosierung nach Körpergewicht (Richtwert, gekocht):

- bis 5 kg → ca. 1 EL pro Tag
- 5–10 kg → ca. 2 EL
- 10–20 kg → ca. 3–4 EL
- 20–30 kg → ca. 5 EL
- ab 30 kg → ca. 6–8 EL pro Tag

Tipp: Kombiniere die Hirse mit etwas Öl (z. B. Leinöl) oder Brühe, denn das verbessert nicht nur den

Geschmack, sondern hilft auch bei der Aufnahme fettlöslicher Vitamine.

Dauer der Anwendung

Hirse kannst du dauerhaft in den Speiseplan deines Lieblings integrieren, besonders bei selbstgekochtem Futter oder BARF als pflanzliche Kohlenhydratquelle. Ich empfehle sie zwei- bis viermal pro Woche, je nach Aktivität, Gewicht und Gesamtfutterplan.

Worauf du achten solltest

Bitte gib Hirse immer **gekocht**, denn roh ist sie für Hunde schwer verdaulich. Verwende bei sehr kleinen Hunden oder bei geschwächtem Darm lieber Hirseflocken oder -mehl, da diese noch leichter verdaulich sind.

Bei Hunden mit Schilddrüsenproblemen oder bei chronischer Verstopfung sollte Hirse nur in Maßen gefüttert werden, da sie leicht austrocknend wirken kann. Achte daher auf eine ausreichende Flüssigkeitszufuhr.

Was passt gut dazu?

Ich kombiniere Hirse gern mit Kürbis (zur Magenberuhigung), mit Leinöl (für die Haut), mit Topinambur (für die Darmflora) oder auch mit etwas Pute oder Ei. Das ergibt eine rundum ausgewogene und gut verträgliche Mahlzeit.

Mein Praxistipp

Ein kleiner Bolonka-Rüde aus meiner Beratung hatte ständig weichen Kot und Unverträglichkeiten auf viele Fertigfutter. Wir haben auf selbstgekochtes Futter mit Hirse, Zucchini und Pute umgestellt, ergänzt mit Leinöl, einem Mineralstoffkomplex und ein paar Verdauungskräutern. Nach einer Woche war der Kot fester, der Vierbeiner viel entspannter und die Besitzerin überglücklich. Hirse ist zwar kein

Wundermittel, aber in solchen Fällen ein echter Gamechanger.

Wenn du wissen möchtest, welche Hirse ich meinen Kunden für deren Hunde empfehle, dann scanne einfach den QR-Code. Dort findest du mein Lieblingsprodukt für deinen Schatz.

24 Hanföl

Hanföl ist wie ein echter Geheimtipp unter den Ölen, denn es ist mild, nussig, reich an wertvollen Fettsäuren und vollkommen legal. Es wird aus den Samen der Hanfpflanze (*Cannabis sativa*) gewonnen, enthält jedoch kein THC und hat keinerlei berauschende Wirkung. Dafür aber umso mehr gesundheitliche Vorteile, die auch für deinen Vierbeiner interessant sein können.

Im Gegensatz zu vielen anderen Ölen bringt Hanföl ein besonders harmonisches Verhältnis von Omega-6 zu Omega-3 mit und ist ideal für Hunde, die unter chronischen Entzündungen, Hautproblemen oder einem schwachen Immunsystem leiden.

Wirkung im Napf

Ich empfehle Hanföl häufig bei Hunden mit juckender oder schuppiger Haut, bei Gelenkproblemen oder bei nervösen, gestressten Hunden. Denn es wirkt entzündungshemmend, zellschützend und nervenstärkend.

Besonders die enthaltene Gamma-Linolensäure (GLA) ist ein echter Schatz für deine Fellrakete. Sie kann hormonelle Schwankungen ausgleichen, die Hautregeneration fördern und das Immunsystem

auf ganz natürliche Weise stärken. Auch bei älteren Hunden, die etwas steifer oder langsamer geworden sind, zeigt Hanföl oft eine spürbare Verbesserung im Bewegungsapparat.

Dosierung & Anwendung

Bitte benutze ausschließlich kaltgepresstes Hanföl, idealerweise aus regionaler Herstellung in Bioqualität. Hanföl ist sehr empfindlich gegenüber Licht, Wärme und Sauerstoff, deshalb bewahre es immer im Kühlschrank auf und verbrauche es innerhalb von 6 Wochen nach Anbruch.

Dosierung nach Körpergewicht (Richtwert):

- bis 5 kg → ca. ¼ TL pro Tag
- 5–10 kg → ca. ½ TL
- 10–20 kg → ca. 1 TL
- 20–30 kg → ca. 1,5 TL
- 30–40 kg → ca. 2 TL
- ab 40 kg → ca. 2,5 TL pro Tag

Tipp: Gib Hanföl immer frisch übers Futter, egal ob Barf, Nass- oder Trockenfutter. Bei sensiblen Hunden empfehle ich, mit kleinen Mengen zu starten und es langsam zu steigern, um den Körper deines Vierbeiners nicht zu überfordern.

Dauer der Anwendung

Hanföl eignet sich wunderbar zur **täglichen Ergänzung**, vor allem in stressigen Phasen, bei Fellwechsel, Allergien oder nach Krankheiten. Du kannst es auch dauerhaft einsetzen, aber achte auf Frische und Qualität.

Worauf du achten solltest

Hanföl darf **niemals erhitzt** werden, denn ansonsten gehen die wertvollen Fettsäuren verloren. Lagere es kühl, dunkel und gut verschlossen. Kaufe lieber kleinere Flaschen, die du innerhalb von 6 bis 8 Wochen verbrauchst.

Wenn dein Hund an einer Fettunverträglichkeit oder chronischer Pankreatitis (Bauchspeicheldrüsenentzündung) leidet, halte bitte vorher Rücksprache mit deinem Tierarzt oder deiner Tierheilpraktikerin.

Was passt gut dazu?

Ich kombiniere Hanföl gerne mit Bierhefe (für Haut und Fell), mit

Kurkuma (für die Gelenke), mit Chlorella (für die Verdauung und Entgiftung). So entsteht eine rundum stärkende Kur, die nicht nur wirkt, sondern sich auch gut in jede Fütterungsart integrieren lässt.

Mein Praxistipp

Ein mittelgroßer Rüde aus meiner Beratung litt unter chronischem Juckreiz, leichtem Haarausfall und war in stressigen Situationen sehr aufgedreht. Wir haben das Futter optimiert, ein hochwertiges Hanföl integriert und parallel mit Chlorella und Entspannungsübungen gearbeitet. Nach vier Wochen war die Haut deutlich ruhiger, das Fell dichter und auch das Verhalten spürbar gelassener. Das Hanföl war für diesen Hund auf jeden Fall die richtige Wahl.

Wenn du wissen möchtest, welches Hanföl ich selbst verwende und in meinen Beratungen empfehle, dann scanne den QR-Code und dort findest du mein Lieblingsprodukt für deinen Liebling.

25 Perilla

Wenn du nach einer pflanzlichen Omega-3-Quelle suchst, die besonders gut verträglich ist und sogar entzündungshemmend wirkt, dann lohnt sich ein Blick auf Perilla. Dieses besondere Öl wird aus den Samen der Perillapflanze gewonnen, einer asiatischen Gewürz- und Heilpflanze, die vor allem in Japan, China und Korea seit Jahrhunderten in der Küche und Medizin verwendet wird.

Was Perillaöl so einzigartig macht, ist sein extrem hoher Anteil an Alpha-Linolensäure (ALA). Diese essenzielle Omega-3-Fettsäure ist für Hunde besonders wertvoll. Damit gehört Perillaöl zu den Spitzenreitern unter den pflanzlichen Ölen, wenn es um entzündungshemmende und zellschützende Wirkung geht.

Wirkung im Napf

Ich setze Perillaöl gern bei Hunden mit starken Allergien, Hautproblemen oder Gelenkbeschwerden ein. Vor allem dann, wenn andere Öle wie Lachsöl oder Leinöl nicht gut vertragen werden. Es wirkt entzündungshemmend, unterstützt das Immunsystem, pflegt Haut sowie Fell und kann sogar beruhigend auf den Magen-Darm-Trakt wirken.

Besonders für Hunde mit Futtermittelallergien, bei denen tierische Öle problematisch sind, ist Perillaöl eine wunderbare, rein pflanzliche Alternative ohne tierisches Eiweiß, aber mit richtig viel Wirkung.

Dosierung & Anwendung

Achte beim Kauf unbedingt auf kaltgepresstes Perillaöl in Bioqualität und am besten aus frischer Abfüllung. Perillaöl ist empfindlich. Bewahre es im Kühlschrank auf und verbrauche es bitte innerhalb von 6 bis 8 Wochen.

Dosierung nach Körpergewicht (Richtwert):

- bis 5 kg → ca. ¼ TL pro Tag
- 5–10 kg → ca. ½ TL
- 10–20 kg → ca. 1 TL
- 20–30 kg → ca. 1,5 TL
- 30–40 kg → ca. 2 TL
- ab 40 kg → ca. 2,5 TL pro Tag

Tipp: Gib das Öl immer frisch übers Futter und beginne bei sensiblen Hunden mit einer kleineren Menge. Besonders bei Haut- oder Gelenkproblemen empfehle ich eine regelmäßige tägliche Gabe über mehrere Wochen, um eine spürbare Wirkung bei deinem Vierbeiner zu erzielen.

Dauer der Anwendung

Perillaöl eignet sich sowohl für gezielte Kuren von 4 bis 6 Wochen (z. B. bei akutem Juckreiz oder Fellproblemen) als auch für die dauerhafte Fütterung als hochwertige Omega-3-Quelle. Vor allem bei Hunden, die keine tierischen Öle vertragen oder deren Immunsystem Unterstützung braucht, ist sie als dauerhafte Lösung sinnvoll.

Worauf du achten solltest

Perillaöl ist empfindlich gegenüber Sauerstoff, Licht und Wärme, deshalb verschließe es immer gut, lagere es kühl und verbrauche das Öl zügig. Achte zudem auf eine zuverlässige Herkunft und transparente Qualitätsangaben. Und wie bei allen Ölen gilt: niemals erhitzen, da sonst die Wirkung verloren geht.

Was passt gut dazu?

Ich kombiniere Perillaöl gerne mit Chlorella (zur Entgiftung), Kurkuma (für die Gelenke), Topinambur (für die Darmflora) oder Spirulina (fürs Immunsystem). So entsteht eine kraftvolle Kombination, die nicht nur das Immunsystem stärkt, sondern auch Fell, Haut und Gelenke aufblühen lässt.

Mein Praxistipp

Eine Hündin aus meiner Beratung hatte nach jeder Futterumstellung mit Juckreiz, schuppiger Haut und weichem Kot zu kämpfen. Tierisches Lachsöl wurde nicht vertragen und Leinöl half leider nur bedingt. Erst mit dem Wechsel auf ein hochwertiges Perillaöl, kombiniert mit einem sensitiv abgestimmten Futterplan, normalisierten sich die Symptome. Nach drei Wochen war die Haut deutlich ruhiger, das Fell glänzender und das Wichtigste: Die Hündin fühlte sich sichtbar wohler.

Wenn du wissen möchtest, welches Perillaöl ich meinen Klienten empfehle, dann scanne einfach den QR-Code. Dort findest du mein Lieblingsprodukt in geprüfter Qualität.

26 Spirulina

Wenn du nach einem natürlichen Vitalstoff-Booster suchst, der das Immunsystem deines Hundes stärkt, den Stoffwechsel ankurbelt und gleichzeitig entgiftet, dann ist Spirulina wie gemacht für dich und deinen Vierbeiner. Die tiefgrüne Mikroalge wächst in nährstoffreichen Seen und gilt als echtes Superfood, sowohl in der Human- als auch in der Tierernährung.

Spirulina gehört zu den sogenannten Cyanobakterien (auch Blaualgen genannt) und überzeugt durch eine beeindruckende Nährstoffdichte. Sie enthält hochwertige Proteine, alle essenziellen Aminosäuren, Eisen, Chlorophyll, B-Vitamine, Beta-Carotin sowie antioxidative Enzyme wie Superoxiddismutase.

Wirkung im Napf

Ich setze Spirulina besonders gerne ein, wenn Hunde müde, antriebslos oder anfällig für Infekte sind. Die Alge unterstützt das Immunsystem, wirkt entgiftend, stärkt die Leberfunktion und hilft dem Körper, sich von innen zu regenerieren. Durch das enthaltene Chlorophyll und die hohe Nährstoffdichte kann Spirulina auch bei Allergien, Hautproblemen oder Juckreiz lindernd wirken.

Gerade in Phasen mit erhöhtem Nährstoffbedarf (z. B. Fellwechsel, nach Krankheiten oder bei Senioren) ist Spirulina ein wunderbar sanfter Begleiter, der neue Kraft gibt - und das ganz ohne Chemie.

Dosierung & Anwendung

Bitte achte beim Kauf auf reines Spirulinapulver in geprüfter Bioqualität. Die Alge kann Schwermetalle aus dem Wasser binden, darum ist eine transparente Herkunft entscheidend! Gute Produkte stammen z. B. aus kontrollierten Aquakulturen auf der südlichen Halbkugel oder aus zertifizierten geschlossenen Systemen.

Dosierung nach Körpergewicht (Richtwert):

- bis 5 kg → ca. ⅛ TL pro Tag
- 5–10 kg → ca. ¼ TL
- 10–20 kg → ca. ½ TL
- 20–30 kg → ca. ¾ TL
- 30–40 kg → ca. 1 TL
- ab 40 kg → ca. 1,5 TL pro Tag

Tipp: Mische Spirulina unters Futter oder rühre es mit etwas Wasser, Brühe oder Ziegenmilch an. Anfangs kann der Geruch ungewohnt sein. Starte bei sensiblen Hunden am besten mit einer Mini-Dosis und steigere diese langsam, damit keine anfänglichen Beschwerden entstehen.

Dauer der Anwendung

Spirulina kannst du wunderbar als Kur für 4 bis 6 Wochen geben, zum Beispiel im Frühjahr oder im Herbst als Detox-Kur oder bei erhöhtem Stress. Auch eine langfristige Anwendung ist möglich, solange du

auf Pausen achtest (z. B. 1 Woche Pause nach 6 Wochen Gabe).

Worauf du achten solltest

Verwende nur naturreines Spirulinapulver oder -presslinge ohne Zusätze! Achte auf die Herkunft (z. B. Hawaii, Indien, Chile) und auf Laboranalysen zur Schwermetallfreiheit. Halte bei Hunden mit schwerem Leberleiden oder Autoimmunerkrankungen bitte vorher Rücksprache mit einer Fachperson!

Was passt gut dazu?

Ich kombiniere Spirulina gerne mit Chlorella (für Entgiftung), Hanföl (fürs Immunsystem), Topinambur (für die Darmflora) und Bierhefe (für Haut und Fell). Diese Kombination wirkt wie eine Rundum-Kur für den Hundekörper. Sie stärkt, reinigt und versorgt deinen Vierbeiner mit allem, was er braucht.

Mein Praxistipp

Ein älterer Mischlingsrüde aus meiner Beratung war ständig schlapp, hatte stumpfes Fell und eine hohe Anfälligkeit für Infekte. Mit einem gezielten Aufbauplan, Spirulina und Chlorella, ergänzt durch ein leicht verdauliches Futter, wurde aus dem müden Kerl ein fitter Begleiter. Meine Klienten waren total erstaunt, wie schnell sich die Vitalität ihres Vierbeiners verbesserte – und das ganz ohne Medikamente.

Wenn du wissen möchtest, welches Spirulina ich in meiner Beratung empfehle und selbst nutze, dann scanne einfach den QR-Code.

27 Granatapfelkerne

Wenn du deinem Hund etwas Gutes für Herz, Zellen und Immunsystem tun möchtest, dann schau dir mal die Wirkung von Granatapfelkernen an. Diese kleinen rubinroten Kraftpakete stecken voller Polyphenole, Vitamine und Antioxidantien. In der traditionellen Heilkunde gilt der Granatapfel seit Jahrhunderten als Symbol für Vitalität, Fruchtbarkeit sowie Langlebigkeit und auch in der modernen Tierernährung wird er immer beliebter.

Die Kerne (nicht der Saft!) enthalten die besonders wirksamen Inhaltsstoffe wie Ellagsäure, Flavonoide und Anthocyane. Diese sind allesamt bekannt für ihre zellschützenden und entzündungshemmenden Eigenschaften.

Wirkung im Napf

Ich verwende Granatapfelkerne oder Granatapfelkernmehl gerne bei älteren Hunden, bei chronischen Entzündungen, Herzproblemen oder auch zur allgemeinen Zellprophylaxe. Die enthaltenen Antioxidantien helfen dem Körper freie Radikale zu neutralisieren und wirken wie ein natürlicher Zellschutz.

Besonders spannend ist auch die Wirkung auf das Herz-Kreislauf-System und die Blutgefäße gerade bei Senioren oder bei Hunden, die zu Bluthochdruck oder Herzschwäche neigen. Außerdem unterstützen die Kerne den Hormonhaushalt und fördern die Regeneration nach Krankheiten oder Operationen.

Dosierung & Anwendung

Verwende bitte nur gemahlene Granatapfelkerne (Granatapfelkernmehl) in Lebensmittel- oder Tierqualität. Ganze Kerne sind für Hunde schwer verdaulich und sollten nicht roh gegeben werden!

Dosierung nach Körpergewicht (Richtwert):

- bis 5 kg → ca. ⅛ TL pro Tag
- 5–10 kg → ca. ¼ TL
- 10–20 kg → ca. ½ TL
- 20–30 kg → ca. ¾ TL
- 30–40 kg → ca. 1 TL
- ab 40 kg → ca. 1,5 TL pro Tag

Tipp: Mische es am besten unters Futter von deinem Vierbeiner. Bei Nassfutter oder frischem Futter einfach direkt einrühren. Bei Trockenfutter feuchte es vorher mit ein wenig Wasser oder Brühe an, denn so bleibt die Wirkung optimal erhalten.

Dauer der Anwendung

Granatapfelkerne kannst du über mehrere Wochen hinweg kurweise geben (etwa 6 bis 8 Wochen) oder auch als dauerhafte Ergänzung bei älteren oder chronisch erkrankten Hunden. Ich empfehle bei Langzeitanwendung immer, eine Pause von 1 Woche nach 6 Wochen Anwendung zu machen.

Worauf du achten solltest

Verwende bitte nur 100 % reines Granatapfelkernpulver ohne Zusätze. Achte auf schonende Trocknung und Vermahlung, idealerweise in Bioqualität. Granatapfelsaft oder Auszüge in Pastenform enthalten oft Zucker oder andere Zusatzstoffe und davon würde ich bei Hunden eher abraten!

Was passt gut dazu?

Ich kombiniere Granatapfel gerne mit Astaxanthin (als Zellschutz), Maca (zur Energie), Chlorella (zur Entgiftung) oder Leinöl (für die Aufnahme fettlöslicher Stoffe). Diese Mischung wirkt wie ein natürlicher Booster für alternde oder geschwächte Hunde.

Mein Praxistipp

Eine ältere Hündin in meiner Beratung hatte immer wieder Probleme mit Entzündungen im Maulbereich und leichtem Herzklopfen. Wir haben das Futter angepasst, Granatapfelkernpulver ergänzt und dic entzündungsfördernden Bestandteile im Futter reduziert. Nach fünf Wochen war das Zahnfleisch deutlich ruhiger und die Tierärztin stellte fest, dass sich auch der Blutdruck etwas normalisiert hatte. Die Besitzerin konnte kaum glauben, was für eine große Wirkung so ein kleines Pulver hat.

Wenn du wissen möchtest, welches Granatapfelkernpulver ich in meinen Beratungen empfehle und welches ich selbst verwende, dann scanne einfach den QR-Code. Dort findest du mein Lieblingsprodukt für deinen Schatz.

28 Maulbeeren

Maulbeeren sind wie kleine Naturbonbons: süß, nährstoffreich und vollgepackt mit natürlichen Pflanzenstoffen. In der traditionellen chinesischen Medizin werden sie seit Jahrhunderten als Tonikum für Blut, Leber und Immunsystem verwendet. Auch in der Hundeernährung entdecken immer mehr Tierhalter, was in diesen kleinen Beeren eigentlich steckt.

Es gibt sie in Weiß, Rot und Schwarz. Doch vor allem die dunklen Maulbeeren (meist getrocknet erhältlich) überzeugen durch ihren hohen Gehalt an Antioxidantien, Vitaminen und sekundären Pflanzenstoffen, die die Zellen deines Lieblings schützen und den Organismus sanft unterstützen können.

Wirkung im Napf

Ich setze Maulbeeren vor allem bei Hunden ein, die ein bisschen Unterstützung für ihr Immunsystem oder ihren Stoffwechsel brauchen. Gerade bei älteren Hunden, bei Hautproblemen oder in der Rekonvaleszenz nach Krankheiten haben sich Maulbeeren bewährt.

Sie enthalten natürliche Polyphenole, Flavonoide und Vitamin C, die freie Radikale abfangen und das Immunsystem aktivieren. Auch bei Leberbelastungen oder zur Stärkung der Blutbildung kommen sie zum Einsatz, denn sie enthalten Eisen, Kalium und Vitamin K. Viele Hunde lieben den süßen

Geschmack und so fällt die tägliche Portion leicht!

Dosierung & Anwendung

Bitte verwende getrocknete, ungeschwefelte Maulbeeren in Bioqualität und am besten von seriösen Anbietern ohne Zuckerzusatz oder Konservierungsstoffe. Du kannst sie entweder fein hacken oder kurz einweichen und dann ins Futter mischen.

Dosierung nach Körpergewicht (Richtwert, getrocknet):

- bis 5 kg → 1–2 Beeren pro Tag
- 5–10 kg → ca. 3–4 Beeren
- 10–20 kg → ca. 5–7 Beeren
- 20–30 kg → ca. 1 TL fein gehackt
- 30–40 kg → ca. 1–1,5 TL
- ab 40 kg → ca. 2 TL pro Tag

Tipp: Bei sehr kleinen Hunden oder bei Zahnproblemen empfehle ich ein kurzes Pürieren der Maulbeeren mit etwas Wasser.

Dauer der Anwendung

Maulbeeren eignen sich wunderbar für eine 4- bis 6-wöchige Kur, zum Beispiel zur Immunstärkung im Frühling oder Herbst. Aber auch als kleine tägliche Beigabe im Wechsel mit anderen Superfoods können sie dauerhaft eingesetzt werden. Aber achte trotzdem auf Abwechslung!

Worauf du achten solltest

Verwende ausschließlich ungeschwefelte, ungezuckerte Maulbeeren in Bioqualität. Konventionelle getrocknete Früchte enthalten oft Schwefel oder Zuckerzusätze, die für Hunde nicht geeignet sind. Achte außerdem darauf, dass du Maulbeeren nicht als Ersatz für frisches Obst gibst, denn sie sind konzentrierter und sollten wohldosiert eingesetzt werden.

Was passt gut dazu?

Ich kombiniere Maulbeeren gerne mit Topinambur (für die Verdauung), Leinöl (für die Haut), Spirulina (für die Immunabwehr) oder Granatapfel (für den Zellschutz). So entsteht ein fruchtig vitaler Mix, der deinen Vierbeiner auf natürliche Weise stärkt.

Mein Praxistipp

Ein sensibler Labrador-Rüde meiner Klientin hatte im Herbst ständig mit Infekten und Schlappheit zu kämpfen. Wir haben sein Immunsystem mit einer Kombination aus Maulbeeren, Spirulina und einem hochwertigen Futterplan gezielt gestärkt. Die Maulbeeren mochte er geschmacklich besonders gern. Zusammen mit den anderen Zutaten sorgten sie für sichtbar mehr Energie, weniger Infekte und ein rundum besseres Wohlbefinden.

Wenn du wissen möchtest, welche Maulbeeren ich für Hunde empfehle, dann scanne einfach den QR-Code und dort findest du mein bevorzugtes Produkt in geprüfter Qualität.

KAPITEL 5

Zähne, Maul und Atem

29 Seealgenmehl

Seealgenmehl ist eines der bekanntesten natürlichen Ergänzungsmittel in der Hundeernährung und das völlig zurecht. Es wird aus getrockneten sowie fein gemahlenen Meeresalgen (meist *Ascophyllum nodosum*) gewonnen und enthält auf ganz natürliche Weise eine Vielzahl an wichtigen Mineralstoffen, Spurenelementen und bioaktiven Pflanzenstoffen.

Besonders hervorzuheben ist der hohe Gehalt an Jod, der Seealgenmehl zu einer beliebten Ergänzung bei selbst gekochten oder BARF-Rationen macht. Aber auch bei Haut- und Fellproblemen oder zur Zahnpflege findet es häufig Anwendung.

Wirkung im Napf

Ich empfehle Seealgenmehl vor allem dann, wenn ein natürlicher Jodlieferant gebraucht wird, z. B. bei selbst gekochtem oder rohem Futter, das keinen Fisch enthält. Denn Jod ist für eine gesunde Schilddrüse unverzichtbar, wird aber über das normale Futter oft nicht ausreichend aufgenommen. Darüber hinaus enthält Seealgenmehl Kalzium, Magnesium, Kalium, Eisen, natürliche Antioxidantien und Ballaststoffe.

Es gibt Hinweise, dass Seealgenmehl bei regelmäßiger Gabe zur Reduktion von Zahnbelägen und Maulgeruch beitragen kann. Genau das wurde in einer Studie aus dem Jahr 2018 untersucht, in der

Hunde über 90 Tage hinweg Seealgenpräparate erhielten und eine signifikante Verbesserung der Maulgesundheit zeigten.[3]

Dosierung & Anwendung

Verwende ausschließlich zertifiziertes, reines Seealgenmehl in Lebensmittel- oder Tierqualität mit transparenter Herkunft und ausgewiesenem Jodgehalt (am besten <800 mg/kg). Überdosierungen können zu Problemen mit der Schilddrüse führen!

Dosierung nach Körpergewicht (Richtwert):

Berechne es immer individuell, denn pauschale Mengen sind bei Jod nicht sinnvoll!

Beispiel:

- Der tägliche Jodbedarf liegt bei etwa 15 µg pro kg Körpergewicht.
- Ein Seealgenmehl mit 500 mg Jod/kg liefert also 0,5 mg = 500 µg pro Gramm.

➔ Ein 10-kg-Hund braucht etwa 150 µg = 0,3 g Seealgenmehl pro Tag.

3 Gawor J. et al. (2018): The influence of a seaweed meal (Ascophyllum nodosum) on the oral health in dogs, Polish Journal of Veterinary Sciences, 21(1):189–193. DOI: 10.24425/119047

Tipp: Beginne bitte mit einer sehr kleinen Menge und steigere sie über einige Tage. Seealgenmehl hat einen maritimen Geruch, den nicht jeder Hund sofort liebt. Mische es deshalb gut unters Futter oder mit etwas Brühe, Joghurt oder Öl.

Dauer der Anwendung

Seealgenmehl eignet sich für die dauerhafte Gabe, besonders bei selbst gekochter oder BARF-Fütterung, um den täglichen Jodbedarf

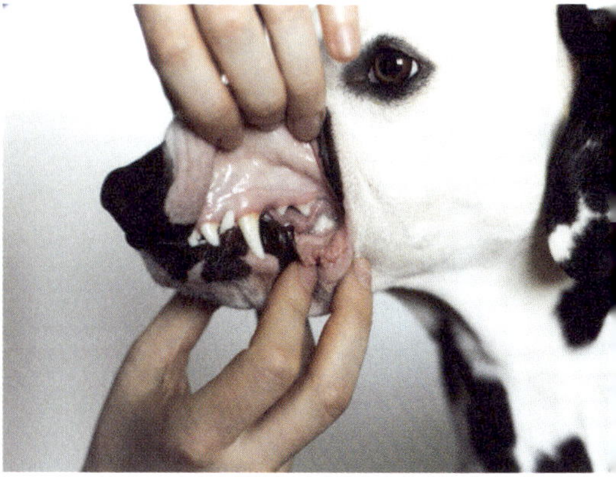

abzudecken. Bei fertigem Futter ist es oft nicht nötig, denn in diesem ist Jod meist enthalten.
Mache bei Langzeitgabe alle 6 bis 8 Wochen eine kurze Pause oder sprich mit einem Ernährungsexperten über den Bedarf. Besonders bei Hunden mit Schilddrüsenproblemen solltest du hier Acht geben!

Worauf du achten solltest

Nicht alle Seealgenmehle sind gleich. Achte daher auf:

- Herkunft (z. B. Atlantik, keine belasteten Fanggebiete)
- Jodgehalt (nicht zu hoch!)
- Laboranalysen bzgl. Schwermetalle
- Schonende Trocknung

Vermeide bitte Produkte ohne genaue Deklaration oder mit extrem hohem Jodgehalt, denn diese bergen ein unnötiges Risiko für die Schilddrüse deines Lieblings.

Was passt gut dazu?

Ich kombiniere Seealgenmehl gerne mit Lachsöl (für Omega-3), Topinambur (für die Verdauung), Leber (für Vitamin A und B12) oder Chlorella (für Mineralstoffe und Entgiftung). So wird dein Vierbeiner rundum gut versorgt, auch bei selbst gemachtem Futter.

Mein Praxistipp

Ein junger Schäferhund-Rüde in meiner Beratung wurde gebarft, hatte aber stumpfes Fell und ständig leichten Zahnstein. Wir haben gemeinsam den Futterplan überarbeitet, Seealgenmehl ergänzt (in genau berechneter Menge!) und die Nährstofflücken geschlossen. Nach wenigen Wochen war das Fell glänzender, die Pigmentierung kräftiger und der Zahnstein war fast verschwunden. Gerade bei Barf ist Seealgenmehl oft ein unterschätzter, aber sehr effektiver Helfer!

Wenn du wissen möchtest, welches Seealgenmehl ich meinen Klienten empfehle, dann scanne einfach den QR-Code. Dort findest du mein bevorzugtes Produkt in geprüfter Qualität und mit genau deklariertem Jodgehalt.

30 Petersilienwurzel

Petersilienwurzel klingt im ersten Moment unspektakulär, aber diese Wurzel ist ein echter Schatz für die Ernährung deines Hundes. Sie gehört botanisch zur gleichen Familie wie Möhre und Sellerie, schmeckt leicht süßlich-würzig und wird in der Naturheilkunde seit Jahrhunderten als Tonikum für Niere, Blase und Verdauung eingesetzt. In der Küche ist sie ein Klassiker und im Napf deines Vierbeiners kann sie noch viel mehr!

Wirkung im Napf

Ich empfehle Petersilienwurzel vor allem bei Hunden, die zu Wassereinlagerungen, Blasenproblemen oder leichten Verdauungsbeschwerden neigen. Sie hat eine sanfte, harntreibende Wirkung und kann helfen, die Harnwege durchzuspülen. Das ist besonders hilfreich nach Infekten, bei älteren Hunden oder in Zeiten, in denen die Nieren ein bisschen mehr Unterstützung brauchen. Außerdem liefert sie jede Menge Vitamin C, Kalium, Eisen, Folat und sekundäre Pflanzenstoffe, die das Immunsystem und die Zellgesundheit stärken.

Gerade für Hunde, die wenig Frischfutter bekommen oder empfindlich auf Rohkost reagieren, ist die schonend gegarte Petersilienwurzel eine super Ergänzung für den Speiseplan.

Dosierung & Anwendung

Am besten verwendest du frische Petersilienwurzel in Bioqualität. Du kannst sie roh fein raspeln (bei sehr kleinen Hunden oder empfindlichem Darm lieber dünsten oder kochen) oder als gekochte Zutat dem Futter untermischen.

Dosierung nach Körpergewicht (Richtwert, gegart oder fein geraspelt):

- bis 5 kg → ca. ½–1 TL pro Tag
- 5–10 kg → ca. 2 TL
- 10–20 kg → ca. 1 EL
- 20–30 kg → ca. 1,5 EL
- ab 30 kg → ca. 2 EL pro Tag

Tipp: Gare die Petersilienwurzel schonend mit wenig Wasser oder dämpfe sie, damit die Vitamine erhalten bleiben. Bei Hunden mit empfindlichem Magen kannst du sie mit etwas Brühe oder ein paar Tropfen Leinöl kombinieren, denn das macht sie besonders schmackhaft und gut verträglich.

Dauer der Anwendung

Petersilienwurzel eignet sich als frische Gemüsebeigabe über mehrere Wochen oder dauerhaft als Teil des Gemüseanteils im Napf. Besonders bei saisonalen Futterplänen oder selbst gekochtem Futter kannst du sie wunderbar zusammen mit Möhre, Sellerie und Pastinake rotieren.

Worauf du achten solltest

Bitte verwende nur die Wurzel und nicht das grüne Blattwerk, denn die Blätter enthalten recht viel Apiol, das in großen Mengen bei Hunden zu Reizungen führen kann. Bei trächtigen Hündinnen oder bei bekannten Nierenerkrankungen solltest du Petersilienwurzel nur nach Rücksprache mit einem Tierarzt oder einem Ernährungsexperten einsetzen, denn sie wirkt harntreibend und kann den Stoffwechsel anregen.

Was passt gut dazu?

Ich kombiniere Petersilienwurzel gern mit Möhre (für Beta-Carotin), Pastinake (für Ballaststoffe), Kürbis (für die Verdauung) oder Leinöl (für die Aufnahme der fettlöslichen Vitamine). Das gibt nicht nur Abwechslung im Napf, sondern sorgt auch für eine stabile Verdauung und einen frischen Geschmack.

Mein Praxistipp

Du brauchst kein spezielles Tierprodukt, denn die Petersilienwurzel bekommst du ganz unkompliziert frisch im Supermarkt, auf dem Wochenmarkt oder im Bioladen. Achte beim Kauf einfach auf möglichst feste, pralle und saubere Wurzeln ohne dunkle Stellen oder Schimmel. Am besten ist Bioqualität, weil das Gemüse in der Regel weniger mit Rückständen belastet ist und du sie guten Gewissens roh oder nur schonend gegart füttern kannst.

Wenn du die Wurzel vorbereitest, schäle sie am besten kurz vor dem Verarbeiten, damit die wertvollen Inhaltsstoffe erhalten bleiben. Achte darauf, sie immer gründlich waschen, bevor sie in den Napf wandert. So kannst du deinem Liebling ganz einfach und mit wenig Aufwand etwas Gutes tun und das alles ohne Zusatzstoffe, ohne Schnickschnack und mit vollem Geschmack!

31 Eichenrinde

Manchmal sind es die unscheinbarsten Dinge in der Natur, die eine beeindruckende Wirkung entfalten, und so ist es auch mit der Eichenrinde. Sie wird seit Jahrhunderten in der Naturheilkunde als pflanzliches Heilmittel eingesetzt, vor allem bei Magen-Darm-Beschwerden, Durchfall oder gereizten Schleimhäuten. Auch in der modernen Hundeernährung wird Eichenrinde zunehmend geschätzt und gerade dann, wenn es um die natürliche Unterstützung bei Verdauungsproblemen geht.

Wirkung im Napf

Eichenrinde enthält hohe Mengen an Gerbstoffen (Tanninen), die im Darm eine zusammenziehende und schützende Wirkung entfalten. Sie hilft dabei, die Schleimhäute

zu beruhigen, überschüssige Flüssigkeit im Darm zu binden und so akuten Durchfall oder leichte Reizungen zu lindern. Bei Hunden, die zu weichem Kot, Magen-Darm-Infekten oder Futterumstellungen neigen, kann Eichenrinde daher eine sanfte, aber sehr wirkungsvolle Unterstützung sein.

Eichenrinde kann auch helfen, die Regeneration der Darmschleimhaut zu fördern und das Gleichgewicht im Verdauungstrakt zu stabilisieren. Besonders praktisch ist sie daher nach Antibiotika oder bei empfindlichen, stressanfälligen Hunden.

Dosierung & Anwendung

Bitte verwende ausschließlich getrocknete und fein geschnittene Eichenrinde in Arzneibuchqualität (Apotheke oder gut sortierter Fachhandel), denn nur diese ist frei von Schadstoffen und optimal dosierbar.

So bereitest du einen Eichenrindentee zu:

1. Ungefähr 1 TL getrocknete Eichenrinde mit 150 ml kaltem Wasser übergießen.
2. Langsam zum Kochen bringen und 10 Minuten sieden lassen.
3. Danach abseihen und lauwarm abkühlen lassen.

Dosierung nach Körpergewicht (als Tee / Tagesration):

- bis 5 kg → ca. 1 TL
- 5–10 kg → ca. 2 TL
- 10–20 kg → ca. 1 EL
- 20–30 kg → ca. 1,5 EL
- ab 30 kg → ca. 2 EL

Tipp: Gib den abgekühlten Tee entweder direkt in den Mund von deinem Vierbeiner oder vermische ihn mit etwas Futter. Nicht überdosieren, da zu viele Gerbstoffe die Verdauung unnötig blockieren können.

Dauer der Anwendung

Eichenrinde eignet sich für kurze Kuren von 3 bis 5 Tagen bei akutem Durchfall oder gereiztem Darm. Bei chronischen Beschwerden oder wiederkehrenden Problemen sprich bitte immer mit einem fachkundigen Tierarzt oder Ernährungsberater, denn eine zu lange Anwendung kann die Nährstoffaufnahme beeinträchtigen!

Worauf du achten solltest

Verwende bitte ausschließlich Eichenrinde in geprüfter Qualität (Apotheke, seriöser Onlinehandel). Gib die Eichenrinde niemals bei trächtigen Hündinnen oder bei massiven Darmproblemen ohne Rücksprache. Gib sie auch nicht dauerhaft, sondern immer mit Pausen dazwischen und starte bei sehr kleinen Hunden immer mit sehr kleinen Mengen, um die Verträglichkeit zu testen.

Was passt gut dazu?

Ich kombiniere Eichenrinde gerne mit Flohsamenschalen (zur Kotregulation), Kamille (bei Magen-Darm-Reizungen), Topinambur (für die Darmflora) und mildem, fettarmem Futter in der Akutphase. Gerade bei Durchfall hilft diese Kombination dem Darm schnell wieder ins Gleichgewicht zu kommen.

Mein Praxistipp

Eichenrinde ist ein typischer „Hausmittel-Geheimtipp“ und oft schon in kleinen Mengen sehr effektiv. Wenn du mal keinen Zugang zu speziellen Präparaten hast, dann bekommst du die Eichenrinde oft direkt in der Apotheke oder im Kräuterhandel; frag dort gezielt nach Arzneibuchqualität. Achte darauf, dass die Rinde frei von Zusätzen, Pestiziden und Schadstoffen ist. Gerade bei akutem Durchfall kann ein Eichenrindentee (in kleinen Mengen!) den Unterschied machen, aber übertreib es nicht. Weniger ist oft mehr und der Darm deines Lieblings wird es dir danken.

32 Salbei

Salbei ist so ein Kraut, das in keiner guten Hausapotheke fehlen darf, und das gilt nicht nur für Menschen! Das würzige, aromatische Blatt hat sich seit Jahrhunderten in der Naturheilkunde bewährt, wenn es um Entzündungen, Infekte und Magen-Darm-Beschwerden geht. Aber was viele nicht wissen: Auch im Napf deines Hundes kann Salbei ein echter Gamechanger sein.

Wirkung im Napf

Salbei enthält wertvolle ätherische Öle (allen voran Thujon, Cineol und Kampfer), dazu Gerbstoffe, Flavonoide und Bitterstoffe. Diese Kombination sorgt für eine antibakterielle, entzündungshemmende sowie beruhigende Wirkung – vor allem auf Schleimhäute im Maul, Hals und Magen-Darm-Trakt.

Ich empfehle Salbei besonders bei Hunden mit entzündetem Zahnfleisch, unangenehmem Maulgeruch oder wenn sie nach einem Infekt einen gereizten Rachen haben. Auch bei leichten Verdauungsbeschwerden, Blähungen oder gelegentlichem Durchfall kann Salbei beruhigend wirken und den Darmtrakt unterstützen.

Dosierung & Anwendung

Verwende am besten frischen oder getrockneten Salbei aus Bio-Anbau oder aus dem eigenen Garten und verarbeite ihn zu Tee.

So bereitest du einen Salbeitee zu:

1) 1 bis 2 frische Blätter oder ½ TL getrockneten Salbei mit 100 ml heißem Wasser übergießen.
2) 5 bis 8 Minuten ziehen lassen, abseihen und lauwarm abkühlen lassen.

Dosierung nach Körpergewicht (als Tee):

- bis 5 kg → ca. 1 TL
- 5–10 kg → ca. 2 TL
- 10–20 kg → ca. 1 EL
- 20–30 kg → ca. 1,5 EL
- ab 30 kg → ca. 2 EL

Tipp: Du kannst den Tee auch zum Spülen oder Befeuchten des Zahnfleischs verwenden (einfach mit einer weichen Spritze oder einem Wattepad). Im Futter macht sich Salbei besonders gut zusammen mit anderen magenfreundlichen Kräutern wie Kamille oder Fenchel.

Dauer der Anwendung

Salbei eignet sich für kurze Kuren von 3 bis 5 Tagen, z. B. bei Zahn-

fleischentzündung oder leichten Magenproblemen. Für eine langfristige Anwendung (z. B. zur Prophylaxe) reicht es, Salbei einmal pro Woche ins Futter zu geben.

Worauf du achten solltest

Salbei stets nur in Maßen verwenden – übermäßiges Thujon kann in hohen Dosen lebertoxisch wirken. Vermeide daher Daueranwendung und Überdosierung. Verwende es nicht bei tragenden oder laktierenden Hündinnen, bei epileptischen Hunden oder bei bekannter Leberproblematik ohne Rücksprache! Achte stets auf Bioqualität und verzichte auf Produkte mit Zusätzen.

Was passt gut dazu?

Salbei lässt sich wunderbar mit Kamille (bei Magenproblemen), Eichenrinde (bei Durchfall), Petersilienwurzel (zur Stoffwechsel-

unterstützung) oder Fenchel (bei Blähungen) kombinieren. Das ergibt einen ausgewogenen, natürlichen Mix für den empfindlichen Hundemagen.

Mein Praxistipp

Ein älterer Mischlingsrüde aus meiner Beratung litt immer wieder unter Zahnfleischproblemen und starkem Maulgeruch. Mit einer sanften Spülung aus lauwarmem Salbeitee und einer Futterumstellung auf leicht verdauliche Kost konnten wir nach drei Wochen eine deutliche Verbesserung sehen. Das Zahnfleisch war weniger gerötet und der Maulgeruch fast verschwunden. Salbei ist klein, aber eine wahnsinnige Wirkung und ist für die Hausapotheke einfach unverzichtbar!

Wenn du wissen möchtest, welches Salbeiprodukt ich in meinen Beratungen empfehle, dann scanne einfach den QR-Code und dort findest du mein bevorzugtes Produkt.

33 Rotalge

Rotalgen gehören zu den faszinierendsten Meerespflanzen überhaupt und sind ein echter Geheimtipp für die gesunde Hundeernährung. Diese leuchtend roten bis violetten Algen wachsen in den klaren Gewässern der Ozeane und sind seit Jahrhunderten fester Bestandteil in der traditionellen Ernährung vieler Küstenregionen. In den letzten Jahren sind sie auch aus gutem Grund in der Fütterung von Hunden angekommen.

Wirkung im Napf

Rotalgen (z. B. Lithothamnium, Palmaria, *Chondrus crispus*) sind reich an wertvollen Mineralstoffen wie Kalzium, Magnesium, Eisen und Jod, dazu kommen Ballaststoffe, Vitamine und jede Menge antioxidative Pflanzenstoffe (z. B. Astaxanthin). Das macht sie zur echten Superfood-Zutat im Napf deines Lieblings, vor allem bei selbst gekochtem Futter oder Barf, wenn es um die natürliche Mineralstoffversorgung geht.

Ich empfehle Rotalgen besonders bei Hunden, die einen erhöhten Kalziumbedarf haben (z. B. im Wachstum oder bei gebarften Hunden), bei Problemen mit Haut, Fell oder bei erhöhtem Stress. Sie wirken leicht basisch, können den Säure-Basen-Haushalt unterstützen und stärken gleichzeitig die Knochen sowie das Immunsystem.

Darüber hinaus enthalten manche Rotalgen spezielle lösliche Ballaststoffe (z. B. Carrageenane), die die Verdauung unterstützen und die Darmflora positiv beeinflussen können.

Dosierung & Anwendung

Nutze bitte ausschließlich hochwertiges Rotalgenpulver oder -granulat aus Bioqualität (z. B. *Lithothamnium calcareum*, *Chondrus crispus* / Irish Moss oder *Palmaria palmata* / Dulse). Achte auf geprüfte Herkunft, frei von Schadstoffen und genau deklarierte Mineralstoffwerte.

Dosierung nach Körpergewicht (Richtwert, Pulverform):

- bis 5 kg → ca. ¼ TL pro Tag
- 5–10 kg → ca. ½ TL
- 10–20 kg → ca. 1 TL
- 20–30 kg → ca. 1,5 TL
- ab 30 kg → ca. 2 TL pro Tag

Tipp: Mische das Pulver unters Futter als Kalziumquelle, wenn du für deinen Hund selber kochst und keine Knochen fütterst. Starte bei sensiblen Hunden immer mit kleinen Mengen, um die Verträglichkeit zu testen.

Dauer der Anwendung

Rotalgen können dauerhaft eingesetzt werden, solange der Mineral-

stoffbedarf abgestimmt und der Jodgehalt beachtet wird. Bei speziellen Bedürfnissen (z. B. Allergien, erhöhte Mineralstoffversorgung) kann eine mehrwöchige Kur sinnvoll sein, aber lass dich dabei gern von einer Fachperson begleiten.

Worauf du achten solltest

Achte auf den natürlichen Jodgehalt und passe die Menge ggf. an, besonders bei Schilddrüsenproblemen! Verwende ausschließlich geprüfte, schadstofffreie Rotalgenprodukte und gib keine extremen Mengen, denn ein Zuviel an Mineralien (z. B. Kalzium oder Jod) kann schaden. Bei tragenden Hündinnen oder bei chronischen Nierenerkrankungen halte bitte vorab Rücksprache mit dem Tierarzt deines Vertrauens!

Was passt gut dazu?

Ich kombiniere die Rotalge gerne mit Seealgenmehl (zur ausgewogenen Jodversorgung), Leinöl oder Hanföl (für Haut und Fell), Spirulina (zur Immunstärkung) oder Topinambur (zur Unterstützung der Verdauung). Das ergibt ein rundum ausgewogenes Paket, das deinen Vierbeiner stärkt – vor allem bei selbst gemachter Ration oder Barf.

Mein Praxistipp

Bei Hunden, die gebarft oder selbst bekocht werden, sind Rotalgen oft die unkomplizierteste und verträglichste Kalziumquelle überhaupt. Ein Schäferhund aus meiner Beratung hatte nach der Futterumstellung auf Barf Probleme mit brüchigen Krallen und stumpfem Fell. Nach gezielter Ergänzung mit Lithothamnium-Rotalge und einem hochwertigen Öl hat sich das Hautbild deutlich verbessert, die Krallen wurden fester und die Verdauung insgesamt stabiler. Das zeigt, wie viel Kraft in diesen kleinen Meeresalgen steckt!

Wenn du wissen möchtest, welches Rotalgenprodukt ich aus Überzeugung empfehle, dann scanne einfach den QR-Code und dort findest du mein favorisiertes Produkt für die tägliche Fütterung.

34 Miswak-Wurzel

Die Miswak-Wurzel klingt fast exotisch, ist aber eine uralte, natürliche Zahnbürste und ein echter Geheimtipp, wenn es um Zahnpflege auf ganz ursprüngliche Art geht. Ursprünglich stammt sie vom *Salvadora persica*-Baum, der in Afrika, Asien und im arabischen Raum beheimatet ist. Seit Jahrtausenden nutzen Menschen und Tiere diese Wurzel, um Zähne und Zahnfleisch zu reinigen. Genau das macht sie auch für unsere Hunde so spannend.

Wirkung im Napf

Miswak enthält eine Vielzahl natürlicher Inhaltsstoffe: antibakterielle Saponine, Gerbstoffe, ätherische Öle und Mineralien. Diese tragen dazu bei, Bakterien im Maul zu reduzieren, Zahnbeläge sanft zu lösen und das Zahnfleisch zu pflegen. Anders als viele Kauartikel ist Miswak komplett pflanzlich, splitterfrei sowie nahezu geruchsneutral – und das lieben vor allem Hunde, die bei Kauartikeln mäkelig sind oder empfindlich auf chemische Zusätze reagieren.

Regelmäßiges Kauen auf der Miswak-Wurzel kann die Zahnreinigung unterstützen, den Speichelfluss anregen und das Maul natürlich pflegen. Gerade Hunde, die zu Zahnstein oder Mundgeruch neigen, profitieren enorm von dieser naturbelassenen Zahnpflege.

Dosierung & Anwendung

Die Miswak-Wurzel gibt es als kleine, etwa fingerlange Stäbchen im (orientalischen) Fachhandel oder gelegentlich im Bio-Supermarkt. Schneide ein etwa 5 bis 8 cm langes Stück ab, entferne die äußere Rinde am oberen Ende und quetsche die Fasern vorsichtig auf, bis eine Art Bürste entsteht.

Tipp: Lass deinen Vierbeiner an der frischen Wurzel schnüffeln und probiere es erst mal unter Aufsicht aus. Für kleine Hunde oder Senioren kannst du die Wurzel auch anfeuchten, damit sie weicher wird.

Dauer der Anwendung

Die Miswak-Wurzel kannst du als natürliche Zahnbürste 1–3 Mal pro Woche geben, je nach Kauverhalten und Vorliebe deines Hundes. Sie ist eine tolle Ergänzung zur regulären Zahnpflege, ersetzt aber kein regelmäßiges Zähneputzen oder den Tierarztbesuch, wenn schon Probleme bestehen!

Worauf du achten solltest

Verwende nur reine, naturbelassene Miswak-Wurzeln ohne Zusätze oder chemische Nachbehandlung. Biete es immer unter Aufsicht an, besonders beim ersten Versuch, damit keine größeren Stücke verschluckt werden. Bei Hunden mit Zahnfleischproblemen oder lockeren Zähnen stimme es lieber mit einem Tierarzt ab. Spüle die Wurzel zwischendurch ab und ersetze sie nach ein paar Tagen durch ein neues Stück, damit sie hygienisch bleibt.

Was passt gut dazu?

Miswak lässt sich wunderbar mit anderen natürlichen Zahnpflegehelfern kombinieren, z. B. Kokosöl (antibakteriell), Petersilienwurzel (für den Atem), Seealgenmehl (gegen Zahnbelag) oder hochwertigen Kauartikeln wie Geweih oder Wurzelholz. So entsteht eine abwechslungsreiche Zahnpflegestrategie für deinen Vierbeiner.Mein Praxistipp

Ich habe immer eine kleine Auswahl an natürlichen Kauwurzeln parat, aber die Miswak-Wurzel ist bei meinen Beratungshunden ein echter Geheimtipp für Hunde, die

Zahnpasta und Bürste partout verweigern. Vor allem sensible oder allergische Hunde akzeptieren die milde, geruchsneutrale Wurzel oft besser als klassische Kauartikel. Du bekommst sie oft im Reformhaus, in orientalischen Läden oder in gut sortierten Bio-Supermärkten. Mit dieser Wurzel kannst du deinem Vierbeiner mit wenig Aufwand etwas richtig Gutes für die Maulhygiene tun – und das ganz ohne Chemie!

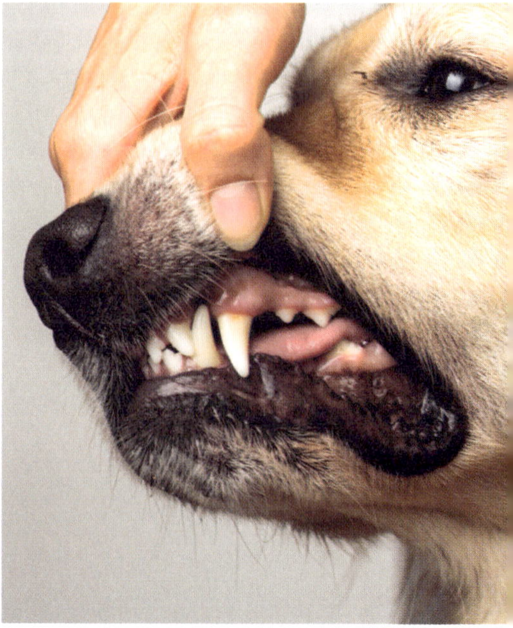

35 Erdmandelmehl

Erdmandelmehl, auch bekannt als Tigernut oder Chufamehl, klingt nach exotischer Delikatesse, ist aber ein echter Geheimtipp in der Hundeernährung, besonders wenn du eine glutenfreie, ballaststoffreiche und gut verträgliche Zutat suchst. Die Erdmandel ist botanisch keine Nuss, sondern das knollige Wurzelwerk eines Grasgewächses, das vor allem rund ums Mittelmeer, in Afrika und in Spanien wächst.

Wirkung im Napf

Erdmandelmehl ist reich an Ballaststoffen, leicht süßlich im Geschmack und dabei ausgesprochen verträglich, selbst für empfindliche oder allergische Hunde. Es liefert hochwertige, präbiotische Fasern, die die guten Darmbakterien füttern und die Verdauung stabilisieren. Hinzu kommen Vitamin E, Magnesium, Kalium, Kalzium und sekundäre Pflanzenstoffe, die die Gesundheit deiner Fellrakete rundum unterstützen können.

Ich setze Erdmandelmehl gern bei Hunden mit Verdauungsproblemen, Unverträglichkeiten oder als natürliche Ergänzung bei Ausschlussdiäten ein. Auch bei übergewichtigen Hunden kann es helfen, denn die Ballaststoffe sorgen für ein längeres Sättigungsgefühl.

Dosierung & Anwendung

Nutze bitte nur reines, fein gemahlenes Erdmandelmehl aus Bioqualität und am besten ohne Zusatzstoffe sowie möglichst frisch vermahlen.

Dosierung nach Körpergewicht (Richtwert):

- bis 5 kg → ca. ¼ TL pro Tag
- 5–10 kg → ca. ½ TL
- 10–20 kg → ca. 1 TL
- 20–30 kg → ca. 1,5 TL
- ab 30 kg → ca. 2 TL pro Tag

Tipp: Misch das Mehl einfach unters Futter, in Joghurt, Quark oder rühre es mit etwas Wasser an. Besonders beliebt ist es als Zutat in selbstgemachten Hundekeksen oder zur Aufwertung von Schonkost und Frischrationen.

Dauer der Anwendung

Erdmandelmehl kannst du sowohl als kurze Kur für 1 bis 2 Wochen (z. B. bei Verdauungsbeschwerden) als auch dauerhaft ins Futter integrieren. Gerade für allergische oder magenempfindliche Hunde bietet es eine hervorragende Ergänzung, die nicht belastet.

Worauf du achten solltest

Verwende nur hochwertiges, reines Erdmandelmehl in Lebensmittel- oder Tierqualität, frei von Zucker, Aromen oder Konservierungsstoffen! Fang bei sensiblen Hunden langsam an und steigere die Menge, damit sich der Darm an die zusätzlichen Ballaststoffe gewöhnen kann.

Was passt gut dazu?

Ich kombiniere Erdmandelmehl gern mit Topinambur (für die Darmflora), Flohsamenschalen (für die Kotkonsistenz), Apfelpektin (für die Schleimhautpflege) und ein wenig Ziegenmilch oder Joghurt (für die Akzeptanz). So entsteht eine sanfte, aber sehr effektive Unterstützung für den gesamten Verdauungstrakt.

Mein Praxistipp

Ein Dackel aus meiner Beratung hatte jahrelang immer wieder Probleme mit weichem Kot und Magenrumoren. Nach Umstellung auf ein leicht verdauliches Futter mit Erdmandelmehl, ein wenig Topinambur und Joghurt war die Verdauung schon nach 3 Wochen deutlich stabiler und der Vierbeiner fraß das Futter mit großem Appetit! Viele Halter sind überrascht, wie mild und effektiv Erdmandelmehl wirkt, ohne den Darm zu überfordern.

Wenn du wissen möchtest, welches Erdmandelmehl ich in meinen Beratungen empfehle und was ich selbst nutze. Dann scanne einfach den QR-Code und dort findest du mein Lieblingsprodukt.

KAPITEL 6

Herz, Kreislauf und Blutwerte

36 Rote-Bete-Pulver

Rote Bete ist ein echtes Kraftpaket aus der Erde und als fein gemahlenes Pulver für die Hundeernährung fast schon ein kleiner Geheimtipp. Die rote Knolle ist nicht nur hübsch anzusehen, sondern auch ein nährstoffreiches Superfood, das deinem Liebling auf ganz natürliche Weise Kraft, Vitalität und Abwehrkräfte schenken kann.

Wirkung im Napf

Rote Bete liefert eine Fülle an Vitalstoffen: Vitamin C, Folsäure, Kalium, Eisen und vor allem Betanin, das für die intensiv rote Farbe sorgt. Dieses Pflanzenpigment wirkt antioxidativ, unterstützt die Leber und kann die Durchblutung sowie die Zellgesundheit fördern. Besonders bei älteren Hunden, in der Rekonvaleszenz oder einfach als Immunbooster macht sich Rote-Bete-Pulver richtig gut im Napf.

Ich empfehle Rote-Bete-Pulver gern bei Hunden mit Blutarmut, schwacher Vitalität, nach Krank-

heiten oder wenn der Stoffwechsel einen kleinen Kick braucht. Auch für Hunde, die viel Sport machen oder im Fellwechsel sind, kann es unterstützend wirken.

Dosierung & Anwendung

Nutze bitte ausschließlich reines, fein gemahlenes Rote-Bete-Pulver aus Bioqualität. Es sollte frei von Zusätzen, Zucker oder Rieselhilfen sein.

Dosierung nach Körpergewicht (Richtwert):

- bis 5 kg → ca. eine Messerspitze pro Tag
- 5–10 kg → ca. ¼ TL
- 10–20 kg → ca. ½ TL
- 20–30 kg → ca. ¾ TL
- ab 30 kg → ca. 1 TL pro Tag

Tipp: Misch das Pulver unters Futter, in Joghurt, Hüttenkäse oder Brühe. Die leuchtend rote Farbe ist ein Hingucker und wird meist gern angenommen. Starte bei empfindlichen Hunden langsam, da die Ballaststoffe anfangs etwas auf die Verdauung wirken können.

Dauer der Anwendung

Rote-Bete-Pulver kannst du problemlos als Kur von 2 bis 4 Wochen geben (z. B. bei erhöhtem Nährstoffbedarf) oder dauerhaft als Ergänzung, vor allem bei aktiven oder älteren Hunden.

Worauf du achten solltest

Achte auf reines Pulver in Bioqualität und keine Mischprodukte mit Zucker oder künstlichen Farb- und

Konservierungsstoffen. Bei Hunden mit Nierenproblemen, Oxalatsteinen oder Diabetes sprich bitte vorher mit einer Fachperson, denn Rote Bete enthält Oxalsäure und natürlichen Zucker.

Was passt gut dazu?

Ich kombiniere das Rote-Bete-Pulver gern mit Bierhefe (für Blut und Fell), Topinambur (für die Verdauung), Spirulina (zur Immunstärkung) und Leinöl (für die Aufnahme fettlöslicher Vitamine). Das alles zusammen ergibt einen echten Power-Mix für mehr Lebensfreude.

Mein Praxistipp

Eine ältere Hündin aus meiner Beratung hatte über Monate mit Appetitlosigkeit, stumpfem Fell und Antriebsschwäche zu kämpfen. Mit einer sanften Kur aus Rote-Bete-Pulver, Leinöl und Hüttenkäse haben wir sie regelrecht „aufgeweckt“. Mehr Appetit, glänzendes Fell und deutlich mehr Schwung im Alltag waren die Folgen und die Besitzerin war begeistert, wie einfach es manchmal sein kann.

Wenn du wissen möchtest, welches Rote-Bete-Pulver ich für Hunde empfehle und auch selbst verwende: Scanne einfach den QR-Code und du findest mein Lieblingsprodukt.

37 Aronia

Wenn du für deinen Hund ein richtiges Antioxidantienwunder suchst, dann solltest du Aronia (auch Apfelbeere genannt) auf dem Schirm haben. Die kleinen, fast schwarzen Beeren stammen ursprünglich aus Nordamerika und gehören mittlerweile zu den heimischen Superfoods, die in Deutschland immer beliebter werden. Kein Wunder, denn in Sachen Zellschutz, Immunsystem und Vitalität ist Aronia kaum zu schlagen.

Wirkung im Napf

Aroniabeeren enthalten beeindruckend viele sekundäre Pflanzenstoffe, allen voran Anthocyane und Polyphenole. Diese Pflanzenstoffe sind echte Schutzschilde für die Zellen deiner Fellrakete, neutralisieren freie Radikale und stärken das Immunsystem.

Ich setze Aronia gern ein bei Hunden mit Allergien, chronischen Entzündungen, schwachem Immunsystem oder einfach, wenn nach einer Krankheit wieder mehr Schwung in den Alltag kommen soll. Auch Senioren profitieren von der durchblutungsfördernden Wirkung der kleinen Beere.

Dosierung & Anwendung

Verwende für deinen Hund ausschließlich reines, getrocknetes Aroniapulver oder fein gemahlene Beeren aus kontrolliertem Anbau, am besten in Bioqualität, ohne Zuckerzusatz oder Konservierungsstoffe.

Dosierung nach Körpergewicht (Richtwert):

- bis 5 kg → ca. 1 Messerspitze pro Tag
- 5–10 kg → ca. ¼ TL
- 10–20 kg → ca. ½ TL
- 20–30 kg → ca. ¾ TL
- ab 30 kg → ca. 1 TL pro Tag

Tipp: Misch das Aroniapulver einfach unter feuchtes Futter, in Naturjoghurt, Hüttenkäse oder einen Obst-Gemüse-Brei. Bei empfindlichen Mägen starte immer mit kleinen Mengen und steigere langsam.

Dauer der Anwendung

Aroniapulver eignet sich super für eine Kur von 3 bis 6 Wochen, z. B. nach einer Erkrankung, im Fellwechsel oder zur allgemeinen Immunstärkung. Aber auch dauerhaft als Superfood-Boost im Wochenplan ist Aronia eine top Ergänzung für deinen Hund. Lege nach einer längere Dosierungsphase (z. B. 8 bis 10 Wochen) eine Pause ein.

Worauf du achten solltest

Setze nur reines, biozertifiziertes Aroniapulver ohne Zusätze ein. Falls dein Vierbeiner zu Nierensteinen oder empfindlichen Harnwegen

neigt, sprich bitte vorher mit einer Fachperson, denn Aronia enthält natürliche Oxalate, die in großen Mengen problematisch sein können.

Was passt gut dazu?

Ich kombiniere Aroniapulver gern mit Rote-Bete-Pulver (für die Blutbildung), Spirulina (fürs Immunsystem), Topinambur (für die Verdauung) und ein wenig Leinöl (fü die Nährstoffaufnahme). Das ergibt eine bunte, vitalstoffreiche Mischung, die im Hundenapf wirklich Power bringt!

Mein Praxistipp

Ein älterer Retriever aus meiner Beratung war nach einer Infektion schlapp, sein Fell stumpf und die Haut leicht schuppig. Mit einer täglichen Portion Aroniapulver im Futter, kombiniert mit Spirulina und etwas Leinöl, haben wir seine Vitalität schnell zurückgebracht. Er war dadurch deutlich aktiver, das Fell glänzte und die Blutwerte hatten sich nach wenigen Wochen erholt und seine Besitzerin war total happy, wie gut die Kraft der Beere wirkt.

Wenn du wissen möchtest, welches Aroniapulver ich für Hunde in meinen Beratungen empfehle, dann scanne einfach den QR-Code und dort findest du mein Lieblingsprodukt.

38 OPC (Traubenkernextrakt)

OPC steht für „Oligomere Proanthocyanidine". Dahinter verbergen sich die besonders kraftvollen Pflanzenstoffe aus den Kernen der Weintraube, die zu den stärksten natürlichen Antioxidantien der Welt gehören. OPC ist in der Humanmedizin längst kein Geheimtipp mehr und hält nun auch immer mehr Einzug in die gesunde Hundeernährung.

Wirkung im Napf

OPC schützt die Körperzellen deines Vierbeiners vor oxidativem Stress, also den schädlichen Einflüssen freier Radikale. Gerade bei chronischen Entzündungen, Allergien, Hautproblemen oder nach Krankheiten ist der Bedarf an Zellschutz besonders hoch. OPC wirkt entzündungshemmend, unterstützt die Gefäße, fördert die Durchblutung und kann das Immunsystem stärken. Das macht es nicht nur für Senioren, sondern für alle Hunde interessant, die einen echten Boost für Vitalität, Regeneration und Zellgesundheit brauchen.

Ich empfehle OPC besonders bei älteren Hunden, bei Herz-Kreislauf-Belastungen, Arthritis, Allergien oder als begleitende Unterstützung im Fellwechsel oder bei starker körperlicher Beanspruchung.

Dosierung & Anwendung

Achte auf ein reines, standardisiertes Traubenkernextrakt (OPC-Anteil mindestens 95 %) in geprüfter Qualität, ohne künstliche Zusätze, Zucker oder Füllstoffe. OPC gibt es als Pulver oder in Kapselform, aber ideal für die Dosierung bei Hunden ist aus meiner Sicht das reine Pulver.

Dosierung nach Körpergewicht (Richtwert, Pulver):

- bis 5 kg → ca. 5–10 mg pro Tag
- 5–10 kg → ca. 15–20 mg
- 10–20 kg → ca. 25–40 mg
- 20–30 kg → ca. 50–70 mg
- ab 30 kg → ca. 80–100 mg pro Tag

Dauer der Anwendung

Du kannst OPC als Kur für 4 bis 6 Wochen einsetzen (z. B. zur Regeneration oder im Fellwechsel) oder auch langfristig als täglichen Zellschutz geben, aber dann empfehle ich regelmäßige Pausen (z. B. 1 Woche Pause nach 8 Wochen Anwendung) zu machen.

Tipp: Misch das Pulver einfach ins Futter oder löse es in etwas Wasser, Joghurt oder Brühe auf. OPC hat einen leicht herben, manchmal bitteren Geschmack. Verstecke das OPC bei mäkeligen Hunden hinter etwas Leckerem. Am besten wird es gemeinsam mit einer fetthaltigen Komponente wie Leinöl oder Hüttenkäse aufgenommen.

Worauf du achten solltest

Bitte verwende nur geprüfte sowie zertifizierte Qualität! OPC kann die Blutgerinnung beeinflussen und deshalb solltest du bei Hunden mit Blutgerinnungsstörungen oder vor Operationen bitte immer Rücksprache mit dem Tierarzt deines Vertrauens halten. Gib OPC nicht während Trächtigkeit, Laktation

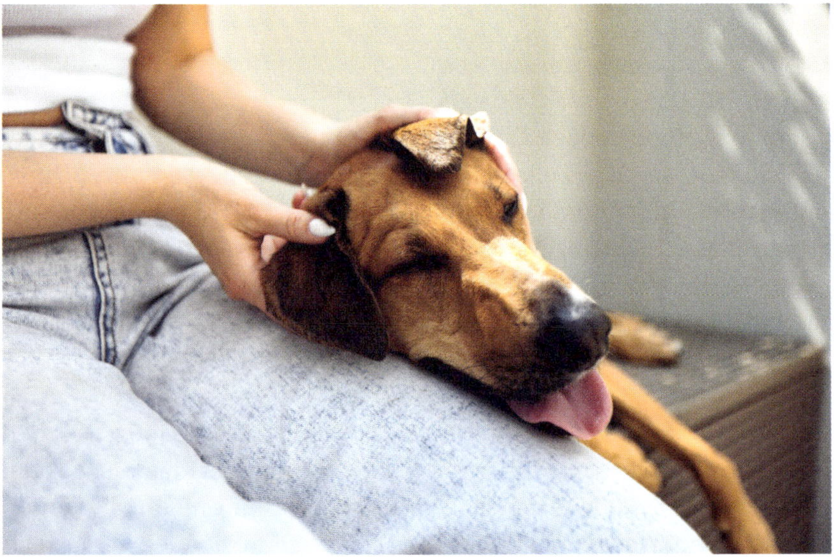

oder bei sehr jungen Welpen und verwende keine Produkte mit Füllstoffen, Rieselhilfen oder zugesetztem Zucker!

Was passt gut dazu?

Ich kombiniere OPC gern mit Aroniapulver (für die Durchblutung), Rote Bete (für Blutbildung), Chlorella (zur Entgiftung) und einem hochwertigen Öl (zur besseren Aufnahme). Das gibt dem Organismus deines Lieblings einen rundum starken Zellschutz und fördert die Vitalität spürbar.

Mein Praxistipp

Ein mittelgroßer Mischlingsrüde aus meiner Beratung hatte nach mehreren Entzündungen immer wieder Probleme mit dem Fell, war träge und neigte zu Juckreiz. Wir haben eine gezielte Kur mit OPC, Aronia und Leinöl gestartet und bereits nach drei Wochen war er aktiver, das Fell wurde kräftiger und die Hautprobleme gingen zurück. OPC ist für mich ein echter Gamechanger für Hunde, die mehr Zellschutz und Regeneration brauchen!

Wenn du wissen möchtest, welches OPC-Produkt ich für Hunde empfehle: Scanne einfach den QR-Code und du findest mein favorisiertes Präparat.

39 Coenzym Q10

Coenzym Q10 klingt nach Labor, ist aber in Wahrheit ein lebenswichtiger Vitalstoff, der in jeder Zelle deines Hundes steckt und dort eine Schlüsselfunktion übernimmt. Q10 ist ein Energielieferant auf Zellebene und gleichzeitig ein mächtiges Antioxidans, das die Körperzellen vor oxidativem Stress schützt. Besonders für ältere Hunde, Leistungshunde oder Vierbeiner mit chronischen Erkrankungen ist Coenzym Q10 ein echter Gamechanger im Futternapf.

Wirkung im Napf

Coenzym Q10 wird im Körper für die Energieproduktion in den sogenannten „Kraftwerken der Zellen“ (Mitochondrien) benötigt. Mit steigendem Alter, bei Krankheiten oder hoher Belastung nimmt die körpereigene Produktion jedoch ab. Das

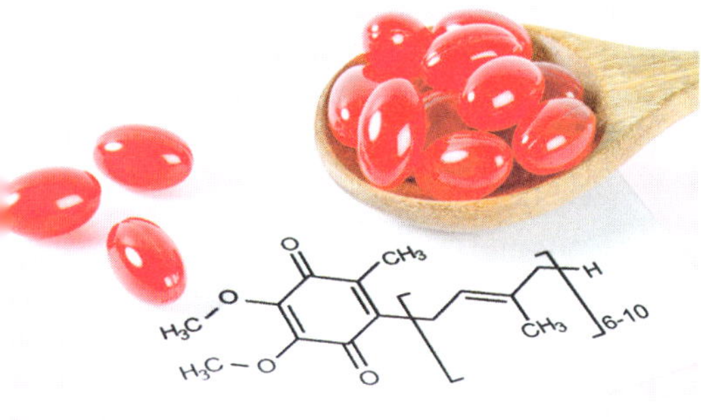

kann sich in nachlassender Ausdauer, Muskelschwäche, Herzproblemen oder einfach „Altersmüdigkeit“ äußern. Q10 unterstützt den Zellstoffwechsel, stärkt das Herz, die Muskeln als auch das Immunsystem und kann sogar dazu beitragen, Alterserscheinungen hinauszuzögern.

Ich empfehle Coenzym Q10 besonders bei älteren Hunden, bei Herzerkrankungen, chronischer Schwäche, nach schweren Erkrankungen oder Operationen sowie bei Sport- und Leistungshunden zur Unterstützung der Leistungsfähigkeit und Regeneration.

Dosierung & Anwendung

Verwende für Hunde bitte ausschließlich Coenzym Q10 aus geprüfter, reiner Quelle (Ubiquinon oder Ubiquinol). Es gibt Kapseln, Pulver oder Tropfen, aber ideal zur Dosierung beim Hund ist das Pulver oder die fein dosierbaren Tropfen. Der Wirkstoff wird am besten mit etwas Öl (z. B. Leinöl oder Lachsöl) zusammen aufgenommen!

Dosierung nach Körpergewicht (Richtwert, Pulver oder Tropfen):

- bis 5 kg → ca. 10–20 mg pro Tag
- 5–10 kg → ca. 20–30 mg
- 10–20 kg → ca. 30–60 mg
- 20–30 kg → ca. 60–90 mg
- ab 30 kg → ca. 90–120 mg pro Tag

Tipp: Misch das Coenzym Q10 direkt unters Futter, in einen Löffel Joghurt oder gib es in ein hochwertiges Öl. Gerade bei Senioren oder sehr aktiven Hunden sorgt Q10 oft für mehr „Schwung“ und bessere Ausdauer.

Dauer der Anwendung

Q10 eignet sich sowohl für gezielte Kuren (z. B. im Fellwechsel, nach Operationen oder bei Krankheit) als auch für die dauerhafte Unter-

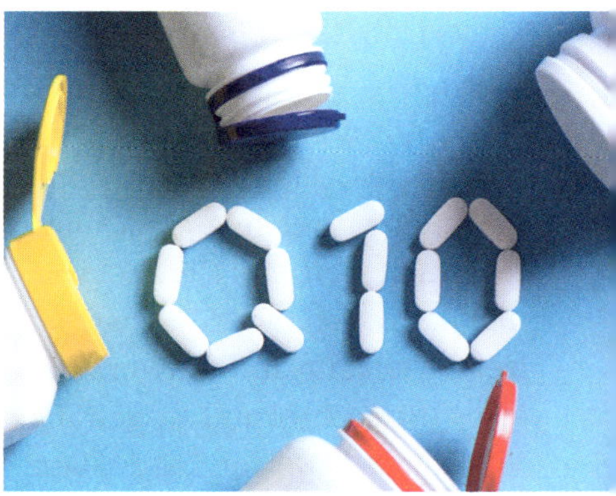

stützung im Alter oder bei Herzerkrankungen. Eine regelmäßige Gabe über 8 bis 12 Wochen mit kleinen Pausen ist ideal, damit sich der Körper immer wieder neu regulieren kann.

Worauf du achten solltest

Verwende nur hochwertiges, reines Coenzym Q10 ohne Zusätze oder Füllstoffe! Bei bekannten Herzproblemen oder bei Hunden, die Medikamente für Herz, Blutdruck oder Blutgerinnung nehmen, halte unbedingt Rücksprache mit deinem Tierarzt, da Q10 die Wirkung von Medikamenten beeinflussen kann.

Was passt gut dazu?

Ich kombiniere Q10 gerne mit Lachsöl (für die Zellmembran), Spirulina (für Energie), Aronia (für den Zellschutz) und hochwertigen Aminosäuren für eine rundum kräftigende Kur, die vor allem bei älteren oder geschwächten Hunden einen deutlichen Unterschied machen kann.

Mein Praxistipp

Eine ältere Collie-Hündin aus meiner Beratung war nach einer langen Krankheit matt, das Herz schwach und das Fell stumpf. Mit einem gezielten Aufbauplan, darunter Coenzym Q10, Lachsöl und ausgewählte Vitalstoffe, kam der „alte Glanz“

nach ein paar Wochen zurück. Die Hündin wurde aktiver, die Kondition besser und die Besitzerin berichtete von deutlich mehr Lebensfreude. Q10 ist für mich ein elementarer Baustein für vitale, lebensfrohe Senioren und Sporthunde!

Wenn du wissen möchtest, welches Coenzym Q10 ich empfehle und selbst für meine Klienten nutze, dann scanne einfach den QR-Code. Dort findest du mein favorisiertes Präparat in geprüfter Qualität.

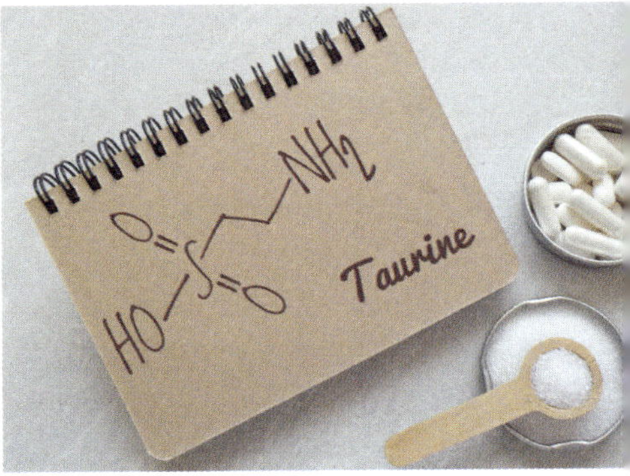

40 Taurin

Taurin ist eines dieser unscheinbaren, aber absolut lebenswichtigen Aminosäurederivate, die im Napf deines Hundes den Unterschied machen können. Besonders dann, wenn es um Herzgesundheit, Sehkraft und Energielevel geht. Der Name klingt nach Powerdrink, steckt aber in Wahrheit ganz natürlich im Fleisch und spielt vor allem bei Katzen eine große Rolle. Doch auch bei Hunden gibt es Situationen, in denen eine gezielte Taurin-Zufuhr sinnvoll sein kann.

Wirkung im Napf

Taurin reguliert den Flüssigkeitshaushalt in den Zellen, stabilisiert den Herzrhythmus und den Blutdruck, schützt die Netzhaut und stärkt das Immunsystem. Es sorgt außerdem für eine optimale Funktion des Herzmuskels, was ein entscheidender Faktor, gerade bei großen Hunderassen, älteren Hunden oder Vierbeinern mit Herzproblemen ist.

Auch für die Entgiftung und als Antioxidans ist Taurin bedeutend, denn es fängt freie Radikale ab und hilft der Leber beim „Aufräumen".

Bei Barf, gekochten Rationen oder Fütterung von wenig Fleisch (insbesondere Muskelfleisch und Innereien) kann es schnell zu einer Unterversorgung kommen, daher macht hier die gezielte Tauringabe oft den entscheidenden Unterschied.

Dosierung & Anwendung

Setze ausschließlich reines Taurin in Pulverform ein, ohne Zusatzstoffe oder Aromen. Es lässt sich am besten unters Futter mischen und wird so optimal aufgenommen.

Dosierung nach Körpergewicht (Richtwert):

- bis 5 kg → ca. 100–250 mg pro Tag
- 5–10 kg → ca. 250–500 mg
- 10–20 kg → ca. 500–750 mg
- 20–30 kg → ca. 750–1.000 mg
- ab 30 kg → ca. 1.000–1.500 mg pro Tag

Tipp: Besonders bei getreidelastigen, proteinarmen oder veganen Fütterungen solltest du unbedingt auf eine Ergänzung von Taurin achten. Die Wirkung wird durch die Kombination mit hochwertigem Lachsöl oder Coenzym Q10 für das Herz noch verbessert.

Dauer der Anwendung

Taurin kannst du als gezielte Kur (bei akuten Herzproblemen oder in stressigen Phasen) oder als dauerhafte Ergänzung besonders bei großen Hunden, Senioren, bei Verdacht auf Mangel oder bekannten Herzerkrankungen einsetzen. Pausen sind möglich, aber bei chronischem Bedarf ist die regelmäßige Gabe entscheidend.

Worauf du achten solltest

Nutze nur reines, laborgeprüftes Taurin ohne Füllstoffe. Bei Hunden mit Herzmedikation, bekannter Nierenschwäche oder Lebererkrankungen halte bitte vorab Rücksprache mit deinem Tierarzt oder Ernährungsberater, denn eine hohe Dosierung kann bei bestimmten Erkrankungen kontraindiziert sein.

Was passt gut dazu?

Ich kombiniere Taurin gerne mit Coenzym Q10 (für die Herzleistung), Lachsöl (für Omega-3), Aronia oder Spirulina (für Zellschutz) und hochwertigen Aminosäuren für einen ganzheitlichen Vitalstoffboost.

Mein Praxistipp

Ein älterer Labrador in meiner Beratung zeigte plötzlich Leistungseinbrüche und leichte Herzgeräusche. Mit gezielter Ergänzung von Taurin, etwas Lachsöl und Coenzym Q10 konnten wir die Lebensfreude und Ausdauer schon nach wenigen Wochen spürbar steigern.

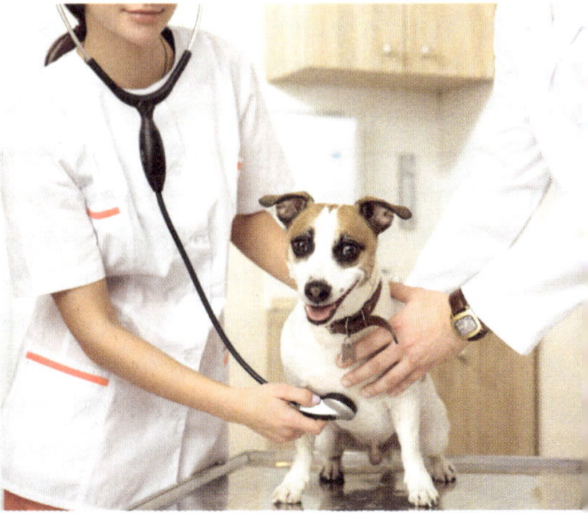

Der Vierbeiner wurde agiler, vitaler und das Herz schlug wieder im gesunden Takt. Taurin ist für mich bei Herzproblemen ein Must-have, das zu oft unterschätzt wird.

Wenn du wissen möchtest, welches Taurinpräparat ich empfehle: Scanne einfach den QR-Code und dort findest du mein favorisiertes Produkt für eine sichere Anwendung.

41 Hibiskusblüten

Hibiskusblüten sind nicht nur ein optischer Hingucker, sondern auch ein wertvolles Superfood für deine Fellrakete. Die leuchtend roten bis violetten Blüten sind reich an Anthocyanen, Flavonoiden und natürlichen Säuren, die antioxidativ wirken und das Immunsystem unterstützen können. In der Naturheilkunde wird Hibiskus traditionell eingesetzt, um Kreislauf, Stoffwechsel und die Abwehrkräfte zu stärken.

Wirkung im Napf

Ich empfehle Hibiskusblüten gern bei Hunden mit Allergieneigung, schwachem Immunsystem oder im Fellwechsel. Die natürlichen Pflanzenstoffe können freie Radikale abfangen, das Bindegewebe stärken und haben oft einen leicht regulierenden Effekt auf den Blutdruck. Gerade bei älteren oder übergewichtigen Hunden kann Hibiskus unterstützend auf Herz und Kreislauf wirken.

Dosierung & Anwendung

Nutze getrocknete Hibiskusblüten in Lebensmittel- oder Tierqualität. Du kannst die Blüten fein mörsern und direkt unters Futter mischen oder als Tee zubereiten.

Dosierung nach Körpergewicht (Richtwert):

- bis 5 kg → ca. ¼ TL Blüten oder 1–2 EL Tee pro Tag
- 5–10 kg → ca. ½ TL oder 2–3 EL Tee
- 10–20 kg → ca. 1 TL oder 3–4 EL Tee
- 20–30 kg → ca. 1,5 TL oder 5–6 EL Tee
- ab 30 kg → ca. 2 TL oder 7–8 EL Tee pro Tag

Tipp: Für einen Tee übergießt du 1 TL getrocknete Hibiskusblüten mit 150 ml kochendem Wasser, lässt das Ganze 8 bis 10 Minuten ziehen, seihst ab und lässt es gut abkühlen. Besonders im Sommer ist Hibiskus-Tee eine frische Ergänzung!

Dauer der Anwendung

Hibiskus eignet sich für 2- bis 4-wöchige Kuren oder als regelmäßige Ergänzung besonders im Fellwechsel oder zur Immunstärkung in den Futterplan. Achte auf Abwechslung und wechsel ruhig mal mit anderen Kräutern.

Worauf du achten solltest

Nimm nur reine, ungesüßte Hibiskusblüten am besten in Bioqualität. Keine Aromamischungen, keine Tees mit Zucker oder Konservierungsstoffen! Bei Hunden mit Nierenerkrankungen oder bekannt niedrigem Blutdruck sei vorsichtig und frag im Zweifel vorher bei einem Experten nach.

Was passt gut dazu?

Hibiskusblüten kannst du super mit Topinambur (für die Verdauung), Spirulina (fürs Immunsystem), Rote-Bete-Pulver (für die Blutbildung) und etwas Leinöl (für die Aufnahme fettlöslicher Pflanzenstoffe) kombinieren. Das ergibt einen kräftigenden und belebenden Mix, was ideal für Senioren oder Hunde in der Rekonvaleszenz ist.

Mein Praxistipp

Hibiskusblüten bekommst du problemlos in gut sortierten Bioläden, Apotheken, auf dem Wochenmarkt oder online. Ich empfehle, sie immer als lose Blüten zu kaufen, denn so kannst du genau sehen, was drin ist. Für die tägliche Anwendung kannst du die Blüten einfach mörsern und übers Futter streuen oder einen Tee zubereiten. Gerade im Sommer kannst du den abgekühlten Tee sogar portionsweise einfrieren sowie als „Eiswürfel" mit ins Futter geben – das lieben viele Hunde!

Wichtig: Starte immer langsam, vor allem bei kleinen Hunden oder empfindlichen Tieren. Wenn du Abwechslung magst, dann kombiniere Hibiskus im Wechsel mit anderen blutbildenden oder vitalisierenden Kräutern wie Brennnessel, Hagebutte oder Sanddorn.

42 Weißdorn

Weißdorn ist eine dieser klassischen Heilpflanzen, die ihren festen Platz in der Naturheilkunde haben – und das absolut zu Recht. Die kleinen, unscheinbaren Beeren sowie die Blätter und Blüten des Weißdorns stecken voller Kraft für Herz und Kreislauf. Gerade für ältere Hunde, bei Herzproblemen oder zur Stärkung der allgemeinen Vitalität ist Weißdorn eine wirkungsvolle natürliche Ergänzung im Futternapf.

Wirkung im Napf

Weißdorn enthält wertvolle Flavonoide, Procyanidine und Gerbstoffe, die den Herzmuskel stärken, die Durchblutung verbessern und die Gefäße elastisch halten. Die Pflanze kann den Kreislauf stabilisieren, das Herz schonend unterstützen und das Wohlbefinden gerade älterer oder belasteter Hunde deutlich steigern.

In meiner Beratung setze ich Weißdorn gern ein, wenn die ersten Anzeichen von Herzschwäche, Konditionsverlust oder allgemeiner Altersmüdigkeit auftreten. Die Wirkung ist sanft, aber langfristig sehr stabilisierend.

Dosierung & Anwendung

Nutze am besten getrocknete Weißdornbeeren, -blätter oder -blüten in geprüfter Qualität (Lebensmittel- oder Tierheilstandard). Du kannst einen Weißdorntee zubereiten oder die fein gemahlenen Bestandteile direkt ins Futter geben.

Dosierung nach Körpergewicht (Richtwert):

- bis 5 kg → ca. ¼ TL pro Tag
- 5–10 kg → ca. ½ TL
- 10–20 kg → ca. 1 TL
- 20–30 kg → ca. 1,5 TL
- ab 30 kg → ca. 2 TL pro Tag

Tipp: Für einen Tee übergießt du 1 TL getrocknete Weißdornblätter/-blüten mit 150 ml kochendem Wasser, lässt ihn 8–10 Minuten ziehen, seihst ab und gibst den abgekühlten Tee übers Futter oder ins Trinkwasser.

Dauer der Anwendung

Weißdorn eignet sich ideal für längerfristige Kuren über 6 bis 12 Wochen oder als dauerhafte Ergänzung für Herz und Kreislauf, gerade im Seniorenalter. Die Wirkung entfaltet sich über mehrere Wochen, deshalb hab bitte Geduld.

Worauf du achten solltest

Achte auf reine, unvermischte Weißdornprodukte in geprüfter Qualität, also keine Mischtees oder aromatisierten Zubereitungen. Verwende keine Produkte mit zugesetztem

Zucker, Aromastoffen oder Konservierungsmitteln. Bei bekannten Herzmedikamenten oder schwerer Herzerkrankung solltest du Weißdorn nur in Absprache mit deinem Tierarzt einsetzen, da die Wirkung anderer Medikamente verstärkt werden kann.

Was passt gut dazu?

Weißdorn kannst du sehr gut mit Taurin (für die Herzfunktion), Coenzym Q10 (für die Zellenergie), Aroniabeeren (für den Zellschutz) und Leinöl (für die Nährstoffaufnahme) kombinieren. Diese Kombination unterstützt Herz, Kreislauf sowie Vitalität und ist besonders unterstützend bei Senioren oder Hunden mit erhöhter Belastung.

Mein Praxistipp

Ein älterer Golden Retriever aus meiner Beratung hatte nach einem langen Winter merklich weniger Ausdauer beim Spazierengehen. Wir haben neben einer Futterumstellung gezielt Weißdorn und Coenzym Q10 ergänzt. Nach ein paar Wochen waren die Spaziergänge wieder deutlich entspannter, das Herz-Kreislauf-System stabiler und die Besitzerin richtig erleichtert, wie viel man mit natürlichen Mitteln erreichen kann. Weißdorn ist für mich eines der unterschätzten Superfoods für die Herzgesundheit deines Lieblings.

Wenn du wissen möchtest, welches Weißdornpräparat ich meinen Klienten empfehle, dann scanne einfach den QR-Code. Dort findest du mein favorisiertes Produkt in geprüfter Qualität.

KAPITEL 7

Immunsystem und Zellschutz

43 Camu-Camu

Camu-Camu ist eines der Vitamin-C-reichsten Superfoods der Welt und genau das macht die kleine, unscheinbare Beere aus dem Amazonasgebiet so spannend für die Hundeernährung. Während die meisten Hunde Vitamin C eigentlich selbst bilden können, gibt es doch Situationen, in denen ein gezielter Vitamin-C-Boost aus der Natur echte Vorteile bringt: etwa bei Stress, Krankheit, Allergien, im Fellwechsel oder einfach als antioxidative Unterstützung.

Wirkung im Napf

Camu-Camu enthält neben extrem viel natürlichem Vitamin C auch sekundäre Pflanzenstoffe wie Flavonoide, Anthocyane und Carotinoide. Diese Kombination wirkt als starker Zellschutz, stärkt das Immunsystem, unterstützt die Wundheilung und hilft dem Körper, freie Radikale abzufangen.

Ich setze Camu-Camu gern ein, wenn Hunde in der Rekonvaleszenz sind, bei Allergien oder wenn sie durch Training und Umweltbelastung einen erhöhten Nährstoffbedarf haben. Vitamin C unterstützt die Eisenaufnahme, schützt das Bindegewebe und kann vor allem bei älteren oder gestressten Hunden die Regeneration und Vitalität fördern. Gerade Hunde, die unter oxidativem Stress leiden, pro-

fitieren von den natürlichen Antioxidantien aus Camu-Camu.

Dosierung & Anwendung

Verwende ausschließlich reines Camu-Camu-Pulver in Bioqualität und vor allem ohne Zusätze oder künstliche Vitamine.

Dosierung nach Körpergewicht (Richtwert):

- bis 5 kg → eine Messerspitze pro Tag
- 5–10 kg → ca. ¼ TL
- 10–20 kg → ca. ½ TL
- 20–30 kg → ca. ¾ TL
- ab 30 kg → ca. 1 TL pro Tag

Tipp: Misch das Pulver am besten unters Futter, in etwas Joghurt oder rühre es mit Wasser an. Besonders bei mäkeligen Hunden kannst du das Camu-Camu mit einer Prise Banane oder Apfelmus kombinieren, um den leicht säuerlichen Geschmack abzumildern.

Dauer der Anwendung

Camu-Camu kannst du kurweise (2 bis 4 Wochen) oder auch dauerhaft bei erhöhtem Bedarf oder in Stressphasen einsetzen. In der Rekonvaleszenz, im Fellwechsel oder bei Senioren empfehle ich die tägliche Gabe über mehrere Wochen und idealerweise in Kombination mit anderen Antioxidantien.

Worauf du achten solltest

Achte auf reines, zertifiziertes Camu-Camu-Pulver ohne Füllstoffe, Zucker oder künstliche Zusätze. Camu-Camu hat einen sehr intensiven Geschmack und sollte langsam eingeschlichen werden, damit deine Fellrakete sich daran gewöhnen kann. Bei Hunden mit Nierenproblemen oder erhöhter Neigung zu Oxalatsteinen setze Camu-Camu nur nach Absprache mit einer Fachperson ein.

Was passt gut dazu?

Camu-Camu lässt sich wunderbar mit Aronia (für die Zellabwehr), Spirulina (für die Immunstärkung), Rote Bete (für die Blutbildung) und Leinöl (für die Aufnahme fettlöslicher Stoffe) kombinieren. So entsteht ein bunter sowie antioxidativer Mix für Vitalität, Abwehrkräfte und Zellschutz.

Mein Praxistipp

Ein sportlicher Border Collie aus meiner Beratung hatte nach intensiven Trainingsphasen immer wieder kleine Wunden und war im Fellwechsel oft schlapp. Mit einer gezielten Kur aus Camu-Camu, Spirulina und etwas Leinöl konnte ich die Regeneration und das Wohlbefinden spürbar steigern. Das Fell glänzte wieder und die kleinen Blessuren heilten schneller ab. Gerade in Phasen mit erhöhtem Bedarf ist Camu-Camu ein echter Joker im Futternapf.

Wenn du wissen willst, welches Camu-Camu-Pulver ich für Hunde empfehle, dann scanne einfach den QR-Code und dort findest du mein favorisiertes Produkt.

44 Acerola

Acerola klingt fast wie ein Zauberwort, ist aber eine pure Vitamin-Power aus der Natur. Die kleine, kirschähnliche Frucht stammt ursprünglich aus Mittel- und Südamerika und ist heute als eines der Vitamin-C-reichsten Superfoods weltweit bekannt. Gerade wenn dein Liebling einen natürlichen Immunbooster braucht, ist Acerola ein echter Trumpf im Futterplan.

Wirkung im Napf

Acerola enthält neben außergewöhnlich viel natürlichem Vitamin C auch Provitamin A, B-Vitamine, Flavonoide und Mineralstoffe wie Magnesium, Kalium sowie Kalzium. Diese einzigartige Kombination wirkt stark antioxidativ, schützt die Zellen vor Stress, unterstützt die körpereigene Abwehr und fördert die Heilung von Wunden und Entzündungen.

Ich empfehle Acerola besonders bei Hunden mit erhöhtem Nährstoffbedarf, im Fellwechsel, nach Krankheiten, bei Allergien oder im Seniorenalter. Die Frucht ist ein echter Immunbooster und kann helfen, Erschöpfung oder Infektanfälligkeit deutlich zu reduzieren.

Dosierung & Anwendung

Setze bitte ausschließlich reines Acerola-Pulver aus Bioqualität und ohne synthetische Zusätze oder künstliche Vitamin-C-Beigaben ein.

Dosierung nach Körpergewicht (Richtwert):

- bis 5 kg → eine Messerspitze pro Tag
- 5–10 kg → ca. ¼ TL
- 10–20 kg → ca. ½ TL
- 20–30 kg → ca. ¾ TL
- ab 30 kg → ca. 1 TL pro Tag

Tipp: Misch das Acerola-Pulver direkt ins Futter, in etwas Naturjoghurt oder Apfelmus. Der leicht fruchtig-säuerliche Geschmack wird von den meisten Hunden gut akzeptiert. Falls dein Vierbeiner empfindlich ist, schleiche die Menge langsam ein, um den Darm an die zusätzlichen Pflanzenstoffe zu gewöhnen.

Dauer der Anwendung

Acerola eignet sich wunderbar für Kuren über 2 bis 4 Wochen, z. B. im Fellwechsel, nach einer Operation oder bei allgemeiner Schwäche. Aber auch als dauerhafte Ergänzung bei Senioren oder in stressigen Zeiten kannst du es einsetzen, aber mache stets nach einer längeren Dosierungsphase (ca. 8 bis 10

Wochen) eine kleine Pause von einer Woche.

Worauf du achten solltest

Nutze ausschließlich reines Bio-Acerola-Pulver ohne Maltodextrin, Zucker, Aromen oder Konservierungsstoffe. Achte auf zertifizierte Qualität, damit wirklich nur die pure Frucht im Napf landet! Bei Hunden mit Nierenproblemen oder erhöhter Oxalat-Neigung stimme die Anwendung bitte mit einem Experten ab.

Was passt gut dazu?

Acerola lässt sich hervorragend kombinieren mit Camu-Camu (für extra Zellschutz), Spirulina (für das Immunsystem), Topinambur (für die Darmflora) und Leinöl (für die Aufnahme fettlöslicher Vitamine). Diese Mischung stärkt die Abwehr und Regeneration und gibt deiner Fellrakete neuen Schwung im Alltag.

Mein Praxistipp

Ein mittelgroßer Mischling aus meiner Beratung hatte nach einer längeren Krankheitsphase kaum Energie, sein Immunsystem war angeschlagen und der Fellwechsel verlief sehr schleppend. Mit einer Kur aus Acerola, Spirulina und etwas Topinambur kam der Vierbeiner nach kurzer Zeit sichtbar besser auf die Pfoten, hatte mehr Appetit, ein glänzendes Fell und eine spür-

bar höhere Widerstandskraft gegen Infekte. Acerola ist für mich ein echter Joker, wenn die Abwehrkräfte einen natürlichen Schub brauchen!

Wenn du wissen möchtest, welches Pulver von der Acerola ich für Hunde empfehle, dann scanne einfach den QR-Code und du findest dort mein favorisiertes Produkt für den Futterplan deines Lieblings.

45 Reishi-Pilz

Reishi (oft auch als „Pilz des ewigen Lebens“ bezeichnet) ist in der fernöstlichen Heilkunde seit Jahrtausenden bekannt und wird dort als König der Vitalpilze geschätzt. Der glänzende, rotbraune Pilz wächst bevorzugt auf Laubbäumen in Asien und Europa und ist mittlerweile auch in der westlichen Naturheilkunde angekommen. Für Hunde kann Reishi eine spannende und natürliche Unterstützung bieten. Vor allem, wenn das Immunsystem, die Leber oder die Stressresistenz gestärkt werden sollen.

Wirkung im Napf

Reishi enthält eine Vielzahl an bioaktiven Substanzen: Polysaccharide (Beta-Glucane), Triterpene, Sterole und Antioxidantien. Diese unterstützen das Immunsystem, wirken entzündungshemmend, stärken die Leber und können den Organismus vor oxidativem Stress schützen.

Ich setze Reishi gern ein bei Hunden mit Allergien, chronischen Entzündungen, in der Regeneration nach Krankheiten oder Operationen und bei älteren Hunden mit Leber- oder Stoffwechselproblemen. Auch bei stressanfälligen Vierbeinern oder in Phasen hoher Belastung kann Reishi helfen, wieder mehr innere Balance zu finden.

Dosierung & Anwendung

Nutze bitte ausschließlich reines, hochwertiges Reishi-Pulver aus kontrolliertem Bio-Anbau und achte darauf, dass keine Zusatzstoffe verwendet werden.

Dosierung nach Körpergewicht (Richtwert, Pulver):

- bis 5 kg → ca. ⅛ TL pro Tag
- 5–10 kg → ca. ¼ TL
- 10–20 kg → ca. ½ TL
- 20–30 kg → ca. ¾ TL
- ab 30 kg → ca. 1 TL pro Tag

Tipp: Reishi ist geschmacklich etwas bitter, daher mische ihn am besten ins Futter oder in Naturjoghurt. Beginne immer mit kleinen Mengen und steigere langsam, damit sich dein Liebling an die neue Zutat gewöhnen kann.

Dauer der Anwendung

Reishi eignet sich sowohl für Kur-Anwendungen (z. B. 3 bis 6 Wochen nach Krankheiten oder bei Immunschwäche) als auch für die dauerhafte Gabe bei chronischen Problemen oder zur allgemeinen Stärkung, am besten mit regelmäßigen Pausen nach 8 bis 10 Wochen.

Worauf du achten solltest

Setze nur Reishi aus Bioqualität und geprüfter Herkunft ein. Achte

darauf, dass das Produkt frei von Schwermetallen oder Pestiziden ist. Bei Leber- oder Nierenproblemen und bei Dauermedikation stimme den Einsatz immer mit einem Tierarzt ab. Denn Reishi kann die Wirkung mancher Medikamente beeinflussen.

Was passt gut dazu?

Ich kombiniere Reishi gern mit Spirulina (für das Immunsystem), Chlorella (zur Entgiftung), Acerola (für die Zellabwehr) und ein wenig Leinöl (zur besseren Aufnahme). Das ergibt einen starken Vitalstoffmix, der Energie, Leber und Abwehrkräfte unterstützt.

Mein Praxistipp

Ein älterer Mischlingsrüde aus meiner Beratung hatte über Monate immer wieder Verdauungsprobleme und war oft infektanfällig. Nach einer Kur mit Reishi, Chlorella und

für Infekte. Reishi ist für mich das Mittel der Wahl, wenn es um ganzheitliche Stärkung und mehr innere Balance geht.

ein wenig Acerola-Pulver wurde er vitaler, das Fell wurde dichter und er war insgesamt weniger anfällig

Wenn du wissen möchtest, welches Reishi-Pulver ich in meinen Beratungen empfehle, dann scanne einfach den QR-Code und du findest dort mein favorisiertes Produkt für den Alltag deiner Fellrakete.

46 Katzenkralle

Katzenkralle (in Südamerika auch als „Uña de Gato" bekannt) ist eine wahre Wunderpflanze aus dem Amazonasgebiet. Die kraftvolle Lianenpflanze wächst wild in den Regenwäldern Perus und ist dort seit Jahrhunderten fester Bestandteil der traditionellen Heilkunde. In Europa wird Katzenkralle vor allem wegen ihrer starken immunmodulierenden und entzündungshemmenden Wirkung geschätzt. Für Hunde, die mit chronischen Beschwerden, Allergien oder einem geschwächten Immunsystem zu kämpfen haben, kann die Katzenkralle eine natürliche und wirkungsvolle Unterstützung sein.

Wirkung im Napf

Katzenkralle enthält eine ganze Reihe von hochwirksamen Pflanzenstoffen, darunter Oxindol-Alkaloide, Flavonoide, Triterpene und Polyphenole. Diese sekundären Pflanzenstoffe können das Immunsystem regulieren, Entzündungen hemmen, die Zellregeneration fördern und sogar die Abwehrkräfte gegen Viren und Bakterien stärken.

Ich empfehle die Katzenkralle besonders bei Hunden mit chronischen Entzündungen (z. B. Hautprobleme, Gelenkbeschwerden), bei Allergien, in der Regeneration nach Infekten sowie bei älteren oder immungeschwächten Vierbeinern. Die Katzenkralle ist kein Wundermittel, aber sie kann oft den entscheidenden Unterschied machen, wenn andere Mittel nicht weiterhelfen oder das Immunsystem Unterstützung braucht.

Dosierung & Anwendung

Setze bitte nur reines, standardisiertes Katzenkrallen-Pulver oder -Extrakt in geprüfter Qualität und am besten in Bioqualität ein. Die Katzenkralle gibt es als Pulver, Kapseln oder Tee, aber für Hunde ist das Pulver in der Regel am praktischsten.

Dosierung nach Körpergewicht (Richtwert, Pulver):

- bis 5 kg → ca. ⅛ TL pro Tag
- 5–10 kg → ca. ¼ TL
- 10–20 kg → ca. ½ TL
- 20–30 kg → ca. ¾ TL
- ab 30 kg → ca. 1 TL pro Tag

Tipp: Misch das Pulver am besten ins Futter oder in etwas Naturjoghurt. Katzenkralle kann einen leicht herben Geschmack haben, deshalb beginne langsam und steigere die Menge erst nach ein paar Tagen. Bei empfindlichen Hunden bietet sich eine Einschleichphase an.

Dauer der Anwendung

Katzenkralle eignet sich für Kuren von 4 bis 8 Wochen, zum Beispiel bei Allergien, während des Fellwechsels oder nach längerer Krankheit. Bei chronischen Beschwerden kann sie auch langfristig gegeben werden, dabei aber immer wieder Pausen von ein bis zwei Wochen einlegen.

Worauf du achten solltest

Verwende ausschließlich Produkte ohne Zusätze, frei von Pestiziden und aus nachhaltiger Wildsammlung oder Bioanbau. Katzenkralle ist sehr potent, deshalb setzte sie bei trächtigen oder säugenden Hündinnen sowie bei Hunden mit Organtransplantationen, Immunerkrankungen oder Autoimmunerkrankungen nur in Absprache mit dem Tierarzt deines Vertrauens ein! Gib sie außerdem bitte nicht

zusammen mit immunsupprimierenden Medikamenten!

Was passt gut dazu?

Ich kombiniere Katzenkralle gern mit Chlorella (für die Entgiftung), Spirulina (für die Immunabwehr), Topinambur (für die Darmflora) oder Reishi (für eine noch stärkere immunmodulierende Wirkung). Das ergibt eine umfassende und natürliche Unterstützung für den Organismus.

Mein Praxistipp

Ein Labrador aus meiner Beratung litt jahrelang unter immer wiederkehrenden Hautentzündungen und Allergien. Nach einer gezielten Kur mit Katzenkralle, Chlorella und einer Futterumstellung verbesserte sich das Hautbild deutlich, der Juckreiz ließ nach und das allgemeine Wohlbefinden stieg spürbar. Für mich ist Katzenkralle besonders in schwierigen Fällen eine wertvolle Alternative zu syntheti-

schen Entzündungshemmern, aber nur wenn die Qualität stimmt!

Wenn du wissen möchtest, welches Katzenkralle-Produkt ich für Hunde empfehle, dann scanne einfach den QR-Code und dort findest du mein favorisiertes Präparat für den Futterplan deines Lieblings.

47 Astragalus

Astragalus (bei uns besser bekannt als Tragantwurzel oder „Huang Qi" in der traditionellen chinesischen Medizin) ist ein echtes Adaptogen und eines der wichtigsten Stärkungsmittel für das Immunsystem. Die Wurzel wird seit Jahrtausenden genutzt, um den Organismus widerstandsfähiger gegen Stress, Krankheiten und Umweltbelastungen zu machen. Für Hunde mit erhöhter Belastung, im Alter oder in der Regeneration ist Astragalus deshalb eine spannende Ergänzung.

Wirkung im Napf

Astragalus enthält eine Vielzahl an bioaktiven Stoffen wie Polysaccharide, Saponine, Flavonoide und Aminosäuren. Diese stärken das Immunsystem, wirken antioxidativ, unterstützen die körpereigene Abwehr und fördern die Vitalität. Astragalus wird vor allem eingesetzt, um die Erholung nach Infekten zu beschleunigen, den Stoffwechsel anzukurbeln und die Belastbarkeit zu steigern.

Ich empfehle Astragalus bei Hunden mit schwachem Immunsystem, in Zeiten hoher körperlicher oder seelischer Belastung (zum Beispiel Umzug, neues Rudelmitglied, nach Operationen), aber auch zur Prophylaxe im Alter oder bei Leistungshunden.

Dosierung & Anwendung

Setze bitte ausschließlich reines Astragalus-Pulver in Bioqualität oder geprüfte Kapseln ohne Zusätze ein. Am praktischsten ist aus meiner Erfahrung das Pulver, weil es sich individuell dosieren und einfach ins Futter mischen lässt.

Dosierung nach Körpergewicht (Richtwert, Pulver):

- bis 5 kg → ca. ⅛ TL pro Tag
- 5–10 kg → ca. ¼ TL
- 10–20 kg → ca. ½ TL
- 20–30 kg → ca. ¾ TL
- ab 30 kg → ca. 1 TL pro Tag

Tipp: Misch das Pulver einfach unter das Futter oder in Naturjoghurt. Astragalus hat einen milden, leicht süßlichen Geschmack und wird von den meisten Hunden problemlos angenommen. Bei empfindlichen Vierbeinern lass es bitte langsam einschleichen.

Dauer der Anwendung

Astragalus kann als Kur (z. B. 4 bis 8 Wochen nach einer Erkrankung, im Fellwechsel oder bei Stress) oder dauerhaft in kleinen Mengen als tägliche Stärkung eingesetzt werden. Bei Langzeitgabe sind regelmäßige Pausen (1 Woche pro 6 bis 8 Wochen) sinnvoll.

Worauf du achten solltest

Nutze nur zertifizierte, reine Produkte ohne Füllstoffe, ohne Zucker und ohne Aromen. Bei trächtigen Hündinnen, bei akuten Infektionen mit Fieber oder bei Autoimmunerkrankungen besprich das immer erst mit deinem ierarzt, da Astragalus sehr stark auf das Immunsystem wirkt. Achtung: Astragalus ist kein Ersatz für Medikamente bei schweren Erkrankungen!

Was passt gut dazu?

Ich kombiniere Astragalus gern mit Reishi (für das Immunsystem), Spirulina (zur Vitalisierung), Topinambur (für die Verdauung) oder Camu-Camu (für einen Vitamin-C-Kick). Das ergibt einen idealen Support für Abwehrkräfte, Energie und Regeneration.

Mein Praxistipp

Ein Australian Shepherd aus meiner Beratung hatte nach einer schweren Bronchitis monatelang Probleme mit Schwäche und Infektanfälligkeit. Mit einer Astragalus-Kur, kombiniert mit Reishi und einer ausgewogenen Fütterung, war er schon nach wenigen Wochen wieder viel vitaler, die Ausdauer stieg, und er wurde deutlich robuster gegenüber kleinen Infekten. Gerade in fordernden Lebensphasen kann Astragalus in der richtigen Dosierung und Qualität ein echter Gamechanger sein.

Wenn du wissen möchtest, welches Astragalus-Präparat ich für Hunde empfehle, dann scanne einfach den QR-Code und dort findest du mein favorisiertes Produkt für die tägliche Unterstützung.

48 Maitake-Pilz

Der Maitake ist in der traditionellen asiatischen Heilkunde seit Jahrhunderten ein echtes Schwergewicht. Besonders für Hunde, die mehr Vitalität, ein starkes Immunsystem oder Unterstützung bei Stoffwechsel und Gewichtskontrolle brauchen, ist der Maitake eine hochinteressante, natürliche Ergänzung im Futterplan.

Wirkung im Napf

Der Maitake-Pilz steckt voller Beta-Glucane, Polysaccharide, Antioxidantien, Mineralstoffe (z. B. Kalium, Eisen, Magnesium) und sekundärer Pflanzenstoffe, die das Immunsystem aktivieren, entzündungshemmend wirken und die Zellen schützen. Besonders bekannt ist der Maitake auch für seine stoffwechselanregenden Eigenschaften. Er kann dazu beitragen, das Körper-

gewicht zu regulieren, die Insulinempfindlichkeit zu verbessern und die Leber zu entlasten.

Ich empfehle Maitake gern bei Hunden mit Immunschwäche, Übergewicht, Allergien, Stoffwechselproblemen oder im Seniorenalter zur allgemeinen Stärkung.

Dosierung & Anwendung

Nutze ausschließlich reines Maitake-Pulver in Bioqualität, das frei von Füllstoffen, Konservierungsmitteln oder Zusätzen ist. Maitake

gibt es als Pulver, Granulat oder Kapseln. Am praktischsten finde ich das Pulver, weil du es individuell dosieren kannst.

Dosierung nach Körpergewicht (Richtwert, Pulver):

- bis 5 kg → ca. ⅛ TL pro Tag
- 5–10 kg → ca. ¼ TL
- 10–20 kg → ca. ½ TL
- 20–30 kg → ca. ¾ TL
- ab 30 kg → ca. 1 TL pro Tag

Tipp: Misch das Pulver am besten unters Futter oder in einen Löffel Naturjoghurt. Viele Hunde akzeptieren den mild-nussigen Geschmack sehr gut. Steigere die Menge besonders bei empfindlichen Mägen langsam und beobachte deinen Vierbeiner!

Dauer der Anwendung

Maitake eignet sich für Kur-Anwendungen (4 bis 8 Wochen bei erhöhtem Bedarf) oder zur dauerhaften Unterstützung im Wechsel mit anderen Vitalpilzen wie Reishi oder Shiitake. Nach längerer Gabe empfehle ich eine Woche Pause nach spätestens 8 bis 10 Wochen.

Worauf du achten solltest

Verwende nur geprüfte, zertifizierte Maitake-Produkte aus Bioanbau! Achte auf die Herkunft und die Verarbeitung (am besten schonend getrocknet und gemahlen). Bei Hunden mit Immunsuppressiva oder bei Tumorerkrankungen stimme die Anwendung mit deinem Tierarzt ab.

Was passt gut dazu?

Maitake lässt sich ideal mit Reishi (fürs Immunsystem), Topinambur (für die Verdauung), Spirulina (für Vitalität) oder Chlorella (zur Entgiftung) kombinieren. So bekommt dein Vierbeiner eine starke, ausgewogene Mischung für Abwehr, Energie und Stoffwechsel.

Mein Praxistipp

Ein älterer Cocker Spaniel aus meiner Beratung hatte über Jahre mit Übergewicht, Allergien und einem schwachen Immunsystem zu kämpfen. Nach einer 6-wöchigen Kur mit Maitake, kombiniert mit einer leichten Futterumstellung und mehr Bewegung, wurden die Allergiebeschwerden milder, das Gewicht stabiler und das Fell glänzender. Gerade bei Stoffwechselproblemen ist Maitake für mich eine natürliche, vielseitige Unterstützung!

Wenn du wissen möchtest, welches Maitake-Präparat ich für Hunde empfehle, dann scanne einfach den QR-Code und du findest mein favorisiertes Produkt für Vitalität, Stoffwechsel und Immunsystem.

49 Lapacho-Rinde

Lapacho-Rinde ist ein echtes Kraftpaket aus Südamerika und wird auch bei uns immer bekannter. Die Rinde stammt vom Lapachobaum (*Tabebuia avellanedae*) und überzeugt mit ihrem hohen Gehalt an antioxidativen und immunstärkenden Inhaltsstoffen. Für Hunde kann Lapacho eine natürliche Hilfe sein, wenn es um Immunsystem, Entgiftung und Wohlbefinden geht.

Wirkung im Napf

Lapacho-Rinde enthält Naphthochinone (wie Lapachol), Mineralstoffe (Eisen, Kalzium, Kalium, Magnesium), Selen und zahlreiche sekundäre Pflanzenstoffe. Sie wirkt antioxidativ, entzündungshemmend, unterstützt das Immunsystem und kann den Organismus bei der Abwehr von Bakterien, Viren und Pilzen unterstützen.

In meiner Beratung setze ich Lapacho gern bei Hunden mit wiederkehrenden Infekten, bei geschwächter Abwehr, zur Regeneration nach Krankheiten oder bei chronischen Hautproblemen ein. Die Rinde kann helfen, die Entgiftungsorgane (Leber, Nieren, Haut) sanft zu unterstützen und den Organismus zu stärken.

Dosierung & Anwendung

Nutze ausschließlich reine Lapacho-Rinde aus kontrolliertem Anbau (Apotheke oder Fachhandel), am besten in Bioqualität und ohne Zusätze.

So bereitest du Lapacho-Tee zu:

1) Einen TL Lapacho-Rinde auf 200 ml Wasser geben.

2) Kalt ansetzen, langsam zum Kochen bringen, dann 10 bis 15 Minuten leicht köcheln lassen.
3) Abseihen und lauwarm abkühlen lassen.

Dosierung nach Körpergewicht (Tagesration als Tee):

- bis 5 kg → ca. 1–2 EL
- 5–10 kg → ca. 2–3 EL
- 10–20 kg → ca. 4–5 EL
- 20–30 kg → ca. 6–8 EL
- ab 30 kg → ca. 10 EL

Tipp: Den lauwarmen Tee kannst du einfach unters Futter mischen, übers Nassfutter geben oder als kleine Portion ins Trinkwasser. Bei kleinen oder empfindlichen Hunden starte mit wenig Lapacho und beobachte die Verträglichkeit.

Dauer der Anwendung

Lapacho eignet sich ideal für Kuren über 2 bis 4 Wochen zum Beispiel nach Infekten, im Fellwechsel oder bei erhöhter Belastung. Als Dauergabe empfehle ich immer regelmäßige Pausen: Nach 4 Wochen mindestens eine Woche aussetzen!

Worauf du achten solltest

Verwende nur geprüfte sowie reine Lapacho-Rinde und keine Mischungen als auch kein Aromazusatz! Bei Hunden mit schweren Leber-, Nieren- oder Knochenmarkserkrankungen sowie bei trächtigen

Hündinnen solltest du Lapacho nur nach Rücksprache mit deinem Tierarzt geben.

Was passt gut dazu?

Lapacho lässt sich gut mit Spirulina (für die Immunabwehr), Reishi oder Maitake (für ganzheitliche Stärkung), Topinambur (für die Darmflora) und Acerola (als Vitamin-Boost) kombinieren. So unterstützt du die natürlichen Abwehrkräfte deines Lieblings auf mehreren Ebenen.

Mein Praxistipp

Ein Retriever aus meiner Beratung hatte immer wieder mit Hautproblemen und Infekten zu kämpfen. Mit einer gezielten Lapacho-Kur, kombiniert mit Reishi und einer angepassten Fütterung, wurde das Immunsystem spürbar gestärkt, die Hautprobleme gingen zurück und die Erholungsphasen nach Krankheiten verkürzten sich deutlich. Lapacho ist für mich ein echter Geheimtipp, wenn du die Abwehr deiner Fellrakete natürlich stärken möchtest!

Wenn du wissen möchtest, welches Produkt der Lapacho-Rinde ich für Hunde empfehle, dann scanne einfach den QR-Code und dort findest du mein favorisiertes Präparat.

Wuffio: Frag die App, wie du mich fragst!

Schon mal gewünscht, du hättest deinen Coach rund um das Thema der Hundeernährung für deinen Vierbeiner immer dabei?

Mit Wuffio geht das! Denn hier bekommst du in nur wenigen Minuten Antworten, die wirklich helfen. Nämlich komplett individuell auf deinen Vierbeiner abgestimmt. Keine Standardtexte, sondern echtes Know-how, ganz wie in meinen Beratungen.

- Du willst wissen, ob ein neues Superfood wie das Hagebuttenpulver zu deinem Liebling passt?
- Du brauchst Tipps bei Allergien, Unverträglichkeiten oder willst das Futter endlich richtig umstellen?
- Oder hast du eine Frage zu Verdauung, Snacks oder Ergänzungen?

➔ Mit meiner App Wuffio schreibst du deine Frage in die App und bekommst Antworten, komplett individuell abgestimmt für deinen Hund.

Das alles kann Wuffio für dich:

- Sofortige Beratung, egal wann und wo
- Schritt-für-Schritt-Lösungen, Rezepte, Checklisten
- Täglich spannendes Quiz rund um die Hundeernährung
- …

Teste Wuffio jetzt kostenlos! Scanne einfach den QR-Code, lad dir die App herunter und hab viel Spaß dabei:

KAPITEL 8

Für Allergiker und empfindliche Hunde

50 Ziegenkolostrum

Ziegenkolostrum ist eines der ältesten und wertvollsten „Superfoods" der Natur. Kolostrum ist die allererste Milch, die eine Ziege (oder auch eine Kuh) nach der Geburt gibt. Sie ist prall gefüllt mit Immunstoffen, Wachstumsfaktoren und Nährstoffen, die Neugeborene in den ersten Lebenstagen schützen und stärken. Genau dieses Prinzip macht Ziegenkolostrum auch für Hunde so spannend und zwar nicht nur für Welpen, sondern für Hunde jeden Alters, die mehr Abwehrkraft, Regeneration oder Unterstützung nach Krankheiten brauchen.

Wirkung im Napf

Ziegenkolostrum liefert eine geballte Ladung an Immunglobulinen (Antikörpern), Wachstumsfaktoren, Vitaminen (A, D, E, B12), Mineralien (Kalzium, Zink, Selen) und natürlichen Enzymen. Diese Komponenten können das Immunsystem stärken, die Abwehr gegen Viren und Bakterien unterstützen, die Regeneration nach Infekten fördern und bei Allergien, Magen-Darm-Beschwerden oder Schwächephasen helfen.

In meinen Beratungen setze ich Ziegenkolostrum gern bei immungeschwächten Hunden, nach Operationen, bei Allergikern, Senioren oder bei Verdauungsproblemen ein. Es unterstützt die natürliche Barrierefunktion des Darms und fördert die Bildung einer gesunden Darmflora. Das ist vor allem bei Hunden nach Antibiotikagabe Gold wert.

Dosierung & Anwendung

Verwende bitte ausschließlich reines Ziegenkolostrum-Pulver in Lebensmittel- oder Tierqualität und am besten ohne Zusätze, ohne Aromen und frei von Antibiotikarückständen.

Dosierung nach Körpergewicht (Richtwert, Pulver):

- bis 5 kg → ca. ⅛ TL pro Tag
- 5–10 kg → ca. ¼ TL
- 10–20 kg → ca. ½ TL
- 20–30 kg → ca. ¾ TL
- ab 30 kg → ca. 1 TL pro Tag

Tipp: Das Pulver lässt sich leicht ins Futter, in Joghurt oder ins Trinkwasser einrühren. Bei empfindlichen Hunden starte immer mit kleinen Mengen und steigere es langsam, um Verdauungsbeschwerden zu vermeiden.

Dauer der Anwendung

Ziegenkolostrum eignet sich für Kuren (z. B. 2 bis 6 Wochen nach Erkrankung, Antibiotikagabe oder

bei Allergien) sowie als dauerhafte Unterstützung bei älteren, chronisch kranken oder sehr aktiven Hunden. Bei dauerhafter Gabe empfehle ich regelmäßige Pausen (z. B. 1 Woche Pause nach 8 Wochen Anwendung).

Worauf du achten solltest

Achte auf ein reines, zertifiziertes Ziegenkolostrum-Pulver aus kontrollierter Herkunft und ohne unerwünschte Zusatzstoffe. Vermeide Billigprodukte mit Milchpulver oder Füllstoffen! Setze Kolostrum bei bekannter Laktoseintoleranz, bei Allergien gegen Milchproteine oder bei akuten Magen-Darm-Infekten immer mit Bedacht ein. Besprich die Gabe im Zweifel idealerweise mit einem Experten.

Was passt gut dazu?

Ich kombiniere Ziegenkolostrum gern mit Topinambur (für die Darm-

flora), Spirulina (für die Immunabwehr), Kamille (zur Beruhigung des Magens) und Ziegenmilch (für extra Akzeptanz und Energie). Das ergibt einen kräftigenden Mix, besonders nach Krankheiten oder bei schwachen Hunden.

Mein Praxistipp

Ein älterer Terrier aus meiner Beratung hatte nach einer langen Antibiotikatherapie Probleme mit der Verdauung und war allgemein schlapp. Mit einer Kur aus Ziegenkolostrum, Topinambur und leicht verdaulichem Futter haben wir die Darmflora stabilisiert und das Immunsystem wieder aufgebaut. Nach wenigen Wochen war der Hund deutlich fitter und vitaler. Kolostrum ist für mich eine der wertvollsten „natürlichen Schutzschilde", wenn der Organismus eine Extraportion Unterstützung braucht!

Wenn du wissen möchtest, welches Ziegenkolostrum-Präparat ich für Hunde empfehle, dann scanne einfach den QR-Code, um mein favorisiertes Produkt für den gesunden Futterplan deines Lieblings zu finden.

51 Heilerde

Heilerde klingt nach Großmutters Hausapotheke und ist tatsächlich eines der ältesten Naturheilmittel überhaupt. Die feine, mineralstoffreiche Erde wird aus eiszeitlichen Löss- oder Tonablagerungen gewonnen und ist für ihre vielfältigen Einsatzmöglichkeiten bei Mensch und Tier bekannt. Für Hunde ist Heilerde ein echter Allrounder, wenn es um die Unterstützung der Verdauung, die Entgiftung oder die Pflege von Haut und Fell geht.

Wirkung im Napf

Heilerde enthält von Natur aus zahlreiche Mineralstoffe und Spurenelemente wie Silizium, Kalzium, Magnesium, Eisen und Zink. Sie kann Giftstoffe, überschüssige Magensäure, Bakterien oder Schadstoffe im Magen-Darm-Trakt binden und auf sanfte Weise ausleiten. Gerade bei Durchfall, Übersäuerung, Blähungen, nach Medikamentengaben oder bei einer Futterumstellung ist Heilerde deshalb Gold wert.

In meiner Beratung empfehle ich Heilerde gern als Erste-Hilfe-Maßnahme bei akuten Verdauungsproblemen, aber auch als Kur zur Entgiftung oder zur allgemeinen Unterstützung bei Allergikern und empfindlichen Hunden.

Dosierung & Anwendung

Nutze bitte ausschließlich naturreine, fein gemahlene Heilerde in Lebensmittel- oder Tierqualität und achte darauf, dass sie ohne Zusätze oder Aromen ist.

Dosierung nach Körpergewicht (Richtwert):

- bis 5 kg → ca. ¼ TL pro Tag
- 5–10 kg → ca. ½ TL
- 10–20 kg → ca. 1 TL
- 20–30 kg → ca. 1,5 TL
- ab 30 kg → ca. 2 TL pro Tag

Tipp: Am besten rührst du die Heilerde in etwas Wasser an und gibst sie entweder pur oder unters Futter. Besonders bei empfindlichen Mägen schleiche sie langsam ein und beobachte die Wirkung. Gib sie nicht zusammen mit Medikamen-

ten, sondern immer mit ein paar Stunden Abstand. Denn Heilerde kann die Aufnahme von Wirkstoffen beeinflussen!

Dauer der Anwendung

Heilerde eignet sich für Kuren von 7 bis 14 Tagen (z. B. bei akuten Problemen oder zur Entgiftung) und kann bei Bedarf auch dauerhaft als Ergänzung 2- bis 3-mal pro Woche ins Futter gemischt werden. Bei

längerem Einsatz leg bitte immer wieder Pausen ein.

Worauf du achten solltest

Setze nur Heilerde aus geprüftem Ursprung und ohne künstliche Zusätze ein. Bei bekannten Nierenproblemen, bei Welpen oder bei Dauermedikation halte unbedingt Rücksprache mit dem Tierarzt deines Vertrauens. Achtung: Nicht überdosieren, weniger ist hier mehr!

Was passt gut dazu?

Heilerde lässt sich super mit Flohsamenschalen (zur Kotregulierung), Topinambur (für die Darmflora), Kamille (bei Reizungen) oder Rote-Bete-Pulver (für Blutbildung und Energie) kombinieren. Das ergibt eine Rundum-Pflege für Verdauung und Wohlbefinden deiner Fellrakete.

Mein Praxistipp

Ein Schäferhund aus meiner Beratung hatte immer wieder mit Blähungen und weichem Kot zu kämpfen, vor allem nach einer Antibiotika-Behandlung. Mit einer kurzen Kur mit Heilerde, kombiniert mit Flohsamenschalen und einer Futteranpassung, stabilisierte sich die Verdauung schnell und das Allgemeinbefinden verbesserte sich deutlich. Heilerde ist für mich eines der unkompliziertesten Naturmittel, um den Darm sanft zu beruhigen und zu stärken.

Wenn du wissen möchtest, welche Heilerde ich für Hunde empfehle, dann scanne einfach den QR-Code.

Auf der Seite findest du alle meine Produktempfehlungen und kannst dir das passende Produkt für deinen Liebling auswählen.

52 Brennnesselsamen

Brennnesselsamen sind echte Kraftpakete aus der Natur und werden in der Volksheilkunde seit Jahrhunderten als Stärkungsmittel für Mensch und Tier genutzt. Die kleinen, unscheinbaren Samen stecken voller wertvoller Vitalstoffe, die für mehr Energie, Vitalität und glänzendes Fell sorgen können. Für Hunde sind Brennnesselsamen eine besonders natürliche Ergänzung, die du ganz unkompliziert in den Futterplan einbauen kannst.

Wirkung im Napf

Brennnesselsamen liefern hochwertiges pflanzliches Eiweiß, essenzielle Fettsäuren (wie Linolsäure und Omega-3), Vitamin E, Eisen, Magnesium und viele sekundäre Pflanzenstoffe. Sie gelten als wahre „Tonikum-Bomben“ und können die Nierenfunktion, den Stoffwechsel sowie die Blutbildung unterstützen. Besonders geschätzt werden Brennnesselsamen in der Rekonvaleszenz, im Fellwechsel, bei Senioren, bei Leistungshunden oder nach Krankheiten zur allgemeinen Stärkung.

In meinen Beratungen empfehle ich Brennnesselsamen gern bei schwacher Kondition, stumpfem Fell, Erschöpfung, Allergien oder bei Hunden, die einfach einen natürlichen Energieboost gebrauchen können.

Dosierung & Anwendung

Nutze nur naturbelassene, ungespritzte Brennnesselsamen in Lebensmittel- oder Tierqualität. Am besten frisch oder schonend getrocknet.

Dosierung nach Körpergewicht (Richtwert):

- bis 5 kg → ca. ¼ TL pro Tag
- 5–10 kg → ca. ½ TL
- 10–20 kg → ca. 1 TL
- 20–30 kg → ca. 1,5 TL
- ab 30 kg → ca. 2 TL pro Tag

Tipp: Du kannst die Samen einfach übers Futter streuen oder sie in einen Löffel Joghurt, Quark oder Hüttenkäse mischen. Besonders im Fellwechsel macht sich eine kleine Extra-Portion oft schnell bemerkbar und das Fell wird glänzender sowie die Haut widerstandsfähiger.

Dauer der Anwendung

Brennnesselsamen eignen sich für 4- bis 8-wöchige Kuren (z. B. im Fellwechsel oder nach Krankheiten) oder als dauerhafte Unterstützung bei älteren oder leistungsschwachen Hunden. Nach einer längeren Einnahmezeit empfehle ich eine kurze Pause von 1 bis 2 Wochen, bevor du wieder startest.

Worauf du achten solltest

Verwende ausschließlich reine, ungeschälte und ungesalzene Brennnesselsamen. Keine Mischungen mit Kräutern, Ölen oder Zusatzstoffen! Bei bekannten Nierenerkrankungen, bei trächtigen Hündinnen oder bei Hunden, die blutverdünnende Medikamente bekommen, halte bitte vorher Rücksprache mit deinem Tierarzt. Denn Brennnesselsamen wirken mild harntreibend und können die Blutgerinnung beeinflussen.

Was passt gut dazu?

Brennnesselsamen lassen sich wunderbar kombinieren mit Hanföl (für Omega-3-Fettsäuren), Spirulina (zur Immunstärkung), Topinambur (für die Darmflora) oder Rote-Bete-Pulver (zur Blutbildung).

Diese Kombination gibt Energie, stärkt Haut und Fell und sorgt für eine rundum bessere Vitalität.

Mein Praxistipp

Eine Hündin aus meiner Beratung war nach dem Winter immer wieder müde, hatte stumpfes Fell und wenig Appetit. Mit einer Kur aus Brennnesselsamen, etwas Hanföl und Spirulina wurde sie nach wenigen Wochen wieder aktiver, das Fell glänzte und das Allgemeinbefinden stieg deutlich. Brennnesselsamen sind für mich ein klassischer Geheimtipp für mehr Power und glänzendes Fell.

Wenn du wissen möchtest, welche Brennnesselsamen ich für Hunde empfehle, dann scanne einfach den QR-Code. Auf der Seite findest du mein favorisiertes Produkt für deinen Liebling.

53 Goldrute

Die Goldrute (Solidago) ist mehr als nur ein hübsches Wildkraut am Wegesrand, denn sie ist eine der kraftvollsten Heilpflanzen für Nieren und Harnwege. Seit Jahrhunderten wird die leuchtend gelbe Pflanze in der Volksheilkunde geschätzt, um Entzündungen zu lindern, die Blase zu spülen und die Ausscheidungsorgane zu stärken. Auch in der Hundeernährung kann Goldrute eine wertvolle Unterstützung sein, vor allem bei Hunden mit Neigung zu Blasenproblemen oder wenn das Immunsystem einen natürlichen Schub braucht.

Wirkung im Napf

Goldrute enthält Saponine, Flavonoide, ätherische Öle und Gerbstoffe, die vor allem harntreibend, entzündungshemmend und antibakteriell wirken. Sie hilft dabei, die Harnwege sanft durchzuspülen, Keime auszuschwemmen und Entzündungsreaktionen zu mildern. Besonders empfehlenswert ist Goldrute bei Hunden mit wiederkehrenden Harnwegsinfekten, nach einer Blasenentzündung oder zur Unterstützung bei Nierenerkrankungen.

In meinen Beratungen setze ich Goldrute gern auch zur Vorbeugung ein, wenn Hunde zu Kristallbildung im Urin, Blasengrieß oder leichten Wasseransammlungen neigen.

Dosierung & Anwendung

Verwende bitte ausschließlich getrocknete Goldrutenblätter und -blüten in Lebensmittel- oder Tierqualität sowie am besten aus kontrolliertem Anbau.

Dosierung nach Körpergewicht (Richtwert, als Tee oder Pulver):

- bis 5 kg → ca. ¼ TL Pulver oder 1 EL Tee pro Tag
- 5–10 kg → ca. ½ TL oder 2 EL Tee
- 10–20 kg → ca. 1 TL oder 3 EL Tee
- 20–30 kg → ca. 1,5 TL oder 4 EL Tee
- ab 30 kg → ca. 2 TL oder 5 EL Tee pro Tag

Tipp: Für einen Goldrutentee übergießt du 1 TL getrocknete Goldrute mit 150 ml kochendem Wasser, lässt ihn 8 bis 10 Minuten ziehen, seihst ab und gibst den abgekühlten Tee am besten übers Futter. Das Pulver kannst du einfach unters Futter mischen. Besonders bei empfindlichen Hunden lass es immer langsam einschleichen und beobachte die Verträglichkeit.

Dauer der Anwendung

Goldrute eignet sich hervorragend für 1- bis 3-wöchige Kuren (z. B. nach Infekten oder zur Vorbeugung), aber auch als wiederkehrende Ergänzung im Wechsel mit

anderen Kräutern. Bei dauerhafter Gabe lege immer wieder Pausen ein.

Worauf du achten solltest

Verwende ausschließlich reine Goldrute und keine Mischungen mit anderen Kräutern, keine Zusatzstoffe, keine aromatisierten Tees! Bei tragenden oder laktierenden Hündinnen, bei schweren Nieren- oder Herzproblemen sowie bei Dauermedikation halte bitte immer Rücksprache mit deinem Tierarzt, da Goldrute entwässernd wirkt.

Was passt gut dazu?

Goldrute lässt sich prima kombinieren mit Brennnesselsamen (für die Nieren), Petersilienwurzel (für die Harnausscheidung), Cranberry (zur Harnwegspflege) oder Flohsamenschalen (für die Verdauung). Das ergibt eine rundum stärkende Kräuter-Kur für die Blase und das Wohlbefinden deines Lieblings.

Mein Praxistipp

Ein Rüde aus meiner Beratung hatte immer wieder leichte Blasenentzündungen und neigte zu Kristallbildung. Nach einer Kur mit Goldrute, Brennnesselsamen und einer angepassten Fütterung wurde

der Urin stabiler, die Beschwerden gingen zurück und der Hund war wieder lebensfroher. Gerade bei feuchtem Wetter oder nach einer Infektion ist Goldrute für mich ein Klassiker, um den Harntrakt sanft zu unterstützen.

Wenn du wissen möchtest, welche Goldrute ich für Hunde empfehle, dann scanne einfach den QR-Code. Dort findest du alle meine Produktempfehlungen für den gesunden Futterplan deines Lieblings.

54 Stiefmütterchenkraut

Bei Stiefmütterchen denkst du wahrscheinlich an liebevoll bepflanzte Balkonkästen, aber die zarten Blüten haben es wirklich in sich! In der Naturheilkunde wird das wilde Stiefmütterchen (*Viola tricolor*) seit Jahrhunderten bei Haut- und Stoffwechselproblemen eingesetzt. Für Hunde mit empfindlicher Haut, Juckreiz, Allergieneigung oder als natürliche Unterstützung im Fellwechsel ist Stiefmütterchenkraut eine spannende und vielseitige Ergänzung im Napf.

Wirkung im Napf

Stiefmütterchenkraut enthält Schleimstoffe, Flavonoide, Saponine und Salicylate. Diese Wirkstoffe unterstützen die Haut, helfen bei der Ausleitung von Stoffwechselabfallprodukten und wirken mild entzündungshemmend. Besonders bei Hunden mit Hautirritationen, Juckreiz, Ekzemen oder stumpfem Fell hat sich Stiefmütterchenkraut in meinen Beratungen bewährt. Es kann helfen, die Haut zu beruhigen, die Regeneration zu fördern und den Stoffwechsel sanft anzuregen.

Ich setze Stiefmütterchenkraut gern unterstützend ein bei Allergikern, während des Fellwechsels oder nach Erkrankungen, wenn die Haut gestresst ist und der Körper einen „Reset“ braucht.

Dosierung & Anwendung

Nutze bitte nur getrocknetes sowie reines Stiefmütterchenkraut in Lebensmittel- oder Tierqualität und keine Mischtees!

Dosierung nach Körpergewicht (Richtwert, als Tee oder Pulver):

- bis 5 kg → ca. ¼ TL Pulver oder 1 EL Tee pro Tag
- 5–10 kg → ca. ½ TL oder 2 EL Tee
- 10–20 kg → ca. 1 TL oder 3 EL Tee
- 20–30 kg → ca. 1,5 TL oder 4 EL Tee
- ab 30 kg → ca. 2 TL oder 5 EL Tee pro Tag

Tipp: Für einen Stiefmütterchenkraut-Tee übergießt du 1 TL getrocknetes Kraut mit 150 ml kochendem Wasser, lässt es 8 bis 10 Minuten ziehen, seihst ab und gibst den lauwarmen Tee am besten übers Futter. Das Pulver kannst du direkt ins Futter einrühren. Bei sensiblen Hunden lass es immer langsam einschleichen und achte bitte auf die Verträglichkeit.

Dauer der Anwendung

Stiefmütterchenkraut eignet sich für 2- bis 4-wöchige Kuren, zum Beispiel bei akutem Juckreiz oder nach dem Fellwechsel. Bei chronischen Hautproblemen kannst du es auch langfristig anwenden, aber mach bitte nach 8 bis 10 Wochen immer eine Pause.

Worauf du achten solltest

Setze ausschließlich reines Stiefmütterchenkraut ohne Zusätze oder Aroma ein. Verwende es nicht bei bekannter Allergie gegen Veilchengewächse! Bei Hunden mit Nierenerkrankungen, bei trächtigen Hündinnen oder bei Dauermedikation stimme die Anwendung sicherheitshalber mit deinem Tierarzt ab.

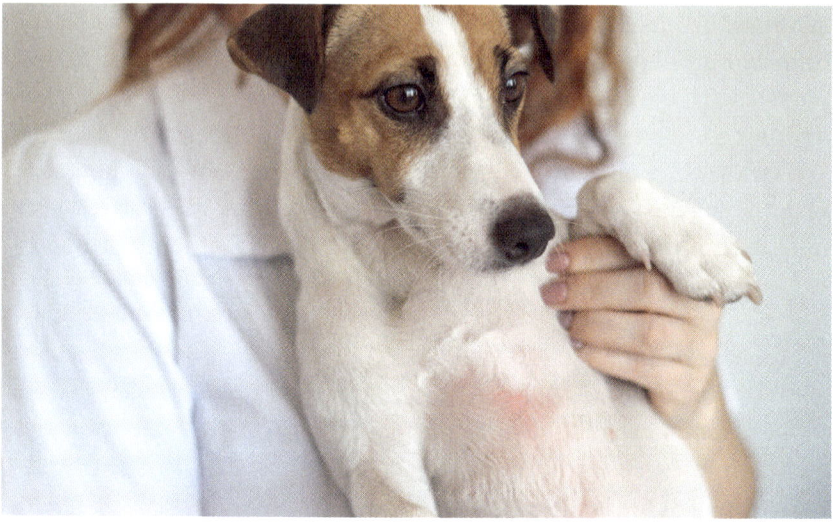

Was passt gut dazu?

Stiefmütterchenkraut lässt sich super mit Brennnesselsamen (für Haut und Fell), Nachtkerzenöl (bei Juckreiz), Kamille (zur Beruhigung) oder Spirulina (für die Entgiftung und Immunstärkung) kombinieren. So entsteht eine natürliche Haut- und Stoffwechselkur für deinen Liebling.

Mein Praxistipp

Eine Allergiker-Hündin aus meiner Beratung hatte jedes Frühjahr mit massivem Juckreiz und Ekzemen zu kämpfen. Mit einer Mischung aus Stiefmütterchenkraut, Nachtkerzenöl und einer optimierten Fütterung konnten wir die Beschwerden deutlich lindern und das Fell wurde wieder dichter sowie glänzender. Stiefmütterchenkraut ist für mich eines der unterschätzten Naturheilmittel bei sensibler oder gereizter Haut!

Wenn du wissen möchtest, welches Stiefmütterchenkraut ich für Hunde empfehle, dann scanne einfach den QR-Code und dort findest du mein favorisiertes Produkt.

55 Süßholzwurzel

Süßholzwurzel klingt nach Lakritz und Kindheitserinnerungen, ist aber in der Naturheilkunde eine echte Allzweckwaffe. Die Wurzel der Süßholzpflanze (*Glycyrrhiza glabra*) ist seit Jahrtausenden fester Bestandteil der traditionellen Medizin und das nicht ohne Grund. Sie steckt voller bioaktiver Pflanzenstoffe, die bei vielen Beschwerden helfen können. Auch in der Hundeernährung wird Süßholzwurzel immer beliebter, vor allem wenn es um die Unterstützung von Verdauung, Schleimhäuten oder bei stressbedingten Problemen geht.

Wirkung im Napf

Süßholzwurzel enthält Glycyrrhizin, Flavonoide, Saponine und Cumarine. Diese Inhaltsstoffe wirken schleimhautschützend, entzündungshemmend, antibakteriell und können die körpereigenen Abwehrkräfte stärken. Besonders wertvoll ist Süßholzwurzel bei Hunden mit Magenproblemen, gereizten Schleim-

häuten im Maul oder Hals, bei Husten, nach Infekten oder bei chronischem Stress.

Sie kann helfen, die Magenschleimhaut zu beruhigen, die Verdauung zu fördern und die Immunabwehr zu stärken. In meinen Beratungen setze ich sie gern bei empfindlichen, nervösen Hunden oder als Teil einer gezielten Magenkur ein.

Dosierung & Anwendung

Nutze bitte ausschließlich reine, getrocknete Süßholzwurzel in Lebensmittel- oder Tierqualität ohne Zusätze oder Aromastoffe! Süßholzwurzel gibt es als Wurzelstücke, Pulver oder Tee. Schnapp dir am besten entweder das Pulver oder den Tee.

Dosierung nach Körpergewicht (Richtwert, als Tee oder Pulver):

- bis 5 kg → ca. 1 Messerspitze oder 1 EL Tee pro Tag
- 5–10 kg → ca. ¼ TL oder 2 EL Tee
- 10–20 kg → ca. ½ TL oder 3 EL Tee
- 20–30 kg → ca. ¾ TL oder 4 EL Tee
- ab 30 kg → ca. 1 TL oder 5 EL Tee pro Tag

Tipp: Für einen Tee übergießt du 1 TL getrocknete Süßholzwurzel mit 150 ml kochendem Wasser, lässt sie 10 bis 12 Minuten ziehen, seihst ab und gibst den lauwarmen Tee am besten übers Futter. Das Pulver hingegen kannst du direkt unters Futter rühren. Lass es bei besonders bei empfindlichen Hunden bitte einschleichen!

Dauer der Anwendung

Süßholzwurzel eignet sich für Kuren von 1 bis 3 Wochen, etwa bei akuten Schleimhautreizungen oder Magenbeschwerden. Für eine dauerhafte Anwendung (z. B. bei chronischem Stress) solltest du nach 3 bis 4 Wochen eine Pause einlegen, um Nebenwirkungen zu vermeiden.

Worauf du achten solltest

Achtung: Gib Süßholzwurzel nicht dauerhaft und nicht in zu hoher Dosierung, da Glycyrrhizin in größeren Mengen den Blutdruck erhöht und den Mineralstoffhaushalt beeinflussen kann! Es ist zudem nicht geeignet für tragende Hündinnen, Hunde mit Herzproblemen, Bluthochdruck oder Nierenerkrankungen. Verwende ausschließlich reine Produkte ohne Zucker, Aromen oder Füllstoffe. Bei Medikamentengabe oder bekannten Grunderkrankungen halte immer Rücksprache mit deinem Tierarzt!

Was passt gut dazu?

Süßholzwurzel lässt sich sehr gut kombinieren mit Kamille (zur Schleimhautberuhigung), Flohsamenschalen (für die Verdauung), Stiefmütterchenkraut (bei Hautproblemen) oder Topinambur (zur Unterstützung der Darmflora). Das ergibt einen wirkungsvollen Schutz- und Pflegekomplex für Magen, Darm und Immunsystem deiner Fellrakete.

Mein Praxistipp

Ein älterer Mischling aus meiner Beratung hatte immer wieder mit Sodbrennen, Magenbeschwerden und allgemeiner Unruhe zu kämpfen. Mit einer milden Kur aus Süßholzwurzel, Kamille und Flohsamenschalen wurde der Magen beruhigt, das Wohlbefinden verbesserte sich und auch die Verdauung lief wieder entspannter. Süßholzwurzel ist für mich eine wertvolle Zutat, wenn es um sanfte Unterstützung von Schleimhäuten und Magen geht.

Wenn du wissen möchtest, welche Süßholzwurzel ich für Hunde empfehle, dann scanne einfach den QR-Code und dort findest meinen Favoriten für deinen Liebling.

56 Zistrose

Die Zistrose (*Cistus incanus*) ist eine alte Heilpflanze aus dem Mittelmeerraum, die in der Naturheilkunde schon lange als natürlicher Schutzschild für das Immunsystem gilt. Die aromatisch duftende Pflanze sieht nicht nur hübsch aus, sondern bringt eine geballte Ladung an Polyphenolen, Flavonoiden und ätherischen Ölen mit. Genau das macht sie gerade in der Hundeernährung zu einer wirklich spannenden Ergänzung.

Wirkung im Napf

Zistrose wirkt vor allem durch ihre außergewöhnlich hohe Konzentration an Polyphenolen stark antioxidativ, entzündungshemmend und unterstützt das Immunsystem dabei, Viren, Bakterien und Pilze abzuwehren. Besonders bei Hunden mit schwacher Abwehr, Allergieneigung, Hautproblemen oder im Fellwechsel hat sich die Zistrose bewährt. Sie kann helfen, die Schleimhäute zu schützen, freie Radikale abzufangen und die allgemeine Widerstandskraft zu steigern. Auch bei empfindlichen Hunden, die oft mit Schnupfen, Durchfall oder Juckreiz zu kämpfen haben, ist Zistrose einen Versuch wert.

In meinen Beratungen nutze ich Zistrose sehr gern zur Stärkung der Immunabwehr, in der Erkältungssaison, aber auch als natürliche Unterstützung bei chronischen Haut- oder Ohrenproblemen.

Dosierung & Anwendung

Nutze bitte ausschließlich reines Zistrosenkraut (getrocknet, in Lebensmittel- oder Tierqualität, ohne Zusätze und ohne Aromastoffe). Du kannst Zistrose als Tee oder als Pulver geben.

Dosierung nach Körpergewicht (Richtwert, als Tee oder Pulver):

- bis 5 kg → ca. ¼ TL Pulver oder 1 EL Tee pro Tag
- 5–10 kg → ca. ½ TL oder 2 EL Tee
- 10–20 kg → ca. 1 TL oder 3 EL Tee
- 20–30 kg → ca. 1,5 TL oder 4 EL Tee
- ab 30 kg → ca. 2 TL oder 5 EL Tee pro Tag

Tipp: Für einen Tee übergießt du 1 TL getrocknete Zistrose mit 150 ml kochendem Wasser, lässt sie 8 bis 10 Minuten ziehen, seihst ab und gibst den abgekühlten Tee übers

Futter oder ins Trinkwasser deiner Fellrakete. Das Pulver hingegen kannst du einfach direkt ins Futter rühren. Lass es bei empfindlichen Hunden bitte langsam einschleichen und achte stets auf die Verträglichkeit!

Dauer der Anwendung

Zistrose eignet sich für Kuren von 2 bis 4 Wochen (z. B. in der Erkältungszeit oder nach Krankheiten) und kann bei Bedarf auch dauerhaft gegeben werden. Aber nach 8 bis 10 Wochen ist eine kurze Pause sinnvoll, damit sich der Körper immer wieder neu regulieren kann.

Worauf du achten solltest

Verwende ausschließlich reines Zistrosenkraut, keine Mischungen, keine aromatisierten Tees und auch keine Zusatzstoffe! Bei trächtigen Hündinnen, Welpen oder bei schweren Nierenerkrankungen stimme die Anwendung bitte immer vorher mit deinem Tierarzt ab.

Was passt gut dazu?

Zistrose lässt sich hervorragend kombinieren mit Spirulina (für die Immunstärkung), Kamille (zur Schleimhautberuhigung), Topinambur (für die Darmflora) oder Goldrute (zur Harnwegspflege). Diese Mischung ergibt eine kraftvolle Unterstützung für das gesamte Abwehrsystem deines Hundes.

Mein Praxistipp

Ein junger Schäferhund aus meiner Beratung hatte immer wieder mit Ohrenentzündungen und juckender Haut zu kämpfen. Mit einer 4-wöchigen Zistrosenkur, ergänzt um Spirulina und einer angepassten Fütterung, wurde die Haut spürbar ruhiger und die Abwehrkräfte stabiler. Zistrose ist für mich ein echter Geheimtipp, wenn das Immunsystem mehr Schutz braucht und du eine sanfte, aber wirksame Alternative suchst!

Wenn du wissen möchtest, welches Produkt an Zistrose ich für Hunde empfehle, dann scanne einfach den QR-Code. Dort findest du meinen Favoriten für den Futterplan deines Lieblings.

KAPITEL 9

Für ältere Hunde und Senioren

57 NADH

NADH ist ein körpereigener „Energielieferant“, der in jeder Zelle deines Vierbeiners steckt. NADH steht für „Nicotinamidadenindinukleotid“ und spielt eine Schlüsselrolle im Energiestoffwechsel. Gerade für ältere Hunde, bei Erschöpfung, nach Krankheiten oder bei Leistungshunden kann NADH als gezielte Ergänzung einen echten Unterschied machen.

Wirkung im Napf

NADH ist direkt am Zellstoffwechsel beteiligt und sorgt dafür, dass die Energie aus der Nahrung überhaupt erst in den Zellen ankommt. Es fördert die Energieproduktion in den Mitochondrien (den „Kraftwerken der Zellen“), unterstützt die Zellregeneration und wirkt antioxidativ. Besonders bei älteren Hunden oder bei Tieren mit chronischer Müdigkeit, schwacher Leistungsfähigkeit oder nach längeren Erkrankungen kann eine Gabe von NADH für mehr Schwung und Ausdauer sorgen.

In meinen Beratungen empfehle ich NADH gern als Kur bei Seniorenhunden, bei „Altersmüdigkeit“, nach Operationen oder auch bei Vierbeinern, die sportlich aktiv sind und mehr Energie brauchen. Manche Hunde profitieren auch nach längerer Medikamentengabe oder bei chronischem Stress von einer Kur mit NADH.

Dosierung & Anwendung

Verwende ausschließlich reines, hochwertiges NADH-Präparat am besten als Pulver, da sich das deutlich besser dosieren lässt.

Dosierung nach Körpergewicht (Richtwert, als Tablette/Pulver):

- bis 5 kg → ca. 1 mg pro Tag
- 5–10 kg → ca. 2 mg
- 10–20 kg → ca. 2–5 mg
- 20–30 kg → ca. 5–8 mg
- ab 30 kg → ca. 8–10 mg pro Tag

Tipp: Das Pulver kannst du am besten direkt unters Futter mischen. Gib NADH am besten morgens, weil der Energieeffekt oft recht schnell einsetzt und manche Hunde dadurch deutlich aktiver werden.

Dauer der Anwendung

NADH eignet sich besonders für 3- bis 6-wöchige Kuren, zum Beispiel bei starker Erschöpfung, im Alter oder während der Rekonvaleszenz. Für einen dauerhaften Einsatz solltest du regelmäßig Pausen einlegen (z. B. 2 Wochen Pause nach 6 Wochen Gabe).

Worauf du achten solltest

Verwende ausschließlich NADH in geprüfter Qualität, frei von Zucker, Füllstoffen oder unnötigen Zusatzstoffen. Setze es nicht bei trächtigen Hündinnen, bei Epilepsie oder bei bekannten Herzproblemen ohne Rücksprache mit einem Tierarzt ein, da der Energieschub für bestimmte Hunde zu intensiv sein kann!

Was passt gut dazu?

NADH lässt sich optimal mit Coenzym Q10 (für die Zellenergie), Lachsöl (für Omega-3-Fettsäuren), Spirulina (zur Immunstärkung) und Topinambur (für die Darmflora) kombinieren. Das ergibt einen echten Energie- und Regenerationskick, besonders für Senioren oder leistungsschwache Hunde.

Mein Praxistipp

Ein Seniorenmischling aus meiner Beratung war nach einer schweren OP monatelang kraftlos, wirkte abgeschlagen und kam nicht richtig auf die Beine. Mit einer gezielten Kur aus NADH, Coenzym Q10 und angepasstem Futter kehrten die Energie und die Lebensfreude spürbar zurück. NADH ist für mich ein echter „Energieschlüssel", wenn Vitalität, Ausdauer und Lebensfreude bei älteren oder geschwächten Hunden nachlassen.

Wenn du wissen möchtest, welches NADH-Präparat ich für Hunde empfehle, dann scanne einfach den QR-Code. Dort findest du meine Produktempfehlung für den Alltag deines Lieblings.

58 L-Carnitin

L-Carnitin klingt nach Fitnessstudio und Sportlernahrung, ist aber tatsächlich ein lebenswichtiger Nährstoff, den auch Hunde in bestimmten Lebenslagen dringend brauchen. Die Substanz wird größtenteils im Körper selbst gebildet, doch gerade bei höherem Bedarf, im Alter oder bei bestimmten Erkrankungen kann eine gezielte Ergänzung den Unterschied machen. Zwar nicht nur für die Muskeln, sondern für den gesamten Energiestoffwechsel.

Wirkung im Napf

L-Carnitin ist unentbehrlich für den Transport von Fettsäuren in die Mitochondrien, wo sie zur Energiegewinnung „verbrannt" werden. Ohne genug L-Carnitin läuft der Fettstoffwechsel nur auf Sparflamme, was sich oft in nachlassender Ausdauer, Übergewicht, Muskelschwäche oder reduzierter Leistungsfähigkeit zeigt. Besonders bei älteren Hunden, Sport- und Leistungshunden, übergewichtigen Vierbeinern oder nach Operationen ist L-Carnitin daher eine spannende Ergänzung.

Wissenschaftliche Studien zeigen, dass L-Carnitin nicht nur die

Ausdauer verbessert, sondern auch die Regeneration nach Belastung beschleunigt. In einer kontrollierten Untersuchung mit Labrador Retrievern konnten Hunde, die täglich 250 mg L-Carnitin erhielten, mehr Aktivitätspunkte pro Kilometer erzielen und zeigten geringere Werte von Muskelstress-Markern wie Kreatinkinase nach intensivem Training.[4]

In meinen Beratungen setze ich L-Carnitin gezielt bei älteren Hunden mit Bewegungsmangel, bei Adipositas, nach längeren Krankheiten, bei Herzproblemen (z. B. Herzinsuffizienz) oder im Training mit Sporthunden ein, die eine Extraportion Energie benötigen.

4 Dodd, S. L. et al., "Effect of supplemental dietary carnitine on exercise performance and oxidative stress in Labrador Retrievers," *Journal of Nutritional Science*, 2017.

Dosierung & Anwendung

Verwende bitte ausschließlich reines L-Carnitin in Pulver- oder Kapselform, am besten in pharmazeutischer Qualität, ohne Zucker, Aromen oder Zusatzstoffe.

Dosierung nach Körpergewicht (Richtwert):

- bis 5 kg → ca. 50–100 mg pro Tag
- 5–10 kg → ca. 100–200 mg
- 10–20 kg → ca. 200–400 mg
- 20–30 kg → ca. 400–600 mg
- ab 30 kg → ca. 600–1.000 mg pro Tag

Tipp: Rühre das Pulver einfach unters Futter oder in einen Löffel Joghurt ein. Besonders bei mäkeligen Hunden kann ich dir die schrittweise Einschleichung empfehlen, damit der Geschmack akzeptiert wird und der Organismus sich langsam daran gewöhnen kann.

Dauer der Anwendung

L-Carnitin eignet sich super für 4- bis 8-wöchige Kuren, zum Beispiel im Fellwechsel, bei vermehrter Aktivität oder nach längerer Krankheit. Auch als dauerhafte Unterstützung bei Herz- oder Stoffwechselproblemen kann L-Carnitin mit regelmäßigen Pausen nach spätestens 10 Wochen sinnvoll sein.

Worauf du achten solltest

Achte auf reines, geprüftes L-Carnitin ohne Füllstoffe oder Aromen. Bei Hunden mit Nierenproblemen, Stoffwechselerkrankungen oder während einer Dauermedikation stimme die Anwendung unbedingt mit deinem Tierarzt ab! Bitte nicht überdosieren, denn der Bedarf ist meist niedriger, als viele Hersteller angeben.

Was passt gut dazu?

L-Carnitin lässt sich ideal mit Coenzym Q10 (für die Zellenergie), NADH (für mehr Power), Spirulina (zur Unterstützung des Muskelstoffwechsels) oder Topinambur (für die Darmgesundheit) kombinieren. So entsteht ein „Energiepaket", das gerade bei Senioren, Sport- und Leistungshunden schnell einen Unterschied macht.

Mein Praxistipp

Ein älterer Labrador aus meiner Beratung hatte nach dem Winter Gewicht zugelegt und war auf Spaziergängen schnell aus der Puste. Mit einer gezielten Kur aus L-Carnitin, Coenzym Q10 und etwas Spirulina konnte er das Gewicht langsam abbauen, wurde wieder ausdauernder und insgesamt vitaler. Gerade bei Bewegungsmangel und Stoffwechselträgheit ist L-Carnitin für mich ein echter Booster für mehr Lebensqualität!

Wenn du wissen möchtest, welches L-Carnitin Präparat ich für Hunde empfehle, dann scanne einfach den QR-Code. Dort findest du meine Produktempfehlung für den Alltag deines Lieblings.

59 Alpha-Liponsäure

Alpha-Liponsäure (oft als ALA abgekürzt) ist ein richtiges Multitalent unter den Antioxidantien. Ursprünglich aus der Humanmedizin bekannt, wird sie jetzt auch in der Tierernährung immer beliebter! Denn Alpha-Liponsäure ist nicht nur ein Radikalfänger, sondern unterstützt die Leber, das Nervensystem und den gesamten Energiestoffwechsel deines Vierbeiners. Sie kann sogar die Wirkung anderer Antioxidantien wie Vitamin C und E verstärken und schützt die Zellen vor oxidativem Stress.

Wirkung im Napf

Alpha-Liponsäure hilft dabei, freie Radikale im Körper zu neutralisieren und so Zellen, Nerven und Organe zu schützen. ALA kann die Regeneration von Leber und Nerven unterstützen, zum Beispiel nach Vergiftungen, bei Leberproblemen oder bei Hunden mit Diabetes. Studien zeigen, dass Alpha-Liponsäure tatsächlich entzündungshemmend wirkt und die antioxidative Kapazität bei Hunden erhöhen kann. In einer Untersuchung wurde nachgewiesen, dass ALA als Ergänzung die Leberfunktion verbessern und oxidativen Stress senken kann, besonders relevant bei Leberproblemen oder erhöhtem oxidativem Stress.[5]

Ich empfehle Alpha-Liponsäure besonders bei Hunden mit Lebererkrankungen, erhöhtem Stress,

nach Medikamentengaben, bei älteren Hunden zur allgemeinen Vitalitätssteigerung oder unterstützend bei Diabetes, weil ALA hier die Nerven und den Blutzuckerspiegel positiv beeinflussen kann.

Dosierung & Anwendung

Nutze ausschließlich reines Alpha-Liponsäure-Pulver in pharmazeutischer Qualität ohne Zusätze oder Füllstoffe. Achte darauf, dass du es langsam einschleichst, da manche Hunde empfindlich auf Antioxidantien reagieren.

5 Cohn, L. A., "Antioxidant supplementation in dogs and cats," Veterinary Clinics of North America: Small Animal Practice, 2011.

Dosierung nach Körpergewicht (Richtwert):

- bis 5 kg → ca. 10–20 mg pro Tag
- 5–10 kg → ca. 20–30 mg
- 10–20 kg → ca. 30–50 mg
- 20–30 kg → ca. 50–80 mg
- ab 30 kg → ca. 80–120 mg pro Tag

Tipp: Misch das Pulver am besten direkt unters Futter. Beginne bei empfindlichen Hunden immer mit einer kleinen Menge und steigere langsam auf die empfohlene Tagesdosis. Besonders bei Hunden mit Vorerkrankungen empfehle ich dir eine Rücksprache mit deinem Tierarzt.

Dauer der Anwendung

Alpha-Liponsäure eignet sich für Kur-Anwendungen von 2 bis 4 Wochen (z. B. nach Medikamentengaben oder im Fellwechsel) oder als langfristige Ergänzung im Alter. Hier solltest du aber bitte immer wieder Pausen einlegen (nach 8–10 Wochen mindestens eine Woche Auszeit).

Worauf du achten solltest

Verwende nur hochwertiges, reines Alpha-Liponsäure-Präparat ohne Zusatzstoffe. Bei Hunden mit Diabetes, Schilddrüsenerkrankungen oder bei gleichzeitiger Medikamentengabe halte immer Rücksprache mit deinem Tierarzt. Alpha-Liponsäure kann den Blutzuckerspiegel beeinflussen und deshalb solltest du es nicht wahllos dosieren!

Was passt gut dazu?

Alpha-Liponsäure kannst du super mit L-Carnitin (für den Energiestoffwechsel), Coenzym Q10 (für Zellenergie), Spirulina (für die Immunstärkung) oder Mariendistel (für die Leberregeneration) kombinieren. Das ergibt einen starken Zellschutz-Cocktail, der vor allem älteren oder kranken Hunden merklich auf die Sprünge helfen kann.

Mein Praxistipp

Ein Hundesenior in meiner Beratung litt nach einer langen Medikamentenphase unter stumpfem Fell, Antriebslosigkeit und leicht erhöhten Leberwerten. Mit einer gezielten Kur aus Alpha-Liponsäure,

Mariendistel und L-Carnitin haben wir die Leberwerte stabilisiert, die Vitalität verbessert und das Fell wurde nach wenigen Wochen wieder sichtbar glänzender. Alpha-Liponsäure ist für mich ein echter Geheimtipp für Zellschutz und Regeneration, gerade in fordernden Lebensphasen!

Wenn du wissen möchtest, welches Präparat ich für Hunde empfehle, dann scanne einfach den QR-Code. Dort findest du meine Produktempfehlung für deine Fellrakete.

60 Ginseng

Ginseng (oft als „Wurzel des Lebens" bezeichnet) ist ein Klassiker der asiatischen Heilkunst, der auch in der modernen Tierernährung immer mehr Anhänger findet. Gerade für ältere Hunde, gestresste Vierbeiner oder Tiere mit schwachem Immunsystem ist Ginseng eine spannende Ergänzung, die Körper und Geist gleichermaßen unterstützen kann. Die Kraft des Ginsengs liegt in seinen wertvollen Ginsenosiden, die adaptogen wirken. Das bedeutet, sie helfen dem Körper, sich besser an Stress und Belastungen anzupassen.

Wirkung im Napf

Ginseng wirkt antioxidativ, kann die Immunabwehr stärken, den Stoffwechsel ankurbeln und sogar die geistige sowie körperliche Leistungsfähigkeit steigern. Hunde, die schnell ermüden, nach Krankheiten schlecht in Schwung kommen oder mit Alterserscheinungen kämpfen, profitieren besonders von Ginseng. Studien aus der Veterinärmedizin zeigen, dass Ginseng die antioxidative Kapazität bei Hunden erhöhen und sich positiv auf das allgemeine Wohlbefinden auswirken kann. In einer kontrollierten Untersuchung wurde beispielsweise nachgewiesen, dass Ginseng-Präparate bei Hunden zu einer verbesserten Immunfunktion und gesteigerter Vitalität führen können.[6]

In meinen Beratungen setze ich Ginseng gern bei Senioren, bei Rekonvaleszenz, in Stressphasen (z. B. Umzug, Familienzuwachs) oder bei sportlich geforderten Hunden ein, die eine Extraportion Energie und Stabilität brauchen.

Dosierung & Anwendung

Verwende bitte ausschließlich reines Ginseng-Pulver oder geprüfte Extrakte in Lebensmittel- oder Tierqualität ohne Zusatzstoffe oder Zucker.

Dosierung nach Körpergewicht (Richtwert):

- bis 5 kg → ca. 25–50 mg pro Tag
- 5–10 kg → ca. 50–100 mg
- 10–20 kg → ca. 100–200 mg
- 20–30 kg → ca. 200–300 mg
- ab 30 kg → ca. 300–400 mg pro Tag

6 Kim, H. J. et al., „Immunomodulatory and antioxidant effects of Korean red ginseng in beagle dogs," Journal of Veterinary Science, 2018.

Tipp: Misch das Pulver einfach unters Futter oder verabreiche es mit einem Löffel Joghurt oder Quark. Starte bei sensiblen oder älteren Hunden mit einer kleinen Menge und steigere langsam, damit der Körper sich gut anpasst.

Dauer der Anwendung

Ginseng eignet sich sowohl für 4- bis 6-wöchige Kuren (z. B. nach Krankheiten oder im Fellwechsel) als auch für die längerfristige Unterstützung im Alter oder bei starker Belastung. Nach 8 bis 10 Wochen empfehle ich immer eine kurze Pause, damit die Wirkung nachhaltig bleibt.

Worauf du achten solltest

Verwende nur Produkte aus zertifizierter Herkunft, ohne Füllstoffe, ohne Zucker und ohne künstliche Aromen. Bei Hunden mit Bluthochdruck, Herzproblemen oder bei tragenden Hündinnen ist Vorsicht geboten. In diesen Fällen halte immer erst Rücksprache mit deinem Tierarzt.

Was passt gut dazu?

Ginseng lässt sich ideal kombinieren mit Spirulina (für das Immunsystem), NADH (für Energie), L-Carnitin (für den Stoffwechsel) oder Reishi (für mehr innere Balance). So entsteht ein Rundum-Booster für Vitalität und Belastbarkeit.

Mein Praxistipp

Ein älterer Schäferhund aus meiner Beratung war nach einer stressigen Zeit und gesundheitlichen Proble-

men antriebslos und schnell erschöpft. Mit einer 5-wöchigen Ginseng-Kur, kombiniert mit Spirulina und leicht verdaulichem Futter, wurde er wieder deutlich munterer, hatte mehr Appetit und die Lebensfreude kehrte zurück. Gerade bei Senioren oder Hunden im Training kann Ginseng spürbar mehr Schwung und Ausgeglichenheit bringen.

Wenn du wissen möchtest, welches Produkt von Ginseng ich für Hunde empfehle, dann scanne einfach den QR-Code und dort findest du meine Empfehlung für deine Fellrakete.

61 Boswellia (Weihrauch)

Boswellia, vielen eher als Weihrauch bekannt, ist ein echtes Naturtalent aus der Pflanzenwelt. Die Harze des Boswellia-Baums sind schon seit Jahrtausenden in der traditionellen Medizin beliebt. In der modernen Tierernährung werden sie immer häufiger als natürliche Hilfe bei Gelenkproblemen und chronischen Entzündungen eingesetzt. Gerade ältere Hunde, sportliche Vierbeiner oder Tiere mit Gelenkschmerzen profitieren von dieser besonderen Pflanze.

Wirkung im Napf

Boswellia wirkt vor allem entzündungshemmend, schmerzlindernd und kann die Beweglichkeit der Gelenke verbessern. Die sogenannten Boswelliasäuren helfen Entzündungen gezielt zu hemmen, ohne dabei Magen oder Darm zu belasten, was ein Riesenvorteil gegenüber klassischen Schmerzmitteln ist! Besonders bei Hunden mit Arthrose, Arthritis oder nach Verletzungen zeigt sich oft eine Verbesserung der Lebensfreude und Beweglichkeit.

In meinen Beratungen setze ich Boswellia gerne ein, wenn Hunde steife Gelenke, chronische Schmerzen oder Bewegungseinschränkungen zeigen. Gerade im Seniorenalter oder nach intensiven Belastungen kann die Gabe von Weihrauch den Unterschied machen.

Dosierung & Anwendung

Nutze bitte ausschließlich standardisierte Boswellia-Extrakte in hoher Qualität und ohne unerwünschte Zusatzstoffe. Die Dosierung ist abhängig vom Körpergewicht und sollte individuell angepasst werden.

Dosierung nach Körpergewicht (Richtwert, Pulver oder Extrakt):

- bis 5 kg → ca. 50 mg pro Tag
- 5–10 kg → ca. 100 mg
- 10–20 kg → ca. 200–250 mg
- 20–30 kg → ca. 300–400 mg
- ab 30 kg → ca. 400–600 mg pro Tag

Tipp: Gib das Extrakt am besten ins Futter oder in einen Löffel Joghurt. Bei empfindlichen Hunden lass es langsam einschleichen und beobachte die Verträglichkeit deiner Fellrakete.

Dauer der Anwendung

Boswellia eignet sich sowohl für Kuren von 4 bis 8 Wochen (z. B. bei akuten Beschwerden) als auch als dauerhafte Unterstützung bei chronischen Gelenkproblemen. Ich empfehle dir nach spätestens 8 Wochen eine Pause von mindestens einer Woche einzulegen.

Worauf du achten solltest

Setze nur geprüfte Boswellia-Produkte aus sicherer Herkunft ein, ohne Zucker, ohne Füllstoffe und auch ohne künstliche Zusatzstoffe. Bei bekannten Magen-Darm-Problemen, während Trächtigkeit oder bei Dauermedikation sprich vorab mit deinem Tierarzt.

Was passt gut dazu?

Boswellia lässt sich wunderbar kombinieren mit Grünlippmuschel (für die Gelenke), Kurkuma (als Antioxidans), Lachsöl (gegen Entzündungen) oder Hagebutte (für den Zellschutz). Diese Mischung bringt Beweglichkeit und Vitalität zurück in den Alltag deines Lieblings.

Mein Praxistipp

Ein älterer Retriever aus meiner Beratung hatte seit Jahren mit Arthrose zu kämpfen und war dadurch oft steif und lustlos. Nach einer Kur mit Boswellia, Grünlippmuschel und etwas Lachsöl war die Lebensfreude spürbar zurück. Mehr Bewegung, weniger Schmerzen und ein entspannteres Miteinander waren das Ergebnis. Weihrauch ist für mich das Mittel der Wahl, wenn Hunde sanft und natürlich gegen Entzündungen unterstützt werden sollen.

Wenn du wissen möchtest, welches Präparat von Boswellia ich in meinen Beratungen empfehle, dann scanne einfach den QR-Code. Dort findest du meine Produktempfehlung für deinen Liebling.

62 Gojibeeren

Gojibeeren, auch als „Glücksbeeren“ oder „rote Diamanten“ bekannt, sind längst mehr als nur ein Trend aus der Humanernährung. Die kleinen, leuchtend roten Beeren stammen ursprünglich aus Asien und werden dort seit Jahrhunderten für Vitalität, Langlebigkeit und starke Abwehrkräfte geschätzt. In der Hundeernährung sind sie eine spannende Ergänzung, weil sie eine Vielzahl wertvoller Vitalstoffe mitbringen, die besonders dem Immunsystem und der Zellgesundheit zugutekommen können.

Wirkung im Napf

Gojibeeren enthalten jede Menge Vitamin C, Beta-Carotin, Eisen, Polysaccharide, Aminosäuren und sekundäre Pflanzenstoffe. Diese Kombination wirkt stark antioxidativ, schützt die Zellen vor oxidativem Stress und kann das Immunsystem unterstützen. Viele Hundebesitzer berichten von besserem Fellglanz, mehr Energie und einer allgemein robusteren Gesundheit, wenn regelmäßig Gojibeeren gefüttert werden.

In meinen Beratungen empfehle ich Gojibeeren besonders bei Hunden, die viel Stress haben, nach Krankheiten, im Fellwechsel oder wenn einfach das Immunsystem einen Extraschub braucht. Auch Senioren profitieren, weil Gojibeeren helfen können, Alterungsprozesse auf zellulärer Ebene abzumildern.

Dosierung & Anwendung

Verwende bitte ausschließlich ungeschwefelte, ungezuckerte und naturbelassene Gojibeeren in Lebensmittel- oder Tierqualität. Am besten gibst du die getrockneten Beeren klein geschnitten oder in Wasser eingeweicht unters Futter.

Dosierung nach Körpergewicht (Richtwert):

- bis 5 kg → ca. 2–3 Beeren pro Tag
- 5–10 kg → ca. 5–8 Beeren
- 10–20 kg → ca. 10–15 Beeren
- 20–30 kg → ca. 15–20 Beeren
- ab 30 kg → ca. 20–30 Beeren pro Tag

Tipp: Weiche die Beeren am besten mit warmem Wasser ein, denn so werden sie weicher und leichter verdaulich. Alternativ kannst du sie klein schneiden und direkt ins Futter mischen. Bei empfindlichen Mägen lass es bitte langsam einschleichen.

Dauer der Anwendung

Gojibeeren eignen sich hervorragend für Kuren von 2 bis 4 Wochen, zum Beispiel im Fellwechsel oder nach Erkrankungen. Sie können aber auch dauerhaft als Superfood-Ergänzung gegeben werden. Nach etwa 8 Wochen empfehle ich dir eine kurze Pause.

Worauf du achten solltest

Verwende nur qualitativ hochwertige Gojibeeren ohne Zusätze oder Konservierungsstoffe. Bei Hunden mit Allergien, Diabetes oder speziellen Stoffwechselerkrankungen solltest du vor der Gabe Rücksprache mit deinem Tierarzt halten, da die Beeren auch natürlichen Zucker enthalten. Achte bei Gojibeeren aus China besonders auf geprüfte Qualität und Biozertifizierung, um Schadstoffe zu vermeiden.

Was passt gut dazu?

Gojibeeren lassen sich perfekt mit Spirulina (für das Immunsystem), Acerola (als Vitamin-C-Boost), Topinambur (für die Darmflora) oder Hagebutte (für Zellschutz und Gelenke) kombinieren. So entsteht ein starker Vitalmix, der besonders in Zeiten erhöhter Belastung wertvoll ist.

Mein Praxistipp

Eine Seniorenhündin aus meiner Beratung bekam nach einer längeren Krankheitsphase Gojibeeren, zusammen mit Spirulina und etwas Leinöl. Nach wenigen Wochen wurde das Fell glänzender, die Energie kehrte zurück und die Hündin war insgesamt widerstandsfähi-

ger gegen kleine Infekte. Gojibeeren sind für mich ein vielseitiges Superfood, das sanft und wirksam das Wohlbefinden stärken kann.

Wenn du wissen möchtest, welche Gojibeeren ich für Hunde empfehle, dann scanne einfach den QR-Code. Dort findest du meine Produktempfehlung für deinen Liebling.

63 Cordyceps

Cordyceps, oft auch „Raupenpilz" genannt, lässt an fernöstliche Alchemie denken – und ein bisschen Zauber steckt tatsächlich drin! In der traditionellen chinesischen Medizin ist Cordyceps ein Klassiker für Energie, Ausdauer und schnelle Regeneration. Auch in der Hundeernährung wird der Pilz immer beliebter, gerade bei Sporthunden, Senioren oder Vierbeinern, die einen echten Leistungsschub brauchen.

Wirkung im Napf

Cordyceps enthält Polysaccharide, Cordycepin, essenzielle Aminosäuren, Mineralstoffe wie Zink und Selen sowie zahlreiche sekundäre Pflanzenstoffe. Die Kombination wirkt stärkend auf das Immunsystem, fördert die Sauerstoffaufnahme im Blut, kann die Ausdauer erhöhen und unterstützt die Regeneration nach Belastung oder Krankheit. Besonders wertvoll ist Cordyceps für Hunde, die viel leisten müssen, nach Krankheiten schlapp sind, oder bei chronischem Stress und Alterserscheinungen.

In meinen Beratungen setze ich Cordyceps gezielt ein, wenn Hunde antriebslos, schnell erschöpft oder infektanfällig sind. Gerade für Senioren oder Leistungshunde kann Cordyceps helfen, die Lebensqualität deutlich zu steigern und die Widerstandskraft zu verbessern.

Dosierung & Anwendung

Verwende ausschließlich reines Cordyceps-Pulver oder standardisierte Extrakte in geprüfter Qualität ohne Füllstoffe, ohne Zucker und ohne Zusatzstoffe. Am praktischsten ist die Gabe als Pulver, da du es deutlich besser dosieren kannst.

Dosierung nach Körpergewicht (Richtwert, Pulver):

- bis 5 kg → ca. ⅛ TL pro Tag
- 5–10 kg → ca. ¼ TL
- 10–20 kg → ca. ½ TL
- 20–30 kg → ca. ¾ TL
- ab 30 kg → ca. 1 TL pro Tag

Tipp: Misch das Pulver ins Futter oder in einen Löffel Naturjoghurt. Gerade bei empfindlichen Hunden oder bei erstmaliger Gabe lass es unbedingt langsam einschleichen und achte auf die Verträglichkeit von deiner Fellrakete.

Dauer der Anwendung

Cordyceps eignet sich hervorragend für Kuren von 3 bis 6 Wochen, zum Beispiel nach Krankheiten, während des Fellwechsels oder bei erhöhter Belastung. Auch als langfristige Unterstützung ist Cordyceps möglich, aber mach dann bitte immer wieder Pausen (z. B. 1 Woche Pause nach 8 Wochen).

Worauf du achten solltest

Verwende nur Produkte aus zertifizierter Herkunft und reiner Qualität. Cordyceps ist nicht geeignet für tragende Hündinnen, Welpen oder Hunde mit Autoimmunerkrankungen. Achte darauf, dass keine Zusatzstoffe, Schwermetalle oder unerwünschte Verunreinigungen enthalten sind.

Was passt gut dazu?

Cordyceps lässt sich sehr gut kombinieren mit Reishi (für das Immunsystem), Spirulina (für Vitalität), L-Carnitin (für die Energie) oder Topinambur (für die Darmgesundheit). So entsteht eine kräftigende und regenerierende Mischung – besonders für anspruchsvolle Lebensphasen.

Mein Praxistipp

Ein Leistungshund aus meiner Beratung, der an Agility-Turnieren

teilnimmt, hatte nach intensiven Trainingswochen oft mit schneller Erschöpfung und Leistungsabfall zu kämpfen. Mit einer Kur aus Cordyceps, L-Carnitin und Spirulina verbesserte sich die Ausdauer, die Regeneration verlief schneller und die allgemeine Vitalität stieg spürbar. Cordyceps ist für mich ein wertvoller Begleiter, wenn der Hund mehr Power und Widerstandskraft braucht.

Wenn du wissen möchtest, welches Präparat vom Cordyceps ich für Hunde empfehle, dann scanne einfach den QR-Code. Dort findest du meine Produktempfehlung für deine Fellrakete.

KAPITEL 10

Für Welpen und Junghunde

64 Knochenmehl

Knochenmehl klingt nach Oldschool-Hundeernährung und Bauernhof. Doch tatsächlich ist es ein uraltes Superfood, das heute noch immer seinen festen Platz in einer ausgewogenen Fütterung hat – besonders bei Barf, Selbstkochern und überall dort, wo es auf eine stabile Mineralstoffversorgung ankommt. Knochenmehl liefert vor allem eines: natürliches Kalzium und Phosphor im optimalen Verhältnis sowie weitere wertvolle Mineralien wie Magnesium und Zink. Für Knochen, Zähne und das gesamte Skelett ist das absolut essenziell!

Wirkung im Napf

Knochenmehl dient in erster Linie der Versorgung mit Kalzium und Phosphor. Beides Mineralstoffe, die für das Wachstum, den Knochenaufbau, die Zahngesundheit und die Muskeln wie auch Nervenfunktion unerlässlich sind. Gerade bei Hunden, die keine oder nur selten rohe Knochen bekommen, ist Knochenmehl die einfachste und sicherste Alternative. Ein ausgewogenes Kalzium-Phosphor-Verhältnis ist besonders wichtig für Welpen, Junghunde, tragende und säugende Hündinnen. Aber auch Senioren profitieren davon, weil die Knochendichte länger erhalten bleibt und der Organismus insgesamt stabiler wird.

In meinen Beratungen setze ich Knochenmehl gezielt ein bei selbst gekochten Rationen, Barf ohne

Knochen, bei Unverträglichkeiten gegen rohe Knochen oder bei Tieren mit erhöhtem Bedarf, etwa im Wachstum, während der Trächtigkeit oder bei Senioren.

Dosierung & Anwendung

Nutze bitte ausschließlich hochwertiges, reines Knochenmehl aus tierischer Herkunft (z. B. Rind oder Lamm) in Lebensmittel- oder Tierqualität. Es sollte keine Zusätze, Aromen oder Füllstoffe enthalten und frei von Schwermetallen oder Rückständen sein.

Dosierung nach Körpergewicht (Richtwert):

- bis 5 kg → ca. 1 g pro Tag
- 5–10 kg → ca. 2 g
- 10–20 kg → ca. 4 g
- 20–30 kg → ca. 6 g
- ab 30 kg → ca. 8 g pro Tag

Tipp: Rühre das Knochenmehl ins Futter, am besten ins Fleisch oder ins Nassfutter. Bei empfindlichen Hunden beginne mit kleinen Mengen und steigere langsam auf die empfohlene Dosis, damit sich Magen und Darm daran gewöhnen.

Dauer der Anwendung

Knochenmehl kann dauerhaft gefüttert werden, solange keine Überdosierung stattfindet. Behalte immer die gesamte Ration im Blick, denn auch Fertigfutter, Leckerlis oder Kauartikel können Kalzium liefern. Wenn du unsicher bist, lass die Ration von einem erfahrenen Ernährungsberater oder Tierarzt checken.

Worauf du achten solltest

Nutze nur geprüftes Knochenmehl in Lebensmittel- oder Tierqualität! Bei bekannten Nierenproblemen, bei Welpen, tragenden Hündinnen oder bei speziellen Erkrankungen stimme die Gabe bitte immer individuell ab, denn zu viel Kalzium kann ebenso schaden wie zu wenig. Finger weg von Produkten aus unbekannter Herkunft oder aus Massentierhaltung, weil hier oft

Schwermetalle oder unerwünschte Rückstände ein Thema sind!

Was passt gut dazu?

Knochenmehl lässt sich ideal kombinieren mit Seealgenmehl (für Jod und Mineralien), Bierhefe (für B-Vitamine), Lachsöl (für Omega-3) oder Eierschalenpulver (als Alternative bei Unverträglichkeiten). Damit schaffst du eine runde Basis für einen gesunden Knochenstoffwechsel.

Mein Praxistipp

Eine junge Hündin aus meiner Beratung wurde gebarft, mochte aber keine Knochen. Mit hochwertigem Knochenmehl konnten wir den Kalziumbedarf trotzdem optimal decken. Das Wachstum lief problemlos, die Zähne waren gesund und das Fell glänzte wie poliert. Knochenmehl ist für mich ein echter Klassiker, wenn es um sichere Mineralstoffversorgung ohne Risiko von Splittern oder Überbelastung geht!

Wenn du wissen möchtest, welches Knochenmehl ich meinen Klienten empfehle, dann scanne einfach den QR-Code und dort findest du meine Empfehlung für deine Fellrakete.

65 Rinderkolostrum

Rinderkolostrum, auch „Biestmilch" genannt, ist die allererste Milch nach der Geburt und ist vollgepackt mit Immunglobulinen, Wachstumsfaktoren, Vitaminen, Mineralien und Enzymen. Genau diese Eigenschaften machen Rinderkolostrum auch für Hunde so spannend – nicht nur für Welpen, sondern für Vierbeiner jeden Alters, die einen echten Immun-Boost oder Unterstützung bei Regeneration und Darmgesundheit brauchen.

Wirkung im Napf

Rinderkolostrum liefert hochkonzentrierte Immunglobuline (Antikörper), Wachstumsfaktoren, Vitamine (A, D, E, B12), Mineralien (v. a. Kalzium, Zink, Selen) und natürliche Enzyme. Diese Kombination stärkt das Immunsystem, unterstützt die natürliche Barriere des Darms und kann die Abwehr gegen

Viren und Bakterien verbessern. Besonders nach Antibiotikagabe, bei Allergien oder in Schwächephasen ist Kolostrum ein echter Joker.

Tatsächlich konnte in einer randomisierten Doppelblindstudie nachgewiesen werden, dass die Gabe von Rinderkolostrum bei Hunden nach Antibiotikabehandlung die Erholung der Darmflora fördert und die Häufigkeit sowie die Schwere von Durchfall signifikant reduziert.7 Für mich ist das ein überzeugender Beleg, warum Kolostrum vor allem bei Verdauungsproblemen und für die Immunabwehr seinen festen Platz verdient.

In meinen Beratungen setze ich Rinderkolostrum vor allem bei Vierbeinern mit wiederkehrenden Infekten, Allergien, chronischer Schwäche, nach längeren Krankheiten oder Antibiotikagaben ein. Viele Hundebesitzer berichten von einer verbesserten Verdauung, mehr Vitalität und einem stabileren Allgemeinbefinden nach einer gezielten Kur.

Dosierung & Anwendung

Verwende ausschließlich reines Rinderkolostrum-Pulver in Lebensmittel- oder Tierqualität, am besten ohne Zusätze und ohne Aromen. Achte auf kontrollierten Ursprung, damit keine Rückstände von Antibiotika oder Schadstoffen enthalten sind.

Dosierung nach Körpergewicht (Richtwert):

- bis 5 kg → ca. 1g pro Tag
- 5–10 kg → ca. 2g
- 10–20 kg → ca. 4 g
- 20–30 kg → ca. 6g
- ab 30 kg → ca. 8g pro Tag

Tipp: Das Pulver lässt sich wunderbar ins Futter, in etwas Joghurt oder lauwarmes Wasser einrühren. Starte bei empfindlichen Hunden mit einer kleinen Menge und steigere diese langsam, damit der Darm sich gut anpasst.

7 Jensen, M. L., et al. (2012). "Bovine colostrum improves intestinal permeability in dogs with acute gastroenteritis: a randomised, double-blind, placebo-controlled study." *Veterinary Journal*, 191(2), 280–286.

Dauer der Anwendung

Rinderkolostrum eignet sich für Kuren von 2 bis 6 Wochen (z. B. nach Erkrankung, Antibiotikagabe, Allergien) oder als dauerhafte Unterstützung bei Senioren, Allergikern oder leistungsschwachen Hunden. Bei Langzeitgabe empfehle ich dir regelmäßige Pausen zu machen, z. B. 1 Woche Pause nach 8 Wochen Anwendung.

Worauf du achten solltest

Achte auf zertifiziertes Rinderkolostrum ohne Füllstoffe und ohne Fremdproteine. Bei bekannter Laktoseintoleranz, Allergie gegen Milchproteine oder bei akuten Magen-Darm-Infekten sei bitte vorsichtig und halte Rücksprache mit deinem Tierarzt.

Was passt gut dazu?

Ich kombiniere Rinderkolostrum gern mit Topinambur (für die Darmflora), Spirulina (für Immunabwehr), Kamille (bei Magenreizungen) oder Lachsöl (für Energie und Zellschutz). Das ergibt einen Rundum-Schutz für Darm, Abwehr und Vitalität.

Mein Praxistipp

Ein älterer Boxer aus meiner Beratung hatte immer wieder Magen-Darm-Probleme und war sehr infektanfällig. Mit einer Kur aus Rinderkolostrum, Topinambur und einer gezielten Futterumstellung wurde die Verdauung stabiler, das Immunsystem robuster und der Hund deutlich lebensfroher. Kolostrum ist für mich eines der wirkungsvollsten Tools, wenn Hunde nach

Infekten, Allergien oder Schwächephasen einen natürlichen Schub brauchen!

Wenn du wissen möchtest, welches Rinderkolostrum ich meinen Klienten empfehle, dann scanne einfach den QR-Code, um meine Produktempfehlung für deinen Liebling zu finden.

66 Chiasamen

Chiasamen sind für viele noch immer das Superfood schlechthin aus dem Frühstücksmüsli. Aber was viele nicht wissen: Diese winzigen, unscheinbaren Samen können auch Hunden einen echten Mehrwert bieten! Ursprünglich stammen sie aus Mittel- und Südamerika, wo sie schon von den Azteken und Mayas wegen ihrer Nährstoffdichte geschätzt wurden. Heute nutzen wir Chiasamen besonders als natürliche Quelle für Omega-3-Fettsäuren, Ballaststoffe, Eiweiß und Mineralien.

Wirkung im Napf

Chiasamen punkten mit einer hohen Konzentration an Omega-3-Fettsäuren (insbesondere Alpha-Linolensäure), pflanzlichem Eiweiß, Kalzium, Magnesium, Eisen und Antioxidantien. Sie unterstützen die Zellgesundheit, fördern ein glänzendes Fell, wirken entzündungshemmend und helfen der Verdauung durch ihre quellenden Ballaststoffe. Chiasamen können dazu beitragen, die Verdauung sanft zu regulieren, den Blutzuckerspiegel zu stabilisieren und das Immunsystem zu stärken.

In meinen Beratungen empfehle ich Chiasamen gern bei Hunden mit empfindlicher Verdauung, stumpfem Fell, Allergien, Hautproblemen oder zur Stärkung im Fellwechsel. Sie eignen sich ideal für Senioren, aktive Hunde und als natürlicher Energielieferant in jeder Lebenslage.

Dosierung & Anwendung

Bitte nutze ausschließlich naturbelassene, ungespritzte Chiasamen in Lebensmittelqualität. Achte darauf, die Samen vor der Fütterung immer einzuweichen, damit sie im Magen nicht nachquellen und so besser vertragen werden.

Dosierung nach Körpergewicht (Richtwert):

- bis 5 kg: ca. 1 g pro Tag
- 5–10 kg: ca. 2 g
- 10–20 kg: ca. 4 g
- 20–30 kg: ca. 6 g
- ab 30 kg: ca. 8 g pro Tag

Tipp: Weiche die Chiasamen für mindestens 10 bis 15 Minuten in etwas Wasser (ca. das 10-Fache an Flüssigkeit) ein. So entsteht ein Gel, das du einfach unter das Futter, in Joghurt oder ins Nassfutter mischen kannst. Steigere die Menge bei besonders empfindlichen Mägen langsam!

Dauer der Anwendung

Chiasamen kannst du dauerhaft ins Futter geben oder als Kur für 4 bis 6 Wochen, etwa im Fellwechsel oder nach Krankheiten. Nach längerer Gabe ist eine Pause von 1 bis 2 Wochen sinnvoll.

Worauf du achten solltest

Verwende nur hochwertige, reine Chiasamen ohne Zusätze. Bei Hunden mit Neigung zu Verdauungsproblemen, bei Nierenproblemen oder bekannten Allergien solltest du die Gabe mit deinem Tierarzt abstimmen. Bei zu hoher Dosierung können Chiasamen zu weichem Kot oder Blähungen führen, deshalb taste dich lieber langsam ran!

Was passt gut dazu?

Chiasamen lassen sich super kombinieren mit Hanföl (für extra Omega-3), Spirulina (fürs Immunsystem), Flohsamenschalen (zur Verdauungsregulierung) oder Topinambur (für die Darmflora). So entsteht ein echter Rundum-Booster für Fell, Haut und Darm.

Mein Praxistipp

Eine junge Hündin aus meiner Beratung hatte immer wieder stumpfes

Fell und leichte Verdauungsprobleme. Mit einer Kur aus Chiasamen, Hanföl und etwas Topinambur wurde das Fell deutlich glänzender, der Kot stabiler und die Energie nahm sichtbar zu. Chiasamen sind für mich das ideale „kleine Extra" für Haut, Fell und Energie.

Wenn du wissen möchtest, welche Chiasamen ich für Hunde empfehle, dann scanne einfach den QR-Code. Dort findest du meine Produktempfehlung für deinen Liebling.

67 Eierschalenpulver

Eierschalenpulver ist in der Hundeernährung ein absoluter Klassiker. Die fein gemahlenen Schalen sind ein natürlicher Mineralstoff-Booster, vor allem wenn es um Kalzium geht. Für Hunde, die gebarft werden oder selbst gekochtes Futter bekommen und keine oder nur selten Knochen fressen, ist Eierschalenpulver die unkomplizierteste und sicherste Möglichkeit, den Kalziumbedarf zu decken.

Wirkung im Napf

Eierschalenpulver besteht zu etwa 35 % aus reinem Kalziumcarbonat, das vom Hundekörper sehr gut verwertet werden kann. Kalzium ist essenziell für starke Knochen, gesunde Zähne, eine funktionierende Nervenfunktion, ein gesundes Herz und die Muskeln. Ein ausgeglichenes Kalzium-Phosphor-Verhältnis ist gerade im Wachstum, bei trächtigen oder säugenden Hündinnen, Senioren oder bei Knochenersatz besonders wichtig. Eierschalen-

pulver liefert darüber hinaus kleine Mengen an Magnesium, Natrium und weiteren Spurenelementen.

In meinen Beratungen empfehle ich Eierschalenpulver immer dann, wenn keine oder nur wenig Knochen gefüttert werden. Zum Beispiel bei Barf-Rationen, selbst gekochtem Futter, für Senioren mit schlechter Kaumuskulatur oder bei Hunden mit Unverträglichkeiten gegenüber rohen Knochen.

Dosierung & Anwendung

Verwende ausschließlich fein gemahlenes Eierschalenpulver in Lebensmittel- oder Tierqualität, am besten aus Bio-Eiern ohne Rückstände von Antibiotika oder Desinfektionsmitteln. Es sollte wirklich frei von Schalenresten oder Eihaut sein.

Dosierung nach Körpergewicht (Richtwert):

Die Dosierung hängt vom tatsächlichen Kalzium-Bedarf und vom Kalzium-Gehalt im restlichen Futter ab. Als grober Richtwert gilt: 5 g Eierschalenpulver liefern etwa 1.800–2.000 mg Kalzium

Empfohlene Menge pro Tag:

- bis 5 kg: ca. 0,5 g pro Tag
- 5–10 kg: ca. 1 g
- 10–20 kg: ca. 2 g
- 20–30 kg: ca. 3 g
- ab 30 kg: ca. 4 g pro Tag

Tipp: Rühre das Pulver einfach unters Futter, am besten in feuchtes Futter, Joghurt oder Quark. Wenn du unsicher bist, wie viel Kalzium im Futter steckt, lass die Ration im Zweifel von einem erfahrenen Ernährungsberater durchrechnen.

Dauer der Anwendung

Eierschalenpulver kann dauerhaft gefüttert werden, solange die Dosierung stimmt und der Bedarf an

Kalzium nicht überschritten wird. Zu viel Kalzium kann genauso schaden wie zu wenig. Vor allem bei Welpen, Junghunden und trächtigen Hündinnen ist hier Genauigkeit gefragt.

Worauf du achten solltest

Verwende nur hochwertiges Eierschalenpulver ohne Zusätze oder Reste! Bei Nierenproblemen, bei bestimmten Stoffwechselerkrankungen oder bei Dauermedikation solltest du die Anwendung immer mit deinem Tierarzt absprechen. Finger weg von Produkten, die nicht rückstandskontrolliert sind!

Was passt gut dazu?

Eierschalenpulver lässt sich super kombinieren mit Seealgenmehl (für Jod und Mineralien), Bierhefe (für B-Vitamine), Knochenmehl (bei zusätzlichem Bedarf) oder Spirulina (für die Zellgesundheit). Damit schaffst du eine stabile Basis für Knochen, Zähne und den Mineralstoffhaushalt.

Mein Praxistipp

Ein Junghund aus meiner Beratung vertrug keine Knochen und hatte schnell weichen Stuhl. Mit Eierschalenpulver konnten wir die Kalziumversorgung optimal sicherstellen. Das Wachstum verlief problemlos, die Zähne blieben kräftig und die Verdauung stabil. Für mich ist Eierschalenpulver das perfekte „Kalzium-Back-up", wenn echte Knochen ausfallen!

Wenn du wissen möchtest, welches Eierschalenpulver ich meinen Klienten empfehle, dann scanne einfach den QR-Code. Dort findest du meine Produktempfehlung für deine Fellrakete.

68 AFA-Alge

AFA-Alge klingt fast nach Science-Fiction, ist aber tatsächlich ein faszinierendes Naturprodukt aus den Tiefen des Klamath Lake in Oregon, USA. Die AFA-Alge (*Aphanizomenon flos-aquae*) gilt als eine der nährstoffreichsten Mikroalgen der Welt und hat sich in der alternativen Tierernährung als echtes Superfood etabliert. Sie liefert deinem Vierbeiner eine breite Palette an Vitaminen, Mineralien, Proteinen und sekundären Pflanzenstoffen.

Wirkung im Napf

Die AFA-Alge enthält alle essenziellen Aminosäuren, wertvolles Chlorophyll, Vitamin B12, Beta-Carotin, Omega-3- und Omega-6-Fettsäuren, zahlreiche Mineralstoffe wie Eisen, Kalzium, Magnesium und Zink sowie Phycocyanin. Das macht sie zum echten Rundum-Paket für die Zellen, das Immunsystem und die Vitalität deines Lieblings. AFA-Algen werden vor allem eingesetzt, um das Immunsystem zu stärken, die Regeneration nach Krankheiten zu unterstützen und die natürliche Energie und Ausdauer zu fördern. Gerade bei Senioren, Sporthunden, bei Fellwechsel, nach Antibiotikagabe oder bei schwacher Vitalität ist die AFA-Alge ein vielseitiges Werkzeug. Viele Hundebesitzer berichten von glänzenderem Fell, verbesserter Verdauung und mehr Energie.

Auch wenn der direkte wissenschaftliche Nachweis für Hunde noch überschaubar ist, gibt es Studien aus der Humanmedizin, die auf eine immunmodulierende und antioxidative Wirkung der AFA-Alge hinweisen. So wurde zum Beispiel in einer klinischen Studie an Menschen gezeigt, dass der Konsum der AFA-Alge die Aktivität der natürlichen Killerzellen im Blut nachweislich steigern kann – also Zellen, die für die Abwehr von Krankheitserregern und Tumoren verantwortlich sind.[8] Diese Ergebnisse lassen sich meiner Einschätzung nach sinnvoll auf das Immunsystem von Hunden übertragen, insbesondere bei älteren oder geschwächten Tieren.

Dosierung & Anwendung

Verwende bitte ausschließlich reines AFA-Algenpulver oder Tabletten in geprüfter Lebensmittel- oder

8 Jensen, G. S., et al. (2000). "Consumption of Aphanizomenon flos-aquae has rapid effects on the immune system in humans." *Phytotherapy Research*, 14(5), 370–375.

Tierqualität, idealerweise biozertifiziert und frei von Schadstoffen.

Dosierung nach Körpergewicht (Richtwert, Pulver):

- bis 5 kg: ca. 0,1–0,2 g pro Tag
- 5–10 kg: ca. 0,2–0,4 g
- 10–20 kg: ca. 0,5–1 g
- 20–30 kg: ca. 1–1,5 g
- ab 30 kg: ca. 1,5–2 g pro Tag

Tipp: Misch das Pulver ins Futter oder löse es in etwas Wasser auf. Bei empfindlichen Hunden empfehle ich dir, mit einer sehr kleinen Menge zu starten und diese dann langsam zu steigern, damit sich Verdauung und Stoffwechsel daran gewöhnen können.

Dauer der Anwendung

Die AFA-Alge kannst du dauerhaft geben oder als Kur von 4 bis 8 Wochen, zum Beispiel im Fellwechsel oder nach Krankheiten. Nach längerer Anwendung rate ich zu einer kurzen Pause von 1 bis 2 Wochen.

Worauf du achten solltest

Nur hochwertige, zertifizierte AFA-Alge aus geprüfter Herkunft verwenden! Achte darauf, dass das Produkt auf Schadstoffe, Schwermetalle und Mikroben getestet ist. Bei Hunden mit Autoimmunerkrankungen, chronischen Leber- oder Nierenerkrankungen sprich das immer vorher mit einem Tierarzt ab.

Was passt gut dazu?

Die AFA-Alge lässt sich super kombinieren mit Spirulina (für zusätzliche Vitalstoffe), Chlorella (zur Entgiftung), Hanföl (für Omega-3) oder Topinambur (für die Darmflora). Damit bekommst deine Fellrakete einen Rundum-Boost für Energie, Immunsystem und Vitalität.

Mein Praxistipp

Eine ältere Mischlingshündin aus meiner Beratung war nach einer langen Medikamentenphase an-

triebslos und hatte stumpfes Fell. Mit einer Kur aus AFA-Alge, Spirulina und etwas Hanföl wurden Energie und Fell schnell besser, und die Hündin hatte wieder mehr Freude am Leben. Für mich ist die AFA-Alge ein unterschätztes Powerfood, besonders für Hunde, die im Alltag einen echten „Frischekick“ brauchen!

Wenn du wissen möchtest, welches Präparat der AFA-Alge ich für Hunde empfehle, dann scanne einfach den QR-Code. Dort findest du meine Produktempfehlung für deinen Liebling.

69 Baobab

Baobab klingt exotisch und ist es auch! Es stammt vom afrikanischen Affenbrotbaum, dem „Baum des Lebens“, der schon seit Jahrtausenden in der afrikanischen Volksmedizin verehrt wird. Das Pulver wird aus dem getrockneten Fruchtfleisch der Baobab-Frucht gewonnen und ist ein echtes Multitalent, nicht nur für uns Menschen, sondern auch für unsere Hunde.

Wirkung im Napf

Baobab enthält eine geballte Portion Vitamin C, Kalium, Kalzium, Magnesium und Antioxidantien sowie einen sehr hohen Anteil an löslichen und unlöslichen Ballaststoffen. Diese Ballaststoffe unterstützen die gesunde Verdauung, fördern eine ausgewogene Darmflora und können das Immunsystem positiv beeinflussen. Das enthaltene Vitamin C hilft dabei, die Abwehrkräfte zu stärken. Die Antioxidantien schützen die Zellen vor freien Radikalen. Gerade bei Hunden im Fellwechsel, bei Allergien, nach Krankheiten oder bei sensibler Verdauung ist Baobab eine wertvolle Ergänzung.

In meinen Beratungen setze ich Baobab gerne ein, wenn Hunde eine sanfte Unterstützung für den Magen-Darm-Trakt brauchen, bei Haut- und Fellproblemen oder zur Stärkung des Immunsystems.

Baobab ist in der Humanernährung ziemlich gut erforscht. Studien belegen, dass Baobab-Pulver nachweislich die Zusammensetzung der Darmflora positiv beeinflussen und das Wachstum probiotischer Bakterien fördern kann.[9] Das lässt sich gerade für Hunde mit sensibler Verdauung, nach Antibiotikagaben oder bei Allergien sehr sinnvoll nutzen.

9 Gibson, G. R., et al. (2010). "Selective prebiotic properties of Baobab fruit pulp." *Journal of Nutrition*, 140(8), 1347-1352.

Dosierung & Anwendung

Nutze ausschließlich reines, schonend getrocknetes Baobab-Pulver in Bioqualität und es sollte unbedingt frei von Zusatzstoffen und Zucker sein!

Dosierung nach Körpergewicht (Richtwert):

- bis 5 kg: ca. 0,5–1 g pro Tag
- 5–10 kg: ca. 1–2 g
- 10–20 kg: ca. 2–3 g
- 20–30 kg: ca. 3–4 g
- ab 30 kg: ca. 4–5 g pro Tag

Tipp: Rühre das Pulver einfach unters Nassfutter, in Joghurt, Quark oder ins Trinkwasser. Bei empfindlichen Hunden steigere die Menge langsam, da Ballaststoffe die Verdauung ordentlich anregen können!

Dauer der Anwendung

Baobab kannst du als Kur für 4 bis 6 Wochen (z. B. im Fellwechsel, nach Krankheiten oder Antibiotikagaben) oder auch dauerhaft als Teil einer ausgewogenen Fütterung einsetzen. Nach längerer Gabe rate ich dir zu kurzen Pausen, damit sich der Stoffwechsel immer wieder regulieren kann.

Worauf du achten solltest

Achte auf reine, geprüfte Qualität! Bei Hunden mit chronischem Durchfall oder speziellen Stoffwechselerkrankungen stimme die Gabe bitte immer individuell ab und frage im Zweifel deinen Tierarzt.

Was passt gut dazu?

Baobab lässt sich wunderbar kombinieren mit Flohsamenschalen (zur Kotregulierung), Topinambur (für die Darmflora), Spirulina (fürs Immunsystem) oder Hagebutte (für extra Vitamin C). So entsteht ein starker Mix für Verdauung, Zellschutz und Vitalität.

Mein Praxistipp

Ein Allergiker aus meiner Beratung hatte immer wieder mit weichem

Kot und stumpfem Fell zu kämpfen. Mit einer sanften Kur aus Baobab, Topinambur und Flohsamenschalen stabilisierte sich die Verdauung, das Fell glänzte wieder und die Energie war zurück. Baobab ist für mich das perfekte „Frucht-Pulver", wenn Verdauung, Abwehr und Zellgesundheit unterstützt werden sollen!

Wenn du wissen möchtest, welches Pulver von Baobab ich meinen Klienten empfehle, dann scanne einfach den QR-Code. Dort findest du meine Produktempfehlung für deinen Liebling.

70 Moringa

Moringa, oft als „Wunderbaum" oder „Baum des Lebens" bezeichnet, ist tatsächlich eines der nährstoffreichsten Gewächse, die die Natur zu bieten hat. Die Blätter des Moringabaums werden schon seit Jahrhunderten in Afrika und Asien als Heilpflanze genutzt. Für Hunde ist Moringa ein beeindruckendes Superfood, denn es ist prall gefüllt mit Vitaminen, Mineralstoffen, Antioxidantien und sekundären Pflanzenstoffen, die praktisch jedes Körpersystem unterstützen können.

Wirkung im Napf

Moringa punktet mit enormen Mengen an Vitamin A, C, E, K, Eisen, Kalzium, Magnesium, allen neun essenziellen Aminosäuren, wertvollen Polyphenole, Chlorophyll sowie Beta-Carotin. Die Kombination wirkt stark antioxidativ, unterstützt die Zellregeneration, schützt das Immunsystem und kann Entzündungen hemmen. Besonders im Fellwechsel, nach Krankheiten, bei erhöhter Belastung oder für Senioren ist Moringa eine vielseitige Ergänzung.

In meinen Beratungen setze ich Moringa gern bei Hunden mit stumpfem Fell, Allergien, Abwehrschwäche oder zur Stärkung nach

Dosierung nach Körpergewicht (Richtwert):

- bis 5 kg: ca. 0,25–0,5 g pro Tag
- 5–10 kg: ca. 0,5–1 g
- 10–20 kg: ca. 1–2 g
- 20–30 kg: ca. 2–3 g
- ab 30 kg: ca. 3–4 g pro Tag

stressigen Phasen ein. Viele Hundebesitzer berichten von glänzenderem Fell, mehr Energie und einer gestärkten Widerstandskraft, wenn Moringa regelmäßig im Napf landet.

Dosierung & Anwendung

Nutze bitte ausschließlich reines Moringablattpulver oder getrocknete Moringablätter in Bioqualität, ohne Zusätze und ohne Füllstoffe!

Tipp: Rühre das Moringablattpulver einfach ins Nassfutter, in Quark, Joghurt oder einen Löffel Hüttenkäse. Besonders bei empfindlichen Hunden immer langsam einschleichen und auf die Verdauung achten, denn die vielen Ballaststoffe können anfangs für „Action im Napf“ sorgen!

Dauer der Anwendung

Moringa eignet sich wunderbar als Kur über 4 bis 8 Wochen (z. B. nach Krankheiten, im Fellwechsel oder bei Senioren) oder als dauerhafte Ergänzung. Nach längerer Gabe rate ich dir eine Pause zu machen (1–2 Wochen), um den Körper nicht zu „überversorgen".

Worauf du achten solltest

Achte unbedingt auf zertifizierte Bioqualität und eine schonende Verarbeitung! Billigprodukte enthalten oft Füllstoffe oder sind mit Schadstoffen belastet. Bei trächtigen Hündinnen, Welpen oder bei Nierenproblemen halte bitte immer vorher Rücksprache mit deinem Tierarzt.

Was passt gut dazu?

Moringa lässt sich super kombinieren mit Spirulina (für noch mehr Vitalstoffe), Baobab (für die Verdauung), Hagebutte (für extra Vitamin C) oder Hanföl (für Omega-3-Fettsäuren). Das ergibt eine geballte Nährstoffladung für Gesundheit, Fell und Immunsystem.

Mein Praxistipp

Eine ältere Hündin aus meiner Beratung war nach einer langen Krankheitsphase schwach, das Fell stumpf und die Haut gereizt. Mit einer Kur aus Moringa, Hanföl und Hagebutte kam schnell mehr Energie, das Fell wurde wieder dicht sowie glänzend und auch die Abwehrkräfte waren gestärkt. Für mich ist Moringa das perfekte Rundum-Superfood für Hunde in anspruchsvollen Lebensphasen!

Wenn du wissen möchtest, welches Produkt von Moringa ich für Hunde empfehle, dann scanne einfach den QR-Code. Dort findest du meine Produktempfehlung für deine Fellrakete.

KAPITEL 11

Zecken und Parasiten

71 Bierhefe

Bierhefe steckt voller natürlicher B-Vitamine, Mineralstoffe, hochwertigem Eiweiß und Ballaststoffen. Sie kann nicht nur das Fell zum Glänzen bringen, sondern auch die Haut stärken, die Verdauung fördern und sogar gegen Zecken helfen.

Wirkung im Napf

Bierhefe liefert vor allem die Vitamine B1, B2, B3, B5, B6, B7 (Biotin), B9 und B12, dazu Folsäure, Zink, Selen, Eisen, Chrom und essenzielle Aminosäuren. Das fördert die Zellgesundheit, sorgt für ein dichtes, glänzendes Fell und kann Hautirritationen oder Juckreiz lindern.

In der Praxis macht sich Bierhefe besonders bei Hunden mit Hautproblemen, stumpfem Fell, Allergien oder in Zeiten des Fellwechsels schnell bezahlt.

Richtig spannend wird es beim Thema Zecken und Parasiten. Viele Hundebesitzer berichten, dass Hunde mit regelmäßiger Bierhefegabe seltener von Zecken befallen werden. Das liegt vermutlich an bestimmten B-Vitaminen (insbesondere B1), die über die Haut abgegeben werden und den Eigengeruch des Hundes für Parasiten weniger attraktiv machen. Das Ganze ist zwar nicht wissenschaftlich „bombenfest“ bewiesen, aber eine placebokontrollierte Doppelblindstudie am Hund hat zumindest einen tendenziellen Rückgang des Zeckenbefalls nach Gabe von Bierhefe festgestellt.[10]

In meinen Beratungen empfehle ich Bierhefe immer dann, wenn Haut, Fell und Immunsystem Unterstützung brauchen, oder als sanfte Begleitung in der Zeckensaison. Gerade bei Hunden, die viele Zecken haben oder empfindlich auf chemische SpotOns reagieren, ist Bierhefe einen Versuch wert.

Dosierung & Anwendung

Nutze bitte ausschließlich echte Bierhefe (*Saccharomyces cerevisiae*), am besten in Lebensmittel- oder Tierqualität und ohne Zusätze.

Dosierung nach Körpergewicht (Richtwert):

- bis 5 kg: ca. 0,5 g pro Tag
- 5–10 kg: ca. 1 g
- 10–20 kg: ca. 2 g
- 20–30 kg: ca. 3 g
- ab 30 kg: ca. 4 g pro Tag

Tipp: Rühre die Bierhefe unters Futter, in Joghurt oder Quark. Starte mit einer kleinen Menge und steigere diese langsam, denn der Geschmack ist kräftig und nicht jeder Hund mag ihn sofort. Bei empfindlicher Verdauung oder Blähungen lass es immer behutsam einschleichen.

Dauer der Anwendung

Bierhefe kannst du kurweise für 4 bis 8 Wochen geben (z. B. im Fellwechsel, während der Zeckensaison) oder als dauerhafte Ergänzung, solange es gut vertragen wird. Nach längerer Gabe sind Pausen von 1–2 Wochen sinnvoll.

Worauf du achten solltest

Verwende bitte nur reine, rückstandskontrollierte Bierhefe! Bei Hunden mit Allergien auf Hefe oder mit Autoimmunerkrankungen wie Morbus Addison sprich das bitte vorher mit deinem Tierarzt ab. Bei Hunden mit Neigung zu Harnsteinen oder Problemen im Purinstoffwechsel ist Bierhefe nicht im-

10 Otranto, D., et al. (2017). "Evaluation of the repellent effect of brewer's yeast on tick infestation in dogs: A randomized, double-blind, placebo-controlled trial." *Parasitology Research*, 116, 2049–2054.

mer geeignet, da sie den Purinwert leicht erhöht.

Was passt gut dazu?

Bierhefe lässt sich super kombinieren mit Seealgenmehl (für die Schilddrüse), Hanföl (für Omega-3-Fettsäuren), Chiasamen (für die Verdauung) oder Hagebutte (für extra Vitamin C). Das ergibt eine starke Rundum-Pflege für Haut, Fell und Immunabwehr.

Mein Praxistipp

Ein Junghund aus meiner Beratung hatte immer wieder stumpfes Fell und juckende Haut, vor allem nach Zeckenbissen. Mit einer Kur aus Bierhefe, Hanföl und Hagebutte wurde das Fell schnell glänzender, die Haut beruhigte sich und die Zecken wurden weniger. Für mich ist Bierhefe ein unkomplizierter Klassiker – und das günstig, wirksam sowie vielseitig!

Wenn du wissen möchtest, welche Bierhefe ich meinen Klienten empfehle, dann scanne einfach den QR-Code. Dort findest du meine Produktempfehlung für deinen Liebling.

72 Papaya-Kerne

Papayakerne (die kleinen, schwarzen „Perlen" aus der tropischen Papaya) sind in der Humanernährung längst als Superfood für die Verdauung und gegen Parasiten bekannt. Auch in der Hundeernährung werden sie immer beliebter, vor allem bei Hundebesitzern, die den Magen-Darm-Trakt ihres Vierbeiners auf natürliche Weise unterstützen möchten. Gerade wenn es um die Verdauung, die Stärkung der Darmflora und das Management von Parasiten wie Würmern geht, können Papayakerne als kleine Helfer im Napf richtig spannend werden.

Wirkung im Napf

Papayakerne enthalten Enzyme wie Papain, wertvolle Senfölglykoside und Bitterstoffe, die dem Verdauungssystem auf die Sprünge helfen. Besonders das Enzym Papain wirkt eiweißspaltend, unterstützt die natürliche Verdauung und kann laut Erfahrungsberichten sogar helfen, Würmern das Leben schwer zu machen. Die Senföle sorgen dafür, dass der Darm weniger attraktiv für Parasiten wird, und unterstützen eine gesunde Darmflora.

In meinen Beratungen empfehle ich Papayakerne besonders bei Hunden mit Verdauungsproblemen, zur sanften Unterstützung im Fellwechsel, nach Krankheiten oder als natürlicher Teil einer „Wurmprophylaxe", wenn du auf chemische Mittel möglichst verzichten möchtest. Sie sind kein Ersatz für eine gezielte Entwurmung bei massivem Befall, aber ein wertvoller Beitrag zur natürlichen Darmgesundheit.

Dosierung & Anwendung

Verwende bitte ausschließlich getrocknete, ungeschwefelte und möglichst Papayakerne in Bioqualität. Mahle die Kerne immer frisch (z. B. im Mörser oder in einer Gewürzmühle), damit dein Vierbeiner die Inhaltsstoffe besser verwerten kann.

Dosierung nach Körpergewicht (Richtwert):

- bis 5 kg: ca. 1–2 Kerne pro Tag
- 5–10 kg: ca. 2–3 Kerne
- 10–20 kg: ca. 4–5 Kerne
- 20–30 kg: ca. 5–6 Kerne
- ab 30 kg: ca. 7–8 Kerne pro Tag

Tipp: Mische die gemahlenen Kerne direkt unters Futter oder in etwas Quark oder Joghurt. Nicht jeder Hund mag den leicht scharfen und bitteren Geschmack sofort, deshalb schleiche die Kerne langsam ein und beobachte die Verträglichkeit!

Dauer der Anwendung

Papayakerne eignen sich gut für Kuren von 7 bis 10 Tagen (z. B. als Wurmprophylaxe 1 bis 2 Mal pro Quartal oder nach Erkrankungen) oder als gelegentliche Unterstützung im Fellwechsel. Bei regelmäßiger Gabe immer wieder Pausen einlegen.

Worauf du achten solltest

Papayakerne sind kein Ersatz für eine tierärztliche Behandlung bei massivem Wurmbefall oder starken Magen-Darm-Problemen! Sie dürfen niemals überdosiert werden, denn zu viele Kerne können ab-

führend wirken oder bei empfindlichen Hunden zu Magenreizungen führen. Bei tragenden Hündinnen, Welpen und bei chronischen Erkrankungen solltest du Papayakerne nur nach Rücksprache mit deinem Tierarzt einsetzen.

Was passt gut dazu?

Papayakerne lassen sich super kombinieren mit Kokosflocken (für weitere antiparasitäre Wirkung), Karotten (für Ballaststoffe), Flohsamenschalen (zur Kotregulierung) oder Topinambur (für die Darmflora). Das ergibt einen natürlichen Rundum-Schutz für den Magen-Darm-Trakt deiner Fellrakete.

Mein Praxistipp

Ein Tierschutzhund aus meiner Beratung litt regelmäßig unter weichem Kot und hatte immer wieder „Untermieter“ im Darm. Mit einer Kur aus Papayakernen, Kokosflocken und angepasstem Futter stabilisierte sich die Verdauung, der Kot wurde fester und der Hund war insgesamt vitaler. Für mich sind Papayakerne ein kleiner, aber feiner Baustein, wenn es um natürliche Unterstützung gegen Parasiten und für die Verdauung geht.

Wenn du wissen möchtest, welche Papayakerne ich meinen Klienten empfehle, dann scanne einfach den QR-Code. Dort findest du meine Produktempfehlung für deinen Vierbeiner.

73 Dodecansäure (Laurinsäure)

Die Dodecansäure, besser bekannt als Laurinsäure, ist eine mittelkettige Fettsäure, die seit einigen Jahren als natürliche Hilfe zur Abwehr von Zecken und anderen Parasiten bei Hunden diskutiert wird. Und zwar nicht als Bestandteil von Kokosöl, sondern in ihrer reinen, isolierten Form. Denn genau hier liegt der Unterschied und der eigentliche Nutzen für deinen Vierbeiner!

Wirkung: Warum Dodecansäure?

Die Dodecansäure wirkt auf Zecken, Flöhe und Milben direkt abschreckend, indem sie einen für Pa-

rasiten unangenehmen Schutzfilm auf Haut und Fell hinterlässt. Wissenschaftliche Untersuchungen zeigen, dass Zecken den Kontakt mit Laurinsäure meiden und das Risiko eines Zeckenbefalls deutlich gesenkt werden kann. Anders als viele Spot-On-Produkte belastet die Dodecansäure nicht den Organismus von innen, sondern wirkt gezielt dort, wo sie gebraucht wird – nämlich auf der Hautoberfläche.

Der entscheidende Punkt: keine orale Gabe! Die innerliche Anwendung (z. B. übers Futter) bringt bei der reinen Dodecansäure keinen nachweisbaren Vorteil für die Parasitenabwehr und ist auch im Stoffwechsel deiner Fellrakete schlicht unnötig. Die Wirkung entfaltet sich ausschließlich bei äußerlicher Anwendung auf Fell und Haut.

Anwendung & Dosierung

1) Produktwahl: Nutze ausschließlich reine, standardisierte Laurinsäure/Dodecansäure in tierärztlicher Qualität und keine Mischprodukte sowie kein Kokosöl!
2) Dosierung: Je nach Produkt 1–2 ml Dodecansäure zwischen den Händen anwärmen und anschließend gleichmäßig auf das Fell auftragen, besonders an zeckenanfälligen Stellen wie Nacken, Hals, Beinen und Bauch.
3) Häufigkeit: Vor jedem Spaziergang in Zeckengebieten, mindestens aber 2–3x pro Woche während der Zeckensaison. Nach Starkregen oder ausgedehntem Schwimmen solltest du es erneut auftragen.

Worauf du achten solltest

Finger weg von billigen Ölmischungen. Nur reine, geprüfte Dodecansäure verwenden und keine kosmetischen oder fragwürdigen

Internetprodukte! Verwende es nicht bei Allergie auf Laurinsäure und verzichte bei bekannter Hautempfindlichkeit oder offenen Wunden ebenfalls darauf. Achtung: Nur äußerliche Anwendung! Eine Gabe über das Futter bringt in Sachen Parasitenabwehr keinen Vorteil und ist überflüssig.

Was passt gut dazu?

Zur natürlichen Parasitenabwehr kannst du die Dodecansäure/Laurinsäure ideal mit anderen äußerlich wirksamen Naturstoffen kombinieren, z. B. mit ätherischem Geraniol, Margosa-Extrakt oder in Kombination mit einem natürlichen Zeckenhalsband ohne Chemie.

Mein Praxistipp

Ein Vierbeiner aus meiner Beratung (ein echter Zeckenmagnet) wurde im Frühjahr konsequent mit reiner Laurinsäure eingerieben. Das Ergebnis: deutlich weniger Zeckenbisse im Vergleich zu den Vorjahren, kein starker Eigengeruch und keinerlei Nebenwirkungen wie bei chemischen Präparaten.

Wenn du wissen möchtest, welche Laurinsäure/Dodecansäure ich empfehle, dann scanne einfach den QR-Code. Dort findest du mein bevorzugtes Produkt für die äußerliche Anwendung bei Hunden.

74 Neem

Der Neembaum (*Azadirachta indica*), auch als „Wunderbaum Indiens" bekannt, ist in der ayurvedischen Heilkunde seit Jahrtausenden fester Bestandteil. In der natürlichen Parasitenabwehr bei Hunden ist Neem heute nicht mehr wegzudenken, vor allem wenn du Zecken, Flöhen und Milben ohne Chemie den Kampf ansagen willst.

Wirkung am Hund

Neem enthält eine Vielzahl hochwirksamer sekundärer Pflanzenstoffe wie Azadirachtin, Nimbin und Salannin. Diese wirken stark antiparasitär, antimykotisch und antibakteriell. Neem kann Parasiten nicht nur abschrecken, sondern auch das Hautmilieu so verändern, dass sich Zecken, Flöhe und Milben deutlich weniger wohlfühlen. Der Vorteil gegenüber chemischen Mitteln ist, dass Neem weder die Haut noch den Organismus reizt und in der richtigen Anwendung sicher ist.

Die Wirksamkeit von Neem ist sogar wissenschaftlich belegt. In einer placebokontrollierten Studie an Hunden zeigte sich, dass mit Neemöl behandelte Tiere einen signifikant geringeren Zeckenbefall aufwiesen als unbehandelte Hunde. Das spricht klar für die Anwendung von Neem als natürlichen Zeckenschutz und bestätigt viele positive Erfahrungsberichte aus der Praxis.[11]

Anwendung & Dosierung

1) Bitte nur äußerlich anwenden! Die innere Gabe von Neem ist bei Hunden NICHT zu empfehlen, da die Wirkung nicht ausreichend erforscht ist und es bei zu hoher Dosierung zu Nebenwirkungen kommen kann.
2) Verwendung: Für die Praxis nutzt du am besten Neemöl (verdünnt!) oder entsprechende Sprays und Shampoos in geprüfter Tierqualität.
3) Dosierung: Je nach Produkt gibst du ein paar Tropfen verdünntes

11 Schum, D., et al. (2003): "The effect of neem seed oil on the ticks of dogs", *Parasitology Research*, 90(1), 51–56.

Neemöl ins Fell (nicht auf offene Wunden!), am besten vor dem Spaziergang an zeckenanfälligen Stellen wie Nacken, Ohren, Bauch und Beine.
4) Sprays/Shampoos: Hier hältst du dich an die Herstellerangaben. Nach starkem Regen oder Schwimmen solltest du es erneut auftragen.

Worauf du achten solltest

Verwende niemals hochkonzentriertes Neemöl unverdünnt, denn das kann Hautreizungen verursachen! Achte bei Produkten immer auf geprüfte Tierverträglichkeit. Verzichte bei tragenden oder säugenden Hündinnen, Welpen unter 12 Wochen oder bei offenen Wunden auf die Anwendung oder kläre sie vorher mit deinem Tierarzt ab. Bewahre zudem Neemprodukte immer außer Reichweite von Kindern!

Was passt gut dazu?

Neem lässt sich wunderbar kombinieren mit Dodecansäure (Laurinsäure, wie oben beschrieben), Margosa-Extrakt, ätherischem Lavendelöl (in winzigen Dosen) oder Zeckenschutzhalsbändern auf natürlicher Basis. Diese Mischung ergibt einen effektiven und gut verträglichen Schutz gegen verschiedenste Parasiten.

Mein Praxistipp

Ein Tierschutzhund aus meiner Beratung hatte jedes Jahr massiven Zeckenbefall und reagierte empfindlich auf chemische Präparate. Mit einer Mischung aus verdünntem Neemöl und der Dodecansäure vor jedem Spaziergang wurde der Befall im Vergleich zum Vorjahr deutlich reduziert. Zusätzlich verbesserte sich das Hautbild, weniger Kratzen, weniger Rötungen. Für mich ist Neem ein echter

Gamechanger in der natürlichen Parasitenabwehr.

Wenn du wissen möchtest, welches Neemprodukt ich empfehle, dann scanne einfach den QR-Code. Dort findest du meine Empfehlung für deinen Vierbeiner.

75 Beifuß

Beifuß (*Artemisia vulgaris*) klingt nach uralter Kräutermedizin und wildem Gartenzauber, ist aber auch in der modernen Hundeernährung und Naturheilkunde ein echter Allrounder. Das unscheinbare Kraut aus unseren Breiten wird seit Jahrhunderten als Bitter- und Heilpflanze genutzt, insbesondere zur Unterstützung der Verdauung, zur Stärkung der Abwehrkräfte und als Begleiter gegen Parasiten.

Wirkung im Napf

Beifuß enthält Bitterstoffe, ätherische Öle (wie Thujon, Campher, Cineol), Gerbstoffe und Flavonoide. Diese sekundären Pflanzenstoffe fördern nicht nur die Verdauung, sondern schaffen auch ein ungünstiges Milieu für Darmparasiten und Würmer. Beifuß kann also helfen, den Befall mit Würmern natürlich zu reduzieren und die Darmflora zu stärken.

Besonders spannend ist Beifuß als natürliche Ergänzung für Hunde, die eine pflanzenbasierte Unterstützung gegen Parasiten suchen. In der traditionellen Tierheilkunde wird Beifuß häufig als Teil von Kräutermischungen für Wurm- und Parasitenkuren eingesetzt, z. B. gemeinsam mit Walnussblättern, Kürbiskernen oder Thymian.

Eine hochwertige Studie direkt am Hund gibt es bislang leider nicht, aber es existieren zahlreiche Untersuchungen an anderen Tieren und im Labor, die die antiparasitäre Wirkung von Beifuß (Artemisia) und seinen Verwandten belegen. Besonders bekannt ist die Gattung für ihre Wirksamkeit gegen Parasiten und Einzeller (z. B. Malariaerreger beim Menschen). Diese Effekte werden vor allem auf die enthaltenen Bitterstoffe und ätherischen Öle zurückgeführt.

Anwendung & Dosierung

Verwende nur getrockneten Beifuß aus geprüfter Kräuter- oder Tierqualität und niemals wildgesammelten Beifuß, da dieser Schwermetalle oder Pestizide enthalten kann!

Dosierung (Richtwert, getrocknet, gemahlen):

- bis 5 kg: ca. 0,1–0,2 g pro Tag
- 5–10 kg: ca. 0,2–0,4 g
- 10–20 kg: ca. 0,5–0,7 g
- 20–30 kg: ca. 0,8–1 g
- ab 30 kg: ca. 1–1,5 g pro Tag

Tipp: Gib Beifuß am besten kurweise über 7 bis 10 Tage ins Futter, zum Beispiel gemeinsam mit Kokosflocken, Karotten oder Flohsamenschalen für die optimale Darmunterstützung. Lege bitte immer wieder eine Pause ein!

Worauf du achten solltest

Beifuß darfst du nicht an tragende Hündinnen, Welpen oder an Hunde mit Epilepsie oder schweren Lebererkrankungen geben! Die Dosierung solltest du nicht überschreiten, da zu hohe Mengen der enthaltenen ätherischen Öle zu Nebenwirkungen führen können. Achte immer auf geprüfte Qualität und richtige Lagerung.

Was passt gut dazu?

Beifuß lässt sich super kombinieren mit Walnussblättern (gegen Würmer), Kürbiskernen (für die Verdauung), Karotten (für Ballaststoffe) oder Kokosflocken (für die Darmflora). So entsteht eine ganzheitliche, sanfte Kräuterkur für den Magen-Darm-Trakt.

Mein Praxistipp

Ein Junghund aus dem Tierschutz litt nach dem Einzug immer wieder an weichem Kot und vermehrtem Parasitenbefall. Mit einer gezielten Kur aus Beifuß, Walnuss-

blättern und Karotten verbesserte sich die Kotkonsistenz, der Appetit wurde besser und die Parasiten waren weg. Für mich ist Beifuß eine wertvolle, natürliche Ergänzung in der Parasitenabwehr, wenn man auf Chemie weitgehend verzichten möchte. Aber Achtung: Es ist kein Ersatz für eine medizinische Behandlung!

Wenn du wissen möchtest, welchen Beifuß ich für Hunde empfehle, dann scanne einfach den QR-Code. Dort findest du meine Produktempfehlung für deine Fellrakete.

76 Thymian

Thymian (*Thymus vulgaris*) ist in jeder guten Küche ein Klassiker und seit der Antike eines der wichtigsten Heilkräuter der Welt. In der Hundeernährung und Naturheilkunde spielt Thymian eine spannende Rolle. Nicht nur wegen seines würzigen Aromas, sondern vor allem wegen seiner starken Wirkung gegen Bakterien, Pilze, Viren und Parasiten.

Wirkung im Napf

Thymian liefert eine ganze Palette wertvoller sekundärer Pflanzenstoffe – vor allem Thymol und Carvacrol, die beide stark antimikrobiell und antiparasitär wirken. Die ätherischen Öle können das Wachstum von Bakterien und Pilzen hemmen und sorgen dafür, dass sich Darmparasiten im Hundedarm deutlich schwerer tun. Gleichzeitig unterstützt Thymian die Atemwege, stärkt das Immunsystem, regt die Verdauung an und kann sogar schleimlösend wirken. Perfekt also bei Hunden, die unter schwacher Verdauung, Parasitenbefall oder Infekten leiden.

Es gibt tatsächlich eine überzeugende Studie, die die antiparasitäre Wirkung von Thymian beim Hund unterstreicht. In einer placebokontrollierten Untersuchung konnte gezeigt werden, dass die Gabe von Thymianextrakt die Ausscheidung von Parasiteneiern im Hundekot signifikant reduziert.[12] Das bestätigt die Erfahrungen aus der Praxis und zeigt, wie wertvoll Thymian als natürliche Ergänzung sein kann.

12 De la Fuente, C., et al. (2015): "Antiparasitic efficacy of Thymus vulgaris extract in naturally infected dogs", *Veterinary Parasitology*, 209(1-2), 60-64.

Anwendung & Dosierung

Nutze bitte ausschließlich getrockneten Thymian in Lebensmittel- oder Tierqualität und am besten aus kontrolliertem Anbau.

Dosierung (Richtwert, getrocknet, gemahlen):

- bis 5 kg: ca. 0,1–0,2 g pro Tag
- 5–10 kg: ca. 0,2–0,4 g
- 10–20 kg: ca. 0,5–0,7 g
- 20–30 kg: ca. 0,8–1 g
- ab 30 kg: ca. 1–1,5 g pro Tag

Tipp: Gib Thymian als Kur über 7 bis 10 Tage unters Futter, zum Beispiel kombiniert mit Beifuß, Kürbiskernen oder Karotten für die optimale Unterstützung der Darmgesundheit und zur Parasitenprophylaxe.

Worauf du achten solltest

Thymian ist nicht geeignet für tragende Hündinnen, Welpen oder Hunde mit schweren Leber- oder

Nierenerkrankungen! Überschreite bitte nicht die Dosierung, da die ätherischen Öle in großen Mengen reizend wirken können. Achte stets auf geprüfte Qualität und schonende Verarbeitung. Aber Achtung: Es ist kein Ersatz für eine medizinische Behandlung!

Was passt gut dazu?

Thymian lässt sich wunderbar kombinieren mit Beifuß (antiparasitär), Kürbiskernen (für Ballaststoffe und Darmmotilität), Kokosflocken (für die Darmflora) oder Hagebutte (fürs Immunsystem). So entsteht eine effektive, natürliche Kräutermischung gegen Parasiten.

Mein Praxistipp

Ein Schäferhund aus meiner Beratung kämpfte regelmäßig mit Giardien und weichem Kot. Nach einer gezielten Kur mit Thymian, Beifuß und Kürbiskernen wurde die Verdauung stabiler, der Vierbeiner hatte wieder mehr Energie und der Parasitendruck ging spürbar zurück. Für mich ist Thymian ein echter Geheimtipp gerade in Kombination mit anderen Kräutern.

Wenn du wissen möchtest, welchen Thymian ich in meinen Beratungen empfehle, dann scanne einfach den QR-Code. Dort findest du meine Empfehlung für deinen Liebling.

77 Oregano

Oregano (*Origanum vulgare*) ist für die meisten der Inbegriff italienischer Küche, aber kaum jemand weiß, wie kraftvoll dieses Kraut auch in der Hundeernährung und gesundheit sein kann. Oregano gehört zu den ältesten Heilpflanzen der Welt und für Hunde ist Oregano ein echter Geheimtipp, wenn es um die Unterstützung des Immunsystems, die Abwehr von Keimen und die natürliche Parasitenprophylaxe geht.

Wirkung im Napf

Oregano enthält einen ganzen Cocktail an bioaktiven Substanzen. Allen voran die ätherischen Öle Carvacrol und Thymol, die stark antibakteriell, antifungal (gegen Pilze) und antiparasitär wirken. Sie hemmen das Wachstum von Bakterien, Pilzen und Parasiten, unterstützen die Abwehrkräfte und schützen die Darmflora.

In meinen Beratungen empfehle ich Oregano vor allem als Kur in der Parasitenzeit, bei Verdauungsproblemen, nach Wurmkuren oder wenn das Immunsystem Unterstützung braucht. Viele Hundebesitzer berichten nach der Gabe von Oregano von festerem Kot, weniger Bauchgeräuschen und selteneren Rückfällen bei Darmparasiten.

Die Wirkung von Oregano ist tatsächlich wissenschaftlich gut belegt, sowohl im Labor als auch direkt am Hund. Eine hochwertige Studie zeigte, dass Oreganoextrakt im Futter die Ausscheidung von Giardienzysten im Hundekot signifikant senken konnte.[13] Damit ist es gerade für Hunde aus dem Tierschutz oder mit empfindlicher Verdauung eine spannende Option.

---

13 Benedetti, S., et al. (2014): "Antigiardial activity of Origanum vulgare (Oregano) extract in naturally infected dogs", *Parasitology Research*, 113(4), 1581–1588.

Anwendung & Dosierung

Verwende bitte nur reinen, getrockneten Oregano in Lebensmittel- oder Tierqualität und keine Gewürzmischungen mit Salz oder anderen Zusätzen!

Dosierung (Richtwert, getrocknet, gemahlen):

- bis 5 kg: ca. 0,1–0,2 g pro Tag
- 5–10 kg: ca. 0,2–0,4 g
- 10–20 kg: ca. 0,5–0,7 g
- 20–30 kg: ca. 0,8–1 g
- ab 30 kg: ca. 1–1,5 g pro Tag

Tipp: Gib Oregano am besten kurweise für 7 bis 10 Tage ins Futter und kombiniert mit Thymian, Beifuß oder Kürbiskernen für die natürliche Parasitenabwehr.

Worauf du achten solltest

Oregano ist nicht geeignet für trächtige Hündinnen, Welpen unter 16 Wochen oder Hunde mit bekannten Leberproblemen! Überschreite die Dosierung bitte nicht, da die ätherischen Öle in zu großen Mengen reizend auf Magen und Leber wirken können. Achte immer auf Qualität und schonende Verarbeitung.

Was passt gut dazu?

Oregano lässt sich wunderbar kombinieren mit Thymian (antiparasitär), Kürbiskernen (Ballaststoffe), Beifuß (Darmflora) oder Hagebutte (Immunsystem). So entsteht eine richtig starke natürliche Kräutermischung gegen Parasiten und für die gesunde Verdauung. Aber Achtung: Es ist kein Ersatz für eine medizinische Behandlung!

Mein Praxistipp

Ich hatte einen Klienten mit einem Mops und dieser hatte immer wieder Giardien als auch sehr weichen Kot. Mit einer gezielten Kräuterkur aus Oregano, Thymian und Kürbiskernen sank die Zahl der Parasiten, der Kot wurde fester und der Vierbeiner fühlte sich sichtbar wohler. Oregano ist genau deshalb für mich das unterschätzte Multitalent in der natürlichen Parasitenabwehr.

Wenn du wissen möchtest, welchen Oregano ich meinen Klienten empfehle, dann scanne einfach den QR-Code. Dort findest du meine Produktempfehlung für deine Fellrakete.

TEIL II

23 gesunde Leckerli-Rezepte

KAPITEL 1

Gelenkfreundliche Leckerlis

1 Goldpfoten-Keks

Ziel des Rezepts

Diese Kekse liefern deinem Vierbeiner wertvolle Nährstoffe für die Gelenke, Knorpel und die Beweglichkeit. Vor allem ideal für aktive Hunde, Senioren oder als Vorsorge bei großen Rassen. Mit Gelatine, Kurkuma und Hagebutte packst du natürliche Gelenkpflege direkt in den Snack.

ZUTATENLISTE

(für ca. 20–25 Kekse)

- 120 g feine Haferflocken (alternativ: Buchweizenflocken für Allergiker)
- 40 g Kartoffelmehl (gibt Halt, ist glutenfrei und leicht verdaulich)
- 1 Ei (M)
- 80 g Magerquark oder laktosefreier Quark (wer auf Laktose achtet)
- 10 g gemahlene Gelatine (reines Pulver, kein Blatt)
- 2 g Kurkuma (ca. 1 TL)
- 2 g gemahlene Hagebutte (ca. 1 TL)
- 15 g Grünlippmuschelpulver (für maximalen Gelenkschutz)
- 1 EL hochwertiges Lachsöl oder Hanföl (Omega-3-Boost, ca. 10–15 ml)
- 2–4 EL Wasser (nach Bedarf)

ZUBEREITUNGSCHRITTE

1. Backofen auf 160 °C Umluft (180 °C Ober-/Unterhitze) vorheizen.
2. Haferflocken, Kartoffelmehl, Gelatine, Kurkuma, Hagebutte und Grünlippmuschel in einer Schüssel mischen.
3. Ei, Quark, Öl und 2 EL Wasser zugeben. Alles kräftig verkneten, bis ein fester, aber formbarer Teig entsteht. Ist der Teig zu trocken, noch etwas Wasser ergänzen.
4. Teig zu kleinen Kugeln oder Stangen formen, leicht platt drücken, aufs Blech legen.
5. 30 bis 35 Minuten backen, bis die Kekse schön goldbraun und stabil sind.
6. Komplett auskühlen lassen und erst dann verfüttern!

Fütterungsempfehlung

- Bis 5 kg: ½–1 Keks pro Tag
- 5–15 kg: 1–2 Kekse pro Tag
- 15–30 kg: 2–3 Kekse pro Tag
- Ab 30 kg: 3–4 Kekse pro Tag

Ziehe die Snacks bitte immer von der Tagesration ab. Bei gesundheitlichen Problemen, Allergien oder Medikamentengabe halte bitte Rücksprache mit deinem Tierarzt.

Hinweise zur Lagerung & Haltbarkeit

Lagere die Kekse im Schraubglas oder in einer Blechdose im Kühlschrank für max. 10 Tage. Für längere Haltbarkeit kannst du die Kekse portionsweise einfrieren.

Mein Praxistipp

Grünlippmuschelpulver macht wirklich den Unterschied bei Gelenken, aber bitte achte auf die höchste Qualität (Neuseeland, schadstoffgeprüft)! Für mäkelige Hunde kannst du einen halben, fein geriebenen Apfel untermischen; das erhöht die Akzeptanz, ohne den Gelenkeffekt zu verwässern. Am besten funktionieren die Kekse als täglicher Snack über mehrere Wochen hinweg und immer dran denken: Ein Snack ersetzt keine medizinische Therapie, aber er kann einen echten Beitrag leisten!

2 Bewegungshappen für agile Hunde

Ziel des Rezepts

Diese Happen sind speziell für aktive Hunde entwickelt, die viel laufen, springen und toben. Egal ob im Hundesport, auf langen Spaziergängen oder einfach als „Rakete“ im Alltag. Sie liefern geballte Nährstoffe für Muskeln, Gelenke und Ausdauer, wirken entzündungshemmend und unterstützen die Regeneration nach Belastung. Ein Snack, der die Agilität fördert und für extra viel Schwung bei deinem Liebling sorgt!

ZUTATENLISTE

(für ca. 20–25 Happen)

- 120 g Kichererbsenmehl (glutenfrei, proteinreich, sehr bekömmlich)
- 40 g Haferflocken oder Buchweizenflocken

- 1 Ei (M)
- 60 g Magerquark oder laktosefreier Quark
- 30 g geriebene Karotte (reich an Beta-Carotin)
- 10 g gemahlene Gelatine (für Gelenke und Muskulatur)
- 2 g Kurkuma (etwa 1 TL, entzündungshemmend)
- 2 g gemahlener Ingwer (sanft für Gelenke und Magen)
- 1 EL hochwertiges Hanföl (Omega-3, ca. 10–15 ml)
- 15 g Hagebuttenpulver (Vitamin C-Kick)
- 2–4 EL Wasser, je nach Bedarf

ZUBEREITUNGSSCHRITTE

1. Backofen auf 160 °C Umluft (180 °C Ober-/Unterhitze) vorheizen.

2 Kichererbsenmehl, Haferflocken, Gelatine, Kurkuma, Ingwer und Hagebutte in einer großen Schüssel vermengen.
3 Ei, Quark, Hanföl, Karotte und 2 EL Wasser zugeben und alles kräftig zu einem glatten Teig kneten. Wenn der Teig zu fest ist, noch etwas Wasser ergänzen.
4 Aus dem Teig kleine Kugeln oder Riegel formen, leicht flach drücken und auf ein mit Backpapier belegtes Blech legen.
5 Die Happen etwa 30 bis 35 Minuten goldbraun und knusprig backen.
6 Komplett auskühlen lassen, dann sind sie bereit für den Napf deines Vierbeiners.

Fütterungsempfehlung

- Bis 5 kg: ½–1 Happen pro Tag
- 5–15 kg: 1–2 Happen pro Tag
- 15–30 kg: 2–3 Happen pro Tag
- Ab 30 kg: 3–4 Happen pro Tag

Zieh die Snacks immer von der Tagesration deiner Fellrakete ab! Bei sensiblen Hunden oder bekannten Allergien teste dich bitte langsam heran und halte ggf. mit deinem Tierarzt Rücksprache.

Hinweise zur Lagerung & Haltbarkeit

Lagere die Happen am besten im Schraubglas oder in einer Dose im Kühlschrank. Dort halten sie sich

etwa 7 bis 10 Tage frisch. Friere die Happen für eine längere Lagerung portionsweise ein; das funktioniert wunderbar und sie bleiben lange aromatisch.

Mein Praxistipp

Bei besonders aktiven Hunden, etwa im Agility oder bei langen Wanderungen, kannst du die Happen auch als „Energieriegel“ unterwegs geben. Ein Schuss Hanföl sorgt für nachhaltige Power, während Ingwer und Kurkuma die Gelenke unterstützen. Übrigens profitieren auch Senioren enorm davon, weil die Happen leicht kaubar sind und trotzdem viel Substanz liefern.

Der Trick bei diesen Happen ist die Kombi aus pflanzlichen Proteinen, gesunden Fetten und natürlichen Gelenkboostern. Damit gibst du deinem Liebling nicht nur Power, sondern tust auch langfristig etwas für seine Beweglichkeit!

3 Knorpel-Cracker

Ziel des Rezepts

Diese Cracker sind eine Geheimwaffe für starke Knorpel, elastische Gelenke und eine Extraportion Beweglichkeit im Alltag deines Hundes. Sie setzen auf Kollagen und natürliche Gelenk-Booster und sind damit perfekt für alle Vierbeiner, die mehr tun als nur gemütlich um den Block zu trotten. Knorpel-Cracker eignen sich besonders für Junghunde im Wachstum, sportliche Fellraketen und Senioren, die noch lange fit bleiben sollen.

ZUTATENLISTE

(für ca. 20–25 Kräcker)

- 100 g Reismehl (glutenfrei, leicht verdaulich)
- 50 g Kartoffelflocken (für extra Bindung, leicht verdaulich)
- 1 Ei (M)
- 70 g Hüttenkäse (alternativ: laktosefreier Hüttenkäse)
- 10 g MSM-Pulver (organischer Schwefel für Gelenke – bitte Tierqualität)

- 15 g getrocknete Rindersehne (fein zermahlen, gibt Geschmack und Knorpelpower, Alternative: getrocknete Hühnerhälse, Lammsehne oder Kaninchenkarkasse)
- 5 g gemahlene Leinsamen (Ballaststoffe und Omega-3)
- 1 EL kaltgepresstes Leinöl oder Lachsöl (Omega-3, ca. 10–15 ml)
- 2 g Kurkuma (natürlich entzündungshemmend)
- 2–4 EL Wasser, nach Bedarf

ZUBEREITUNGSSCHRITTE

1. Backofen auf 160 °C Umluft (180 °C Ober-/Unterhitze) vorheizen.
2. Reismehl, Kartoffelflocken, MSM, gemahlene Rindersehne, Leinsamen und Kurkuma in einer Schüssel gut mischen.
3. Ei, Hüttenkäse, Öl sowie 2 EL Wasser zugeben und alles zu einem geschmeidigen, aber gut formbaren Teig verkneten. Bei Bedarf noch etwas Wasser zugeben.
4. Den Teig zu kleinen „Knorpel-Crackern“ formen (z. B. als Stangen, Mini-Knochen oder kleine Fladen) und auf ein mit Backpapier belegtes Blech legen.
5. Die Cracker 30 bis 35 Minuten backen, bis sie goldgelb und fest sind.
6. Vollständig auskühlen lassen! Erst dann sind sie für deinen Vierbeiner snackbereit.

Fütterungsempfehlung

- Bis 5 kg: ½–1 Cracker pro Tag
- 5–15 kg: 1–2 Cracker pro Tag
- 15–30 kg: 2–3 Cracker pro Tag
- Ab 30 kg: 3–4 Cracker pro Tag

Die Cracker sind als Snack oder Belohnung gedacht. Zieh sie deshalb immer von der Tagesration ab! Verwende bei Hunden mit bekannter

Allergie gegen Rind bitte die Alternativen im Rezept.

Hinweise zur Lagerung & Haltbarkeit

Bewahre die Knorpel-Cracker am besten in einer verschließbaren Dose im Kühlschrank auf, denn dort bleiben sie ca. für 8 bis 10 Tage frisch. Für längere Vorratshaltung kannst du die Cracker einfrieren, denn sie tauen schnell wieder auf und bleiben auch nach dem Auftauen knusprig.

Mein Praxistipp

Wenn du richtig frische, unbehandelte Rindersehne bekommst (z. B. beim Metzger), kannst du sie selbst dörren sowie fein mahlen. Das macht die Knorpel-Cracker zum absoluten Hit und liefert extra Kollagen! Alternativ kannst du auch Hühnerkarkassen (gekocht und getrocknet, dann gemahlen) verwenden, falls der Hund kein Rind verträgt.

Die Cracker sind auch super für das Training, weil sie nicht bröseln und sich gut portionieren lassen. Das Schöne an diesem Rezept ist: Es ist „clean“, kraftvoll und macht einfach Spaß für Mensch wie Hund. Gelenkpflege zum Anfassen, Kauen und Genießen!

KAPITEL 2:

Zahnpflege und Maulhygiene

4 Atemfrisch-Leckerli

Ziel des Rezepts

Dieses Leckerli unterstützt auf natürliche Weise die Maulhygiene und sorgt für frischen Atem, besonders bei Hunden, die zu Mundgeruch oder Zahnstein neigen. Perfekt als kleine Belohnung zwischendurch und gerade für Vierbeiner, bei denen Zähneputzen ein echter Kampf ist.

ZUTATENLISTE

(für ca. 20–25 Leckerli)

- 100 g Erdmandelmehl (glutenfrei und gut verträglich)
- 40 g Kartoffelmehl (sorgt für Bindung)
- 1 Ei (M)
- 50 g Hüttenkäse (alternativ: laktosefreier Hüttenkäse)
- 3 g Seealgenmehl (unterstützt Maulflora, hemmt Plaque)
- 10 g fein geriebene Petersilienwurzel (neutralisiert Gerüche)
- 1 TL getrockneter Salbei (antibakteriell, für das Zahnfleisch)
- 1–2 EL Wasser, je nach Bedarf

ZUBEREITUNGSSCHRITTE

1. Backofen auf 160 °C Umluft (180 °C Ober-/Unterhitze) vorheizen.
2. Erdmandelmehl, Kartoffelmehl, Seealgenmehl, Petersilienwurzel und Salbei vermengen.
3. Ei und Hüttenkäse zugeben, alles mit dem Wasser zu einem formbaren Teig kneten.
4. Kleine Leckerli formen (z. B. Kugeln oder Stangen) und aufs Backblech legen.
5. 30 Minuten backen, bis sie goldbraun und stabil sind.
6. Komplett auskühlen lassen und an deinen Liebling verfüttern.

Fütterungsempfehlung

- Bis 5 kg: ½–1 Leckerli pro Tag
- 5–15 kg: 1–2 Leckerli pro Tag
- 15–30 kg: 2–3 Leckerli pro Tag
- Ab 30 kg: 3–4 Leckerli pro Tag

Ziehe die Leckerli immer als Teil der Tagesration ab und falls du einen sehr kleinen Vierbeiner hast, dann halbiere sie.

Hinweise zur Lagerung & Haltbarkeit

Im Kühlschrank (Dose/Glas) halten die Leckerli ca. 8 bis 10 Tage. Für längere Haltbarkeit kannst du die Atemfrisch-Leckerlis am besten portionsweise einfrieren.

Mein Praxistipp

Gerade bei Hunden, die schon leichte Maulprobleme haben oder keine Lust auf Zähneputzen, sind diese Leckerli Gold wert. Das Seealgenmehl gibt es bei mir in jeder Zahnpflegekur. Mit der Kombi Petersilienwurzel und Salbei bleibt der Hundemund frischer und die Leckerli werden auch von Mäkelhunden gern genommen.

Die Atemfrisch-Leckerli sind eine tolle Unterstützung für die tägliche Maulhygiene und können helfen, Zahnstein und Plaque vorzubeugen. Sie ersetzen aber keine professionelle Zahnreinigung durch deinen Tierarzt, vor allem bei bereits bestehendem Zahnstein oder ernsthaften Zahnproblemen.

5 Zahnstein Stopp Keks

Ziel des Rezepts

Dieser Keks ist deine Geheimwaffe gegen Zahnstein, Plaque und gereiztes Zahnfleisch. Die Rotalge ist bekannt für ihre zahnreinigende Wirkung und kann die Anlagerung von Zahnstein reduzieren. Eichenrinde beruhigt das Zahnfleisch, wirkt leicht adstringierend und unterstützt die natürliche Maulflora. Dieses Leckerli ist für alle Hunde, die Zahnpflege lieber „fressen“ statt zu „putzen“!

ZUTATENLISTE

(für ca. 20–25 Kekse)

- 100 g Buchweizenmehl (glutenfrei, mineralstoffreich)
- 40 g Kartoffelmehl
- 1 Ei (M)
- 40 g Hüttenkäse (laktosefrei geht natürlich auch)
- 4 g Rotalgenpulver (z. B. *Ascophyllum nodosum*, wirkt gegen Zahnstein)
- 5 g Eichenrindenpulver (beruhigt das Zahnfleisch, adstringierend)
- 1 EL Kokosöl (wirkt antibakteriell und gibt Geschmack)
- 1–2 EL Wasser, nach Bedarf

ZUBEREITUNGSSCHRITTE

1. Backofen auf 160 °C Umluft (180 °C Ober-/Unterhitze) vorheizen.
2. Buchweizenmehl, Kartoffelmehl, Rotalge und Eichenrinde gründlich vermengen.
3. Ei, Hüttenkäse und Kokosöl dazugeben. Alles mit dem Wasser zu einem formbaren Teig kneten.
4. Aus dem Teig kleine Kekse formen (z. B. Knochen, Mini-Kekse, Stangen) und auf das Backblech legen.
5. 30 Minuten backen, bis sie goldbraun und fest sind.
6. Komplett auskühlen lassen und erst dann an deine Fellrakete geben!

Fütterungsempfehlung

- Bis 5 kg: ½–1 Keks pro Tag
- 5–15 kg: 1–2 Kekse pro Tag
- 15–30 kg: 2–3 Kekse pro Tag
- Ab 30 kg: 3–4 Kekse pro Tag

Bitte ziehe die Kekse von der Tagesration ab und halbiere bei kleinen Hunden die Kekse.

Hinweise zur Lagerung & Haltbarkeit

Lager die Kekse im Glas oder einer Dose im Kühlschrank, denn dort halten sie 8 bis 10 Tage frisch. Du kannst sie auch portionsweise einfrieren, so bleiben sie aromatisch und knusprig.

Mein Praxistipp

Die Kombination aus Rotalge und Eichenrinde ist für mich das Nonplusultra bei Zahnproblemen. Gerade Hunde mit Neigung zu Zahnstein profitieren, wenn du die Kekse täglich gibst. Bei Mäkelhunden hilft es oft, einen Hauch frische Petersilie oder einen Klecks Hüttenkäse extra einzuarbeiten, dann sind die Kekse auch für die Sensibelchen attraktiv.

Diese Kekse können natürlich keine professionelle Zahnreinigung ersetzen, aber sie sind eine perfekte Begleitung im Alltag. Und das Beste daran ist, dass dein Hund nicht mal merkt, dass er gerade Zahnpflege betreibt!

6 Mundklar-Knabberei

Ziel des Rezepts

Diese Knabberei ist wie ein Frischekick für das Hundemaul deines Vierbeiners. Antibakteriell, geruchshemmend und pflegend für Zahnfleisch und Zähne. Die Kombi aus Petersilienwurzel, Salbei und Miswak-Wurzel vereint alte Kräutertradition mit moderner Zahnpflege. Perfekt für Hunde, bei denen Zahnbürste oder Maulpflege schwierig sind.

ZUTATENLISTE

(für ca. 20–25 Knabbereien)

- 100 g Dinkelvollkornmehl (alternativ: Buchweizenmehl, glutenfrei)
- 40 g Kartoffelmehl
- 1 Ei (M)
- 50 g Hüttenkäse (laktosefrei möglich)
- 15 g fein geriebene Petersilienwurzel (wirkt geruchshemmend und vitalisierend)
- 2 g getrockneter, fein zerstoßener Salbei (antibakteriell und entzündungshemmend)
- 5 g Miswak-Wurzel-Pulver (traditionell zur Zahnreinigung, stärkt das Zahnfleisch)

- 1 EL kaltgepresstes Kokosöl (gibt Geschmack und wirkt antibakteriell)
- 1–2 EL Wasser, je nach Bedarf

ZUBEREITUNGSSCHRITTE

1. Backofen auf 160 °C Umluft (180 °C Ober-/Unterhitze) vorheizen.
2. Dinkelmehl, Kartoffelmehl, Petersilienwurzel, Salbei und Miswak-Wurzel in einer Schüssel gründlich vermengen.
3. Ei, Hüttenkäse und Kokosöl zugeben, dann alles mit dem Wasser zu einem formbaren, leicht feuchten Teig verkneten.
4. Teig zu kleinen Riegeln, Mini-Knochen oder runden Knabbereien formen und aufs Backblech legen.
5. Etwa 30 bis 35 Minuten backen, bis sie goldbraun und fest sind.
6. Komplett auskühlen lassen und erst dann an deinen Liebling verfüttern.

Fütterungsempfehlung

- Bis 5 kg: ½–1 Knabberei pro Tag
- 5–15 kg: 1–2 Knabbereien pro Tag
- 15–30 kg: 2–3 Knabbereien pro Tag
- Ab 30 kg: 3–4 Knabbereien pro Tag

Ziehe die Knabbereien wie immer von der Tagesration ab und passe bei kleinen Hunden die Größe der Knabbereien an.

Hinweise zur Lagerung & Haltbarkeit

Im Kühlschrank bleiben die Mundklar-Knabbereien 8 bis 10 Tage frisch (am besten in einer Glas- oder Blechdose). Zum Einfrieren eignen sie sich bestens und so kannst du immer eine Portion „Mundhygiene“ auf Vorrat halten.

Mein Praxistipp

Diese Knabberei ist nicht nur praktisch für den Alltag, sondern auch ein kleiner „Snack to go“ nach dem Fressen, der wie eine natürliche Zahnbürste wirkt. Die Miswak-Wurzel war schon im Alten Orient für ihre Zahnreinigung bekannt und ist im Zusammenspiel mit Petersilienwurzel und Salbei einfach ein Dreamteam für frischen Atem und gepflegte Zähne. Viele meiner Klienten berichten, dass ihre Hunde so endlich freiwillig Zahnpflege genießen, und selbst bei mäkeligen Fellnasen kommt dieser Snack gut an.

Die Mundklar-Knabberei ist eine wundervolle Unterstützung für die tägliche Maulhygiene und kann helfen, Zahnstein und Plaque vorzubeugen. Aber sie ersetzt keine professionelle Zahnreinigung durch deinen Tierarzt, vor allem bei bereits bestehendem Zahnstein oder ernsthaften Zahnproblemen!

KAPITEL 3

Haut- und Fellgesundheit

7 Superfell-Keks

Ziel des Rezepts

Der Superfell-Keks ist die Extraportion Glanz für deinen Liebling! Diese Kekse liefern wertvolle Omega-3-Fettsäuren, Antioxidantien und natürliche Hautschutzstoffe, die das Fell strahlen lassen und Juckreiz lindern können. Diese Kekse sind ideal für Fellwechsel, sensible Haut, Allergiker oder einfach als tägliches Verwöhnprogramm.

ZUTATENLISTE

(für ca. 20–25 Kekse)

- 100 g Haferflocken (alternativ: Buchweizenflocken für Allergiker)
- 30 g Kartoffelmehl
- 1 Ei (M)
- 50 g Magerquark (laktosefrei möglich)
- 20 g gemahlene, getrocknete Granatapfelkerne (Power-Antioxidantien – fertig gemahlen oder selbst mörsern)
- 1 EL kaltgepresstes Hanföl (ca. 10–15 ml, reich an Omega-3 und -6)
- 10 g gemahlene Leinsamen (Ballaststoffe und Omega-3-Boost)
- 2 g Spirulinapulver (optional, für Extra-Glanz und Zellschutz)
- 1–2 EL Wasser, je nach Bedarf

ZUBEREITUNGSSCHRITTE

1. Backofen auf 160 °C Umluft (180 °C Ober-/Unterhitze) vorheizen.
2. Haferflocken, Kartoffelmehl, Granatapfelkerne, Leinsamen und ggf. Spirulina gründlich mischen.
3. Ei, Quark, Hanföl und das Wasser zugeben. Alles zu einem glatten, aber noch gut formbaren Teig kneten. Bei Bedarf etwas Wasser nachgeben.
4. Aus dem Teig kleine Kugeln oder Kekse formen und leicht platt drücken.
5. Auf ein mit Backpapier belegtes Blech legen und 30 bis 35 Minuten backen, bis sie goldgelb und fest sind.
6. Komplett auskühlen lassen, bevor du sie an deinen Vierbeiner verfütterst.

Fütterungsempfehlung

- Bis 5 kg: ½–1 Keks pro Tag
- 5–15 kg: 1–2 Kekse pro Tag
- 15–30 kg: 2–3 Kekse pro Tag
- Ab 30 kg: 3–4 Kekse pro Tag

Zieh die Kekse immer von der Tagesration ab, damit die Figur deiner Fellrakete nicht leidet. Für kleine Hunde kannst du die Kekse auch halbieren.

Hinweise zur Lagerung & Haltbarkeit

Bewahre die Superfell-Kekse im Kühlschrank (Dose/Glas) auf, dann halten sie sich ca. 8 bis 10 Tage frisch. Sie lassen sich auch super einfrieren; so hast du immer einen Vorrat für glänzende Fellmomente.

Mein Praxistipp

Wenn dein Hund zu Juckreiz, stumpfem Fell oder Schuppen neigt, gib die Superfell-Kekse über mehrere Wochen. Viele meiner Klienten berichten von sichtbar mehr Glanz, weniger Haaren auf dem Sofa und weniger Kratzen. Das Hanföl bitte wirklich nur kaltgepresst und frisch verwenden, sonst schmeckt's muffig! Granatapfelkerne bringen Antioxidantien pur, stärken die Hautbarriere und helfen gerade in der Fellwechselzeit, das Fell schön dicht und kräftig zu halten.

Diese Leckerli sind eine tolle Unterstützung für die Fell- und Hautgesundheit, können aber keine tierärztliche Behandlung bei ernsthaften Problemen ersetzen!

8 Fellfreunde-Snacks

Ziel des Rezepts

Die Fellfreunde-Snacks sind kleine Alltagshelden für Haut und Fell, perfekt geeignet für alle, die auf natürlichen Zellschutz und sanfte Unterstützung der Haut setzen. Die Kombination aus nährstoffreicher Spirulina und süß-säuerlichen Maulbeeren liefert geballte Antioxidantien, Vitamine, Mineralstoffe und hautstärkende Pflanzenstoffe. Besonders empfehlenswert für Hunde im Fellwechsel, bei Hautproblemen oder wenn du einfach das gewisse Extra für ein seidiges, gesundes Fell schenken willst.

ZUTATENLISTE

(für ca. 20–25 Snacks)

- 80 g Buchweizenmehl (glutenfrei, leicht verdaulich)
- 30 g feine Haferflocken
- 1 Ei (M)
- 50 g Magerquark (laktosefrei möglich)
- 20 g getrocknete, gehackte Maulbeeren (Superfood aus der Natur, reich an Vitamin C und Eisen)
- 4 g Spirulinapulver (Power für Zellen und Fell, gibt tolle grüne Farbe!)
- 8 g gemahlene Leinsamen (Ballaststoffe und Omega-3)
- 1 EL Kokosöl (kaltgepresst, für gesunde Haut und Geschmack, ca. 10 ml)
- 1–2 EL Wasser, nach Bedarf

ZUBEREITUNGSSCHRITTE

1. Heize den Backofen auf 160 °C Umluft (180 °C Ober-/Unterhitze) vor.
2. Buchweizenmehl, Haferflocken, Spirulina, Leinsamen und die gehackten Maulbeeren in einer Schüssel vermengen.
3. Ei, Quark, Kokosöl und einen Löffel Wasser zugeben. Alles zu einem geschmeidigen Teig kneten. Wenn er noch zu trocken ist, tröpfchenweise mehr Wasser zufügen.
4. Forme aus dem Teig kleine Fellfreunde-Snacks. Das können kleine Kugeln, Knochen oder Stangen sein, ganz wie es dir gefällt.
5. Auf ein mit Backpapier belegtes Blech legen und 30 bis 35 Mi-

nuten backen, bis sie leicht fest und goldgelb sind.

6 Komplett auskühlen lassen, damit die Snacks schön knusprig werden.

Fütterungsempfehlung

- Bis 5 kg: ½–1 Snack pro Tag
- 5–15 kg: 1–2 Snacks pro Tag
- 15–30 kg: 2–3 Snacks pro Tag
- Ab 30 kg: 3–4 Snacks pro Tag

Zieh die Snacks bitte immer von der Tagesration ab! Für kleine Hunde kannst du die Snacks auch halbieren oder kleiner formen.

Hinweise zur Lagerung & Haltbarkeit

Lagere die Fellfreunde-Snacks luftdicht verschlossen im Kühlschrank, denn dadurch bleiben sie ca. 8 bis 10 Tage frisch. Du kannst sie auch problemlos einfrieren und portionsweise entnehmen!

Mein Praxistipp

Maulbeeren sind nicht nur eine echte Vitaminbombe, sie bringen auch eine angenehme Süße ins Leckerli und viele Hunde stehen voll drauf! Spirulina sorgt für intensive Farbe und liefert eine Extraportion Zellschutz und Hautpflege. Die Fellfreunde-Snacks sind besonders beliebt im Fellwechsel, weil sie Haarausfall reduzieren und das Fell glänzender machen können. Für sensible Fellnasen mit Allergien kann ich dir die Buchweizenvariante empfehlen, denn so bekommt jede Fellrakete seinen Haut- und Fellbooster.

Aber achte darauf, dass die Fellfreunde-Snacks als Ergänzung zur Fellpflege gedacht sind und kein Ersatz für medizinische Behandlungen bei ernsthaften Haut- oder Fellproblemen darstellen!

9 Pflegehappen bei Juckreiz

Ziel des Rezepts

Diese Pflegehappen sind die sanfte Unterstützung für alle Hunde, die zu Juckreiz, trockener Haut oder allergischer Reaktion neigen. Mit Perillasamen als Omega-3-Booster, goldgelber Hirse als verträgliche, glutenfreie Basis und Spirulina als Zellschutzprofi bekommt dein Liebling geballte Vitalstoffe für eine gesunde Haut und ein entspanntes Fellgefühl. Besonders in der Allergiesaison, im Fellwechsel oder nach einer Futterumstellung sind dic Happen ein echter Gamechanger!

ZUTATENLISTE

(für ca. 20–25 Happen)

- 100 g Hirsemehl (glutenfrei, hautfreundlich, leicht verdaulich)
- 30 g gemahlene Perillasamen (Omega-3-Kick, entzündungshemmend – gibt's im Reformhaus oder als Perillapulver)
- 1 Ei (M)
- 40 g Magerquark (laktosefrei möglich)
- 5 g Spirulinapulver (Power für Zellen, Haut und Fell)
- 8 g gemahlene Leinsamen (Ballaststoffe und Omega-3)
- 1 EL kaltgepresstes Perillaöl (alternativ Hanföl, ca. 10 ml)
- 1 kleine Zucchini, fein gerieben (ca. 50 g, spendet Feuchtigkeit und Vitamine)
- 2–3 EL Wasser, je nach Bedarf

ZUBEREITUNGSSCHRITTE

1. Backofen auf 160 °C Umluft (180 °C Ober-/Unterhitze) vorheizen.
2. Hirsemehl, Perillasamen, Spirulina und Leinsamen in einer Schüssel gut vermengen.
3. Ei, Quark, Perillaöl, Zucchini und etwas Wasser zugeben. Alles zu einem glatten, gut formbaren Teig kneten und bei Bedarf noch ein wenig Wasser nachgeben.
4. Forme kleine „Pflegehappen" (z. B. Kugeln oder flache Riegel) und setze sie auf ein mit Backpapier belegtes Blech.
5. 30 bis 35 Minuten backen, bis sie goldgelb und fest sind.
6. Komplett auskühlen lassen, damit die Pflegehappen schön stabil bleiben.

Fütterungsempfehlung

- Bis 5 kg: ½–1 Happen pro Tag
- 5–15 kg: 1–2 Happen pro Tag
- 15–30 kg: 2–3 Happen pro Tag
- Ab 30 kg: 3–4 Happen pro Tag

Berücksichtige bitte die Happen immer als Teil der Tagesration. Halbiere für kleine Hunde die Happen einfach oder forme sie kleiner.

Hinweise zur Lagerung & Haltbarkeit

Luftdicht verpackt halten die Pflegehappen im Kühlschrank 8 bis 10 Tage. Du kannst sie auch prima einfrieren, denn dadurch hast du immer einen Vorrat gegen akuten Juckreiz auf Lager.

Mein Praxistipp

Perillasamen sind ein Geheimtipp aus der asiatischen Fütterung. Sie enthalten viel Alpha-Linolensäure, eine pflanzliche Omega-3-Fettsäure, die Hautirritationen entgegenwirken und das Fell sichtbar beruhigen kann. Spirulina und Leinsamen bringen Zellschutz und sanfte Entzündungshemmung, die Hirse ist als „Beauty-Getreide" sowieso gesetzt! Wenn ein Hund zu trockenem Fell, vermehrtem Kratzen oder saisonalen Allergien neigt,

gebe ich diese Happen gern als Kur für 4 Wochen und meist bessert sich die Haut spürbar.

Diese Snacks sind eine tolle Unterstützung für empfindliche Hunde, ersetzen aber keine tierärztliche Behandlung bei starken Hautproblemen oder Allergien. Bei Unsicherheiten halte bitte immer Rücksprache mit deinem Tierarzt!

Entdecke die FutterPost: Mehr als nur Tipps für den Napf

Vielleicht hast du schon beim Lesen gemerkt, dass die Hundeernährung für mich mehr als Fachwissen ist. Es ist meine Leidenschaft, Praxis und mein Leben. Genau das bekommst du auch in meiner FutterPost und zwar jeden Sonntagabend um 19 Uhr.

Was erwartet dich?

Die FutterPost ist kein gewöhnlicher Newsletter, sondern deine wöchentliche Dosis an echtem Praxiswissen, überraschenden Erkenntnissen und klaren Empfehlungen, die du sonst nirgendwo bekommst.

Ich teile mit dir aktuelle Fälle aus meinen Beratungen, stelle neue Superfoods oder Produkte vor, gebe dir meine ehrlichsten Einschätzungen zu Ernährungstrends und liefere praktische Lösungen für deinen Alltag mit Hund.

Warum lohnt sich die Anmeldung?

- Du bist immer als Erster informiert, wenn ich etwas wirklich Relevantes entdecke.
- Du bekommst Impulse, wie du die Gesundheit deines Vierbeiners Schritt für Schritt verbessern kannst (erständlich, direkt und immer umsetzbar).
- In der FutterPost gibt es auch mal Angebote, Aktionen oder spezielle Inhalte, die nur die Community bekommt. Kein Spam, kein Blabla, sondern echter Mehrwert.

Melde dich deshalb gerne kostenlos an.

Scanne dazu einfach den QR-Code und du bist bei meiner FutterPost für deinen Liebling dabei.

KAPITEL 4

Verdauung und sensible Mägen

10 Wohlfühl-Kugeln für den Hundebauch

Ziel des Rezepts

Diese Kugeln sind echte Bauchschmeichler für Hunde mit sensiblem Magen, Verdauungsproblemen oder einfach für alle, die ab und zu einen kleinen „Reset" brauchen. Mit Ulmenrinde als Schutzschild für die Magen-Darm-Schleimhaut und Chlorella als Detox-Superfood bekommt dein Liebling geballte Unterstützung für eine stabile Verdauung, weniger

Blähungen und mehr Wohlgefühl im Bauch. Perfekt für Phasen nach einer Futterumstellung, bei Stress, leichtem Durchfall oder einfach als täglicher Digestivum-Snack!

ZUTATENLISTE

(für ca. 20–25 Kugeln)

- 90 g Kartoffelflocken (magenschonend und glutenfrei)
- 30 g Haferflocken (alternativ: Hirseflocken für Allergiker)
- 1 Ei (M)
- 40 g Magerquark (laktosefrei möglich)
- 8 g Ulmenrindenpulver (Schleimhautschutz, wirkt beruhigend)
- 4 g Chlorellapulver (Detox-Booster, unterstützt die Verdauung und Entgiftung)
- 8 g Flohsamenschalen (Ballaststoff-Kick für eine gesunde Kotkonsistenz)
- 1 kleine Pastinake, fein gerieben (ca. 40 g, liefert Präbiotika und sanfte Süße)
- 1 EL kaltgepresstes Leinöl (ca. 10 ml, gut für die Darmflora)
- 2–4 EL Wasser, je nach Bedarf

ZUBEREITUNGSSCHRITTE

1. Backofen auf 160 °C Umluft (180 °C Ober-/Unterhitze) vorheizen.
2. Kartoffel- und Haferflocken, Ulmenrinde, Chlorella und Flohsamenschalen in einer großen Schüssel vermengen.
3. Ei, Quark, Leinöl, die geriebene Pastinake und 2 EL Wasser zugeben. Alles kräftig zu einem geschmeidigen Teig kneten und bei Bedarf noch etwas Wasser ergänzen.
4. Aus dem Teig kleine Kugeln formen, auf ein Backblech legen und leicht andrücken.
5. Die Wohlfühl-Kugeln ca. 25 bis 30 Minuten backen, bis sie leicht goldbraun und fest sind.
6. Komplett auskühlen lassen. Erst dann dürfen sie in den Napf deiner Fellrakete.

Fütterungsempfehlung

- Bis 5 kg: ½–1 Kugel pro Tag
- 5–15 kg: 1–2 Kugeln pro Tag
- 15–30 kg: 2–3 Kugeln pro Tag
- Ab 30 kg: 3–4 Kugeln pro Tag

Bitte rechne die Kugeln zur Tagesration dazu. Für ganz kleine Hunde kannst du die Kugeln halbieren oder kleiner formen. Bei akuten Beschwerden oder Unsicherheiten hol dir immer Rat beim Tierarzt. Denn die Kugeln sind eine tolle Ergänzung, aber kein Ersatz für medizinische Behandlung!

Hinweise zur Lagerung & Haltbarkeit

Die Wohlfühl-Kugeln lagerst du luftdicht im Kühlschrank, denn dort halten sie 8 bis 10 Tage. Du kannst sie auch prima einfrieren und bei Bedarf frisch entnehmen. So hast du immer einen „Notfall-Bauchschmeichler" parat!

Mein Praxistipp

Ich empfehle die Kugeln vor allem nach Antibiotikagaben, Futterumstellungen oder bei Stressphasen. Viele meiner Klienten berichten von spürbar weniger Blähungen und einer insgesamt entspannteren Verdauung ihres Vierbeiners. Die Wohlfühl-Kugeln sind ein echter Gamechanger, wenn es um das Bauchgefühl deines Hundes geht. Sie sind leicht gemacht, individuell anpassbar und einfach rundum gut für den Napf!

11 Darmfit-Keks

Ziel des Rezepts

Der Darmfit-Keks ist dein smarter Snack für alle Hunde, die einen sensiblen Magen-Darm-Trakt haben, häufiger mal mit Verdauungsproblemen kämpfen oder einfach ein Extra für ihre „Mitte" brauchen. Zeolith wirkt wie ein natürlicher Schwamm, der Schadstoffe bindet und die Verdauung entlastet. Topinambur liefert präbiotische Ballaststoffe und hilft der guten Darmflora auf die Sprünge. Perfekt für Fellnasen nach Magen-Darm-Infekten, bei Allergien, Futterumstellungen oder als gesunder Snack im Alltag!

ZUTATENLISTE

(für ca. 20–25 Kekse)

- 90 g Dinkelmehl (alternativ: Buchweizenmehl für Allergiker)
- 30 g feine Haferflocken
- 1 Ei (M)
- 40 g Magerquark oder laktosefreier Quark
- 10 g Zeolithpulver (100% naturrein, ohne Zusätze und bitte in Tierqualität!)
- 20 g Topinamburflocken oder -mehl (Ballaststoffwunder und Inulinquelle)
- 6 g Flohsamenschalen (sanft für die Verdauung)
- 1 kleine Pastinake, fein gerieben (ca. 40 g, für extra Präbiotika und natürliche Süße)
- 1 EL hochwertiges Leinöl oder Hanföl (ca. 10 ml, Omega-3 und Verträglichkeit)
- 2–4 EL Wasser, je nach Bedarf

ZUBEREITUNGSSCHRITTE

1. Backofen auf 160 °C Umluft (180 °C Ober-/Unterhitze) vorheizen.
2. Dinkelmehl, Haferflocken, Zeolith, Topinambur und Flohsamenschalen in einer großen Schüssel gut vermengen.
3. Ei, Quark, Öl und die geriebene Pastinake sowie 2 EL Wasser zugeben. Alles kräftig zu einem gut formbaren Teig kneten, bei Bedarf noch etwas Wasser ergänzen.

4. Aus dem Teig kleine Kekse formen (z. B. als Riegel, Kugeln oder Mini-Knochen).
5. Die Kekse auf ein Backblech legen und etwa 30 bis 35 Minuten backen, bis sie goldgelb und fest sind.
6. Komplett auskühlen lassen, bevor sie in den Napf wandern.

Fütterungsempfehlung

- Bis 5 kg: ½–1 Keks pro Tag
- 5–15 kg: 1–2 Kekse pro Tag
- 15–30 kg: 2–3 Kekse pro Tag
- Ab 30 kg: 3–4 Kekse pro Tag

Berechne die Kekse immer als Teil der Tagesration. Bei ganz kleinen Hunden kannst du die Kekse halbieren.

Hinweise zur Lagerung & Haltbarkeit

Bewahre die Darmfit-Kekse luftdicht im Kühlschrank auf, da sie dort etwa 8 bis 10 Tage frisch bleiben. Zum Einfrieren eignen sie sich perfekt und so hast du immer einen Vorrat für „heikle Tage"!

Mein Praxistipp

Zeolith ist ein echtes Naturtalent in der Entgiftung und wird von vielen Tierheilpraktikern bei chronischen Darmproblemen oder Allergien empfohlen. Topinambur gibt den guten Darmbakterien Futter, sorgt für eine gesunde Darmflora und macht die Kekse angenehm süßlich. Ich empfehle die Darmfit-Kekse gerne nach Antibiotika Therapien, bei Neigung zu Durchfall oder einfach zur regelmäßigen „Darmkur". Gerade bei Stress, Futterumstellung oder für Senioren ist das eine super Unterstützung für eine entspannte Verdauung.

Die Darmfit-Kekse sind kein Wundermittel, aber ein wirklich smarter Alltagshelfer und manchmal ist genau das der entscheidende Unterschied für Wohlgefühl und Lebensfreude deines Vierbeiners!

12 Kräuterwürfel für empfindliche Mägen

Ziel des Rezepts

Diese Würfel sind ein Segen für sensible Hundebäuche und nervöse Verdauung. Sie kombinieren die natürliche Kraft von Johannisbrot (Carob), das beruhigt und bindet, mit der entgiftenden Wirkung von Chlorella und dem Ballaststoff-Kick der Flohsamenschalen. Perfekt als Snack bei Magen-Darm-Empfindlichkeit, nach Durchfall, bei Futterumstellung oder als gelegentliche „Wohlfühlkur“ für den Napf.

ZUTATENLISTE

(für ca. 20–25 Würfel)

- 80 g Buchweizenmehl (glutenfrei und leicht verdaulich)
- 30 g Haferflocken (alternativ: Hirseflocken für Allergiker)
- 1 Ei (M)
- 50 g Magerquark (laktosefrei möglich)
- 12 g Johannisbrotmehl (Carob, sanft zu Magen und Darm)
- 6 g Flohsamenschalen (Ballaststoffe, regulieren die Verdauung)
- 4 g Chlorellapulver (Detox, Zellschutz und unterstützt die Darmflora)
- 10 g feine Karotte, geraspelt (sanfte Süße und Verdauungsunterstützung)
- 1 EL hochwertiges Lachsöl oder Hanföl (ca. 10 ml)
- 2–3 EL Wasser, je nach Bedarf

ZUBEREITUNGSSCHRITTE

1. Backofen auf 160 °C Umluft (180 °C Ober-/Unterhitze) vorheizen.
2. Buchweizenmehl, Haferflocken, Johannisbrotmehl, Flohsamenschalen und Chlorella in einer Schüssel gründlich vermengen.
3. Ei, Quark, Öl, Karotte und das Wasser dazugeben. Alles zu einem geschmeidigen, leicht feuchten Teig kneten. Falls nötig, ergänze esslöffelweise Wasser.

4. Den Teig zu kleinen Würfeln oder Riegeln formen. Mach sie gerne etwas kleiner, damit sie besonders bekömmlich sind.
5. Auf ein Backblech mit Backpapier legen und ca. 25 bis 30 Minuten backen, bis sie goldbraun und fest sind.
6. Vollständig auskühlen lassen, bevor du sie deinem Liebling gibst.

Fütterungsempfehlung

- Bis 5 kg: ½–1 Würfel pro Tag
- 5–15 kg: 1–2 Würfel pro Tag
- 15–30 kg: 2–3 Würfel pro Tag
- Ab 30 kg: 3–4 Würfel pro Tag

Rechne die Würfel immer als Teil der Tagesration an. Halbiere bei ganz kleinen Hunden die Würfel entsprechend.

Hinweise zur Lagerung & Haltbarkeit

Im Kühlschrank, luftdicht verpackt, bleiben die Kräuterwürfel etwa 8 bis 10 Tage frisch. Einfrieren geht super einfach und so hast du immer einen Vorrat für sensible Tage!

Mein Praxistipp

Johannisbrot (Carob) ist mein Geheimtipp für Hunde, die mit empfindlichem Magen, Durchfall oder weichem Kot kämpfen, denn es bindet sanft und bringt natürliche Süße mit. Chlorella gibt einen Detox-Boost und hilft, schädliche Stoffe zu binden, während Flohsamenschalen die Verdauung regulieren sowie für eine bessere Kotkonsistenz sorgen. Die Karotte bringt Extra-Power für die Schleimhäute und macht die Würfel super akzeptabel, sogar auch für mäkelige Hunde!

Viele meiner Klienten berichten, dass die Würfel vor allem in Stressphasen, bei Futterumstellung oder als kleine Kur für ein paar Wochen wahre Wunder wirken. Sie ersetzen keine medizinische Behandlung, aber sie sind eine unkomplizierte, hochwertige Unterstützung für den empfindlichen Hundebauch deines Lieblings.

KAPITEL 5

Immunsystem und Zellschutz

13 Abwehrkraft-Keks

Ziel des Rezepts

Der Abwehrkraft-Keks ist der perfekte Begleiter, wenn dein Vierbeiner ein starkes Immunsystem braucht. Egal ob im Fellwechsel, in der kalten Jahreszeit, bei hoher Belastung oder einfach als tägliche Stärkung für die „Abwehrpolizei" im Körper. Acerola liefert natürliches Vitamin C in Rekordmenge, während Katzenkralle als adaptogenes Superkraut die Zellabwehr und Regeneration unterstützt. Gemeinsam wirken sie wie ein Schutzschild gegen Alltagsstress, Infekte und Müdigkeit.

ZUTATENLISTE

(für ca. 20–25 Kekse)

- 90 g Buchweizenmehl (glutenfrei und gut verträglich)
- 30 g Haferflocken (alternativ: Hirseflocken für Allergiker)
- 1 Ei (M)
- 40 g Magerquark (laktosefrei möglich)
- 8 g Acerolapulver (Vitamin C-Booster, bio und ohne Zusätze)
- 5 g Katzenkralle-Pulver (*Uncaria tomentosa*, hochwertige Tierqualität!)
- 8 g gemahlene Leinsamen (Ballaststoffe und Omega-3)
- 1 kleine Karotte, fein gerieben (ca. 40 g, für zusätzliche Pflanzenkraft)
- 1 EL kaltgepresstes Hanföl (Omega-3 und Zellschutz, ca. 10 ml)
- 2–4 EL Wasser, je nach Bedarf

ZUBEREITUNGSSCHRITTE

1. Backofen auf 160 °C Umluft (180 °C Ober-/Unterhitze) vorheizen.
2. Buchweizenmehl, Haferflocken, Acerola, Katzenkralle und Leinsamen in einer Schüssel gründlich vermengen.

3. Ei, Quark, Hanföl, die geriebene Karotte und 2 EL Wasser zugeben. Alles zu einem gut formbaren Teig verkneten. Falls nötig, noch Wasser ergänzen.
4. Aus dem Teig kleine „Abwehrkraft" Kekse formen, gerne als Sterne oder Kreise, damit sie auffallen.
5. Auf ein mit Backpapier belegtes Blech legen und etwa 30 Minuten backen, bis sie goldgelb und fest sind.
6. Komplett auskühlen lassen, damit sie richtig knackig werden und dann kannst du die Kekse deinem Vierbeiner geben.

Fütterungsempfehlung

- Bis 5 kg: ½–1 Keks pro Tag
- 5–15 kg: 1–2 Kekse pro Tag
- 15–30 kg: 2–3 Kekse pro Tag
- Ab 30 kg: 3–4 Kekse pro Tag

Ziehe bitte die Kekse immer als Teil von der Tagesration ab. Für kleine Hunde halbiere sie oder forme sie entsprechend kleiner.

Hinweise zur Lagerung & Haltbarkeit

Die Abwehrkraft-Kekse lagerst du am besten luftdicht verpackt im Kühlschrank, denn dann halten sie sich 8 bis 10 Tage frisch. Sie eignen sich auch super zum Einfrieren. Dadurch hast du immer eine „Immunbombe" parat, wenn es drauf ankommt!

Mein Praxistipp

Acerola ist mein absoluter Favorit, wenn es darum geht, die Abwehrkräfte schnell und natürlich zu pushen. Gerade in der Erkältungszeit, bei Stress oder nach einer Erkrankung sind diese Kekse Gold wert. Katzenkralle hat in der Naturheilkunde einen festen Platz bei Immunschwäche und zur Regeneration nach Belastung. Sie wird oft unterschätzt, bringt aber einen echten Mehrwert für deine Fellrakete.

Gib die Kekse am besten als Kur über einige Wochen. Viele meiner Klienten berichten, dass ihre Hunde so seltener krank werden und insgesamt vitaler durchs

Jahr kommen. Natürlich sind diese Kekse keine Medizin, aber eine richtig wertvolle Ergänzung, wenn du deinem Vierbeiner langfristig ein starkes Immunsystem schenken willst!

14 Zellenstark-Leckerli

Ziel des Rezepts

Das Zellenstark-Leckerli ist die Antwort auf alles, was mit Zellschutz, Regeneration und innerer Stärke zu tun hat. Reishi, der „König der Vitalpilze", ist für seine immunmodulierende und antioxidative Wirkung bekannt. Astragalus (Tragantwurzel) ist ein echter Booster für das Immunsystem, unterstützt die Zellneubildung und schützt vor oxidativem Stress. Gemeinsam sind die beiden ein Powerduo für Hunde, die ein Extra an Widerstandskraft und Vitalität brauchen, egal ob nach Krankheiten, im Alter, im Fellwechsel oder einfach als täglicher Zellschutz.

ZUTATENLISTE

(für ca. 20–25 Leckerli)

- 90 g Buchweizenmehl (glutenfrei und sehr bekömmlich)
- 30 g Hirseflocken (sanft zu Magen und Darm, zusätzliches Mineralstoff-Plus)
- 1 Ei (M)
- 40 g Magerquark (laktosefrei geht natürlich auch)
- 6 g Reishi-Pilz-Pulver (hochwertig, bio und fein gemahlen)
- 6 g Astragaluswurzel-Pulver (Tragantwurzel, geprüft und ohne Zusätze)
- 8 g gemahlene Leinsamen (Ballaststoffe und Omega-3)
- 1 kleine Süßkartoffel, fein gerieben (ca. 40 g, für extra Carotinoide und Geschmack)
- 1 EL kaltgepresstes Hanföl oder Leinöl (Omega-3, ca. 10 ml)
- 2–4 EL Wasser, je nach Bedarf

ZUBEREITUNGSSCHRITTE

1. Backofen auf 160 °C Umluft (180 °C Ober-/Unterhitze) vorheizen.
2. Buchweizenmehl, Hirseflocken, Reishi, Astragalus und Leinsamen in einer Schüssel vermengen.
3. Ei, Quark, Öl, Süßkartoffel und 2 EL Wasser zugeben. Alles zu einem geschmeidigen Teig kneten. Falls er zu fest ist, noch etwas Wasser ergänzen.
4. Aus dem Teig kleine Leckerli formen – als kleine Quadrate, Herzen oder Energiekugeln, ganz wie du magst.
5. Auf ein Backblech legen und 30 bis 35 Minuten backen, bis sie goldgelb und fest sind.
6. Auskühlen lassen und dann dürfen sie direkt in den Napf deines Lieblings!

Fütterungsempfehlung

- Bis 5 kg: ½–1 Leckerli pro Tag
- 5–15 kg: 1–2 Leckerli pro Tag
- 15–30 kg: 2–3 Leckerli pro Tag
- Ab 30 kg: 3–4 Leckerli pro Tag

Bitte zieh die Leckerli wie immer von der Tagesration ab. Für kleine Hunde kannst du sie halbieren oder kleiner formen.

Hinweise zur Lagerung & Haltbarkeit

Lagere die Zellenstark-Leckerli am besten gut verschlossen im Kühlschrank, denn so bleiben sie für ca. 8 bis 10 Tage frisch. Die Leckerli lassen sich außerdem sehr gut einfrieren und sind schnell wieder einsatzbereit, sodass du immer einen kleinen Vorrat parat hast!

Mein Praxistipp

Reishi und Astragalus sind im asiatischen Raum seit Jahrhunderten *das* Geheimnis für ein langes, gesundes Leben und das gilt auch für unsere Hunde! Ich empfehle die Zellenstark-Leckerli vor allem älteren Hunden, Sportlern oder Tierschutz-Fellnasen zur Regeneration nach Krankheit oder Stress. Auch während des Fellwechsels oder nach Operationen leisten sie tolle Dienste. Die Süßkartoffel bringt Geschmack und zusätzliche Antioxidantien, die dem Snack den besonderen Kick geben.

Achtung: Diese Leckerli sind eine perfekte Unterstützung für die Zellgesundheit und das Immunsystem, aber kein Ersatz für eine tierärztliche Behandlung, wenn dein Vierbeiner ernsthaft krank ist.

15 Immunbooster

Ziel des Rezepts

Diese Immunbooster-Leckerli sind wie ein kleines Kraftwerk für das Immunsystem deines Lieblings. Sie bringen alles mit, was gestresste, müde oder anfällige Fellnasen für eine starke Abwehr brauchen. Egal ob im Fellwechsel, nach Krankheit, bei erhöhter Belastung oder einfach als tägliche Vorsorge. Maitake, der „König der Vitalpilze“, ist reich an Beta-Glucanen und stimuliert die körpereigene Immunabwehr. Camu-Camu liefert mehr Vitamin C als jede andere Frucht der Welt und bringt dazu sekundäre Pflanzenstoffe, die freie Radikale abwehren. Zusammen wirken sie wie ein natürliches Schild gegen Infekte und unterstützen die Regeneration von innen heraus.

ZUTATENLISTE

(für ca. 20–25 Leckerli)

- 90 g Hirsemehl (glutenfrei, leicht verdaulich und mineralstoffreich)
- 30 g feine Haferflocken (alternativ: Buchweizenflocken für Allergiker)
- 1 Ei (M)
- 40 g Magerquark (laktosefrei möglich)
- 7 g Maitake-Pilzpulver (hochwertig, fein gemahlen, bio)
- 7 g Camu-Camu-Pulver (100% naturrein, Vitamin-C-Booster)
- 8 g gemahlene Leinsamen (Ballaststoffe und Omega-3)
- 1 kleine Birne, fein gerieben (ca. 40 g, spendet Süße und sekundäre Pflanzenstoffe)
- 1 EL kaltgepresstes Hanföl (ca. 10 ml, Omega-3 und Zellschutz)
- 2–4 EL Wasser, je nach Bedarf

ZUBEREITUNGSSCHRITTE

1. Backofen auf 160 °C Umluft (180 °C Ober-/Unterhitze) vorheizen.
2. Hirsemehl, Haferflocken, Maitake, Camu-Camu und Leinsamen in einer Schüssel gründlich vermengen.
3. Ei, Quark, Hanföl, die geriebene Birne und 2 EL Wasser hinzufü-

gen. Alles kräftig zu einem gut formbaren Teig kneten und bei Bedarf Wasser ergänzen.

4. Aus dem Teig kleine Kugeln, Mini-Kekse oder Riegel, wie du eben möchtest.
5. Die Leckerli auf ein mit Backpapier belegtes Blech legen und ca. 30 bis 35 Minuten backen, bis sie goldgelb und fest sind.
6. Vollständig auskühlen lassen und erst dann darf deine Fellrakete sie bekommen.

Fütterungsempfehlung

- Bis 5 kg: ½–1 Leckerli pro Tag
- 5–15 kg: 1–2 Leckerli pro Tag
- 15–30 kg: 2–3 Leckerli pro Tag
- Ab 30 kg: 3–4 Leckerli pro Tag

Bitte ziehe die Immunbooster-Leckerli immer von der Tagesration ab. Bei kleinen Hunden kannst du sie halbieren oder besonders klein formen.

Hinweise zur Lagerung & Haltbarkeit

Im Kühlschrank bleiben die Immunbooster-Leckerli ca. 8 bis 10 Tage frisch, wenn du sie luftdicht lagerst. Einfrieren geht problemlos, wodurch du immer einen Vorrat zur Hand hast, wenn das Immunsystem deiner Fellnase Unterstützung braucht.

Mein Praxistipp

Gerade während des Fellwechsels, nach einem anstrengenden Training oder in der Erkältungssaison gebe ich die Immunbooster-Kekse als kleine Kur über zwei bis vier Wochen. Camu-Camu bringt nicht nur einen ordentlichen Vitamin-C-Kick, sondern auch natürliche Polyphenole, die die Abwehrkräfte nachhaltig stärken. Maitake ist mein Pilz-Geheimtipp. Er aktiviert die Abwehrzellen und hilft dem Körper, mit Stress besser umzugehen. Die Birne sorgt für angenehme Süße und ist dabei leicht verdaulich, sodass die Leckerli von fast jedem Vierbeiner gut angenommen werden.

Aber denk bitte daran, dass diese Leckerli eine smarte Ergänzung für die Abwehr sind, aber kein Ersatz für einen Besuch bei deinem Tierarzt, wenn dein Liebling ernsthaft krank ist oder ein schwaches Immunsystem hat.

KAPITEL 6

Seniorfreundliche Snacks

16 Seniorensnack für mehr Vitalität

Ziel des Rezepts

Der Seniorensnack ist wie ein kleines Stück Lebensfreude für deinen Liebling im besten Alter. Gerade ältere Fellnasen brauchen oft gezielt Unterstützung für Energie, Zellschutz, Vitalität und Regeneration. Gojibeeren liefern jede Menge Antioxidantien und Vitamine, die Alterungsprozesse ausbremsen und das Immunsystem stärken. Cordyceps, ein asiatischer

Vitalpilz, wird in der Tierheilkunde für mehr Ausdauer, Energie und Vitalität eingesetzt. Also perfekt bei Senioren, die ein bisschen „Anschub“ brauchen. Diese Snacks bringen neue Power ins Seniorenleben und sind so entwickelt, dass sie auch bei Zahnproblemen leicht zu kauen sind.

ZUTATENLISTE

(für ca. 20–25 Snacks)

- 80 g Hirsemehl (glutenfrei, leicht verdaulich, ideal für Senioren)
- 30 g feine Haferflocken (alternativ: Buchweizenflocken für Allergiker)
- 1 Ei (M)
- 40 g Magerquark oder laktosefreier Quark
- 20 g getrocknete Gojibeeren (am besten grob gehackt, Bioqualität)
- 6 g Cordyceps-Pulver (hochwertig, naturrein)
- 1 kleine Möhre, fein gerieben (ca. 40 g, gibt Süße und Ballaststoffe)
- 8 g gemahlene Leinsamen (Ballaststoffe und Omega-3)
- 1 EL kaltgepresstes Leinöl oder Hanföl (ca. 10 ml, Zellschutz und Energie)
- 2–4 EL Wasser, je nach Bedarf

ZUBEREITUNGSSCHRITTE

1. Backofen auf 160 °C Umluft (180 °C Ober-/Unterhitze) vorheizen.
2. Hirsemehl, Haferflocken, Cordyceps, Leinsamen und die gehackten Gojibeeren in einer großen Schüssel vermengen.
3. Ei, Quark, die geriebene Möhre, Öl und 2 EL Wasser zugeben. Alles gründlich zu einem weichen, gut formbaren Teig verkneten und bei Bedarf noch etwas Wasser ergänzen.
4. Forme kleine sowie gut kaubare Snacks (z. B. Mini-Kekse, Riegel oder Kugeln).
5. Die Seniorensnacks auf ein mit Backpapier belegtes Blech legen und 30 bis 35 Minuten backen, bis sie goldgelb und leicht fest sind.
6. Komplett auskühlen lassen, bevor du sie deinem Seniorenhund anbietest.

Fütterungsempfehlung

- Bis 5 kg: ½–1 Snack pro Tag
- 5–15 kg: 1–2 Snacks pro Tag
- 15–30 kg: 2–3 Snacks pro Tag
- Ab 30 kg: 3–4 Snacks pro Tag

Rechne die Snacks immer als Teil der Tagesration an! Für kleine oder zahnempfindliche Senioren forme ruhig noch kleinere Stücke oder weiche die Snacks vorher leicht ein.

Hinweise zur Lagerung & Haltbarkeit

Bewahre die Seniorensnacks luftdicht verschlossen im Kühlschrank auf, denn dort halten sie sich ca. 8 bis 10 Tage frisch. Einfrieren ist problemlos möglich, dadurch hast du immer Vitalität „auf Vorrat" für schwunglose Tage!

Mein Praxistipp

Viele ältere Hunde werden mit den Jahren gemütlicher und das ist auch völlig normal, aber oft fehlt einfach der kleine Energieschub im Alltag. Der Cordyceps bringt erfahrungsgemäß nicht nur mehr Ausdauer, sondern unterstützt auch Herz, Lunge und das Immunsystem. Gojibeeren schenken Vitalstoffe und Antioxidantien pur, sodass dein Senior mehr Lebensfreude und Abwehrkraft tanken kann. Ich gebe die Snacks gerne als Kur während des Fellwechsels, nach Krankheiten oder einfach als „Booster" für graue Schnauzen. Da die Snacks sehr weich und aromatisch sind, kommen sie auch bei mäkeligen Senioren oder Hunden mit Zahnproblemen bestens an.

Diese Seniorensnacks können natürlich keine medizinische Behandlung ersetzen, aber sie sind ein ganz praktisches, liebevolles Extra für mehr Lebensfreude im Alter. Wenn du sie ausprobierst, wirst du sehen, wie sehr dein Senior dieses kleine Extra liebt!

17 Energiekeks für ältere Hunde

Ziel des Rezepts

Der Energiekeks ist gemacht für alle Senioren, die ein bisschen „Drive" vermissen. Sei es beim Spazierengehen, Spielen oder einfach im Alltag. Mit hochwertigem Ginseng für anhaltende Vitalität und NADH als Turbo für die Zellenergie bringst du deinen Senior auf sanfte, natürliche Weise wieder in Schwung. Dieses Rezept ist für alle, die wollen, dass ihre älteren

Fellnasen Lebensfreude, Beweglichkeit und Ausdauer spürbar ohne Überforderung und Überreizung zurückbekommen.

ZUTATENLISTE

(für ca. 20–25 Kekse)

- 80 g Buchweizenmehl (glutenfrei, leicht verdaulich)
- 30 g Hirseflocken (sanft zu Magen und Darm)
- 1 Ei (M)
- 40 g Magerquark (laktosefrei möglich)
- 8 g Ginsengpulver (asiatischer oder sibirischer Ginseng, geprüft und fein gemahlen, z. B. Apotheken- oder Tierqualität)
- 2–3 Kapseln NADH, Inhalt (ca. 10–15 mg reines Pulver, einfach Kapsel öffnen - als Coenzym Q1, unbedingt in Veterinärqualität!)
- 1 kleine Süßkartoffel, fein gerieben (ca. 40 g, für Energie und Vitamine)
- 8 g gemahlene Leinsamen (Ballaststoffe und Omega-3)
- 1 EL kaltgepresstes Hanföl (ca. 10 ml, für Zellschutz und Vitalität)
- 2–4 EL Wasser, je nach Bedarf

ZUBEREITUNGSSCHRITTE

1. Backofen auf 160 °C Umluft (180 °C Ober-/Unterhitze) vorheizen.
2. Buchweizenmehl, Hirseflocken, Ginseng, Leinsamen und das NADH-Pulver aus den geöffneten Kapseln gründlich mischen.
3. Ei, Quark, geriebene Süßkartoffel, Hanföl und 2 EL Wasser dazugeben. Alles zu einem geschmeidigen, aber gut formbaren Teig kneten und bei Bedarf noch Wasser ergänzen.
4. Forme kleine, seniorenfreundliche Kekse (Kugeln, Riegel oder Mini-Knochen).
5. Die Kekse auf ein mit Backpapier belegtes Blech legen und etwa 30 bis 35 Minuten backen, bis sie leicht goldgelb und fest sind.
6. Komplett auskühlen lassen, damit sie schön stabil bleiben, dann kann dein Senior sie verputzen.

Fütterungsempfehlung

- Bis 5 kg: ½–1 Keks pro Tag
- 5–15 kg: 1–2 Kekse pro Tag
- 15–30 kg: 2–3 Kekse pro Tag
- Ab 30 kg: 3–4 Kekse pro Tag

Bitte rechne die Kekse immer als Teil der Tagesration ein! Für kleine oder zahnempfindliche Senioren forme die Kekse kleiner oder feuchte sie gegebenenfalls vor dem Verfüttern etwas an.

Hinweise zur Lagerung & Haltbarkeit

Die Energiekekse kannst du am besten luftdicht verschlossen im Kühlschrank für etwa 8 bis 10 Tage frisch halten. Du kannst sie aber auch einfrieren, um immer einen kleinen Vorrat für schwungvolle Tage auf Lager zu haben.

Mein Praxistipp

Ginseng ist mein absoluter Favorit, wenn es darum geht, alternde Hunde wieder „anzuwerfen". Er hilft nicht nur beim Energielevel, sondern auch bei Konzentration, Immunsystem und sogar Stimmung. NADH ist als natürlicher Mitochondrien-Turbo ein echter Geheimtipp,

wenn Senioren an Antrieb oder Bewegungsfreude verlieren. Die Wirkung spüren viele meiner Klienten schon nach kurzer Zeit: mehr Lust auf Spaziergänge, wacheres Verhalten und mehr Lebensfreude von ihrer Fellrakete. Die Süßkartoffel gibt nicht nur Energie, sondern macht die Kekse besonders weich und aromatisch.

Aber bitte gib Acht, denn auch die besten Kekse ersetzen keine medizinische Abklärung, wenn dein Senior ernsthafte Beschwerden hat. Sie sind aber ein liebevolles Plus und ein wertvoller Alltagstipp für mehr Lebensfreude im Alter.

18 Konzentrationscracker

Ziel des Rezepts

Die Konzentrationscracker bringen Schwung ins Oberstübchen deines Seniors. Mit einer Kombination aus L-Carnitin (fördert die Energieversorgung der Nervenzellen und schützt das Gehirn), Alpha-Liponsäure (Power-Antioxidans mit Schutzeffekt fürs Nervensystem) und Gotu Kola (Tigergras, traditionell in der asiatischen Medizin für bessere Durchblutung, Konzentration und mentale Fitness) entstehen Leckerli, die gezielt Gedächtnis, Lernfähigkeit und die innere Ruhe älterer Hunde stärken. Perfekt für alle Hundebesitzer, die merken, dass ihr Hund tüddelig wird oder einfach einen klareren Kopf braucht – egal ob für das Training, den Alltag oder einfach für mehr Lebensfreude.

ZUTATENLISTE

(für ca. 20–25 Kräcker)

- 90 g Hirsemehl (leicht verdaulich, glutenfrei und sanft für Senioren)
- 30 g feine Haferflocken (alternativ: Buchweizenflocken)
- 1 Ei (M)
- 40 g Magerquark (laktosefrei möglich)

- 6 g Gotu-Kola-Pulver (Tigergras, bio und ohne Zusätze)
- 8 g L-Carnitin-Pulver (tiergeeignet, idealerweise einzeln abwiegbar oder Kapseln – Kapseln einfach öffnen und abwiegen)
- 4 g Alpha-Liponsäure (hochwertige Tierqualität, Kapsel öffnen, Inhalt verwenden)
- 1 kleine Pastinake, fein gerieben (ca. 40 g, liefert Energie und Ballaststoffe, sanft zum Darm)
- 8 g gemahlene Leinsamen (Ballaststoffe und Omega-3)
- 1 EL kaltgepresstes Lachsöl oder Leinöl (ca. 10 ml, für Zellschutz und Geschmack)
- 2–4 EL Wasser, je nach Bedarf

ZUBEREITUNGSSCHRITTE

1. Backofen auf 160 °C Umluft (180 °C Ober-/Unterhitze) vorheizen.
2. Hirsemehl, Haferflocken, Gotu Kola, L-Carnitin, Alpha-Liponsäure und Leinsamen in einer großen Schüssel sorgfältig vermengen.
3. Ei, Quark, die geriebene Pastinake, Öl und 2 EL Wasser dazugeben. Alles zu einem geschmeidigen, gut formbaren Teig kneten. Falls nötig, ergänze noch etwas Wasser.
4. Forme Mini-Riegel, Stangen oder runde Kekse. Besonders praktisch für Senioren sind möglichst kleine Portionen, damit sie gut gekaut werden können.

5. Die Cracker auf ein Backblech mit Backpapier legen und ca. 30 bis 35 Minuten backen, bis sie goldgelb und fest sind.
6. Komplett auskühlen lassen, damit sie knusprig werden und die Wirkstoffe stabil bleiben.

Fütterungsempfehlung

- Bis 5 kg: ½–1 Kräcker pro Tag
- 5–15 kg: 1–2 Kräcker pro Tag
- 15–30 kg: 2–3 Kräcker pro Tag
- Ab 30 kg: 3–4 Kräcker pro Tag

Bitte zieh die Cracker immer von der Tagesration ab. Forme die Snacks für kleine, zahnempfindliche Hunde kleiner oder weiche sie leicht ein!

Hinweise zur Lagerung & Haltbarkeit

Lagere die Cracker am besten luftdicht verpackt im Kühlschrank. Dort halten sie sich für etwa 8 bis 10 Tage frisch. Zum Einfrieren sind sie bestens geeignet und so hast du immer einen Vorrat für Tage, an denen dein Liebling besonders viel „Köpfchen“ braucht.

Mein Praxistipp

L-Carnitin ist seit Jahren ein echter Gamechanger in der Seniorenernährung. Es sorgt für bessere Gehirnleistung, mehr Ausdauer und hält das Energieniveau stabil. Alpha-Liponsäure ist als Antioxidans Gold wert, weil sie die Nervenzellen schützt. Viele meiner Seniorenklienten wirken nach wenigen Wochen wacher, lernen schneller und sind auch emotional ausgeglichener. Gotu Kola kennt man in der Naturheilkunde als sanften Stimmungsaufheller, der die Durchblutung im Gehirn fördert. Die Pastinake bringt nicht nur Geschmack, sondern ist auch für empfindliche

Senioren gut verträglich. Gerade in Zeiten, wenn Hunde nachlassen, vergesslich wirken oder sich langsamer orientieren, werden diese Cracker zu kleinen Alltagshelden. Und das Beste ist, dass viele Senioren den milden Geschmack und die leichte Textur lieben!

Aber wie immer gilt, dass diese Snacks keine gezielte Behandlung bei ernsthaften neurologischen Problemen ersetzen. Sie sind aber ein unglaublich wertvoller Support, wenn du deinem Senior wieder mehr „Klarheit" schenken willst!

Wuffio: Deine persönliche Hundeernährungs-App

Stell dir vor, du könntest jederzeit einen erfahrenen Ernährungsberater fragen und bekommst in wenigen Minuten klare, persönliche Empfehlungen komplett individuell für genau *deinen* Hund. Mit meiner App Wuffio ist das für dich und deine Fellrakete möglich!

Egal ob bei Fragen zu Allergien, Futterumstellungen, Superfoods oder Verdauungsproblemen: In der Wuffio-App kannst du alle deine Ernährungsfragen stellen und bekommst Antworten, die wirklich zu deinem Vierbeiner passen. Direkt, verständlich und ohne Fachchinesisch.

Was macht Wuffio so einzigartig?

- Individuelle Beratung rund um die Uhr und du brauchst kein Googeln und auch kein Rätselraten mehr!
- Tipps, Rezepte und Wissen aus der Praxis individuell für deinen Vierbeiner
- Organizer, Futterchecks und noch viel mehr
- Alles in einer App, die dich und deinen Hund wirklich weiterbringt

Wuffio ist mehr als eine App.
Es ist dein täglicher Begleiter für alle Fragen rund um Hundeernährung und Gesundheit. Und das Beste daran ist, dass du und dein Liebling sofort starten könnt!

Scanne den QR-Code und probiere kostenlos meine App Wuffio.

Wuffio
Die Ernährungs-App
für deinen Hund
✓ Individuelle Futtertipps
✓ Klare Empfehlungen
Jetzt kostenlos
voranmelden

KAPITEL 7

Junghunde und Welpen

19 Wachstumswürfel für kleine Helden

Ziel des Rezepts

Die Wachstumswürfel sind echte Kraftpakete für junge Hunde in ihrer wichtigsten Lebensphase. Gerade Welpen und Junghunde brauchen nicht nur Energie, sondern auch gezielt Mineralstoffe, Aminosäuren und Wachstumshelfer, damit Knochen, Zähne, Gelenke und Muskeln sich optimal entwickeln. Knochenmehl liefert hoch bioverfügbares Kalzium und Phosphor, während Moringa als echtes Superfood das junge Immunsystem, die Zellteilung und den Muskelaufbau unterstützt. Die Rezeptur ist ausgewogen, gut verdaulich und bewusst auf Welpenansprüche abgestimmt, damit dein kleiner Held groß und stark wird!

ZUTATENLISTE

(für ca. 20–25 Würfel)

- 80 g Hirsemehl (glutenfrei, verträglich, mineralstoffreich)
- 30 g feine Haferflocken (alternativ: Buchweizenflocken)
- 1 Ei (M)
- 50 g Magerquark (laktosefrei möglich, liefert Protein und Kalzium)
- 10 g Knochenmehl (hochwertige Tierqualität, Kalzium- und Phosphorquelle)
- 6 g Moringa-Pulver (Superfood, voll mit Vitaminen, Mineralstoffen und Aminosäuren)
- 8 g gemahlene Leinsamen (Ballaststoffe und Omega-3)
- 1 kleine Karotte, fein gerieben (ca. 40 g, für extra Beta-Carotin und Verdauung)
- 1 EL hochwertiges Leinöl oder Lachsöl (ca. 10 ml, für die Entwicklung von Nerven und Gehirn)
- 2–4 EL Wasser, je nach Bedarf

ZUBEREITUNGSSCHRITTE

1. Backofen auf 160 °C Umluft (180 °C Ober-/Unterhitze) vorheizen.
2. Hirsemehl, Haferflocken, Knochenmehl, Moringa und Leinsamen in einer großen Schüssel gründlich vermengen.
3. Ei, Quark, geriebene Karotte, Leinöl und 2 EL Wasser zugeben. Alles zu einem geschmeidigen, gut formbaren Teig kneten und bei Bedarf noch Wasser ergänzen.
4. Den Teig zu kleinen, mundgerechten Würfeln oder Kügelchen formen.
5. Die Würfel auf ein mit Backpapier belegtes Blech setzen und ca. 25 bis 30 Minuten backen, bis sie leicht fest, aber noch weich genug für junge Zähne sind.
6. Komplett auskühlen lassen, damit sie schön saftig bleiben und dann ab in die Futterluke deines Vierbeiners.

Fütterungsempfehlung

- Welpen bis 5 kg: ½–1 Würfel pro Tag
- Junghunde 5–15 kg: 1–2 Würfel pro Tag
- 15–30 kg: 2–3 Würfel pro Tag
- Ab 30 kg: 3–4 Würfel pro Tag

Achtung: Bitte rechne die Wachstumswürfel immer als Teil der Tagesration ein! Sie sind als Ergänzung zur täglichen Futterration gedacht. Für sehr kleine Welpen oder Mini-Rassen forme die Würfel kleiner oder halbiere sie.

Hinweise zur Lagerung & Haltbarkeit

Bewahre die Wachstumswürfel am besten luftdicht verpackt im Kühlschrank auf, denn dort halten sie ca. 8 bis 10 Tage frisch. Sie eignen sich auch super zum Einfrieren, sodass du immer einen Vorrat für die nächsten Abenteuer deines kleinen Helden parat hast.

Mein Praxistipp

Ich empfehle die Wachstumswürfel besonders bei wählerischen Welpen, nach Impfungen oder in besonders aktiven Wachstumsphasen. Knochenmehl liefert ein ideales Kalzium-Phosphor-Verhältnis, was absolut essenziell für die Entwicklung von Skelett und Zähnen ist. Moringa ist mein Geheimtipp für mehr Vitalstoffe, Immunabwehr und glänzendes Fell schon im ersten Lebensjahr. Die Karotte bringt Süße und zusätzliche Antioxidantien.

Du wirst sehen, dass dein Welpe diese Snacks liebt, und das Beste daran ist, dass du mit gutem Gewissen zusehen kannst, wie er von innen heraus groß, stark und rundum gesund wird.

Denk bitte dran, dass die Würfel als Ergänzung konzipiert sind! Gerade bei rassetypischen Wachstumsproblemen oder Unsicherheiten sprich vorher mit deinem Tierarzt oder einem Hundeernährungsberater!

20 Lernleckerli für junge Entdecker

Ziel des Rezepts

Die Lernleckerli habe ich speziell für die schlauen Köpfe unter den Welpen und Junghunden konzipiert. In der aufregenden Phase des Lernens, Erkundens und Trainings brauchen junge Hunde nicht nur schnelle Energie, sondern auch gezielte Nährstoffe für starke Nerven, eine gesunde Entwicklung und ein cleveres Köpfchen. Eierschalenpulver liefert natürliches, hoch bioverfügbares Kalzium für den Knochenaufbau, während Baobab als afrikanisches Superfood voller Vitamin C, Antioxidantien und Ballaststoffe steckt (ideal für Wachstum, Immunsystem und Konzentration). Zusammen ergeben sie ein gesundes Leckerli für kleine Entdecker, die spielerisch lernen und dabei optimal versorgt sein sollen.

ZUTATENLISTE

(für ca. 20–25 Leckerli)

- 80 g Dinkelmehl (alternativ: Buchweizenmehl, glutenfrei und leicht verdaulich)
- 30 g feine Haferflocken (sanfte Ballaststoffe, sättigend)
- 1 Ei (M)
- 50 g Magerquark (laktosefrei möglich, Protein und Nervenstärke)
- 6 g Eierschalenpulver (hochwertig, Kalziumquelle, fein gemahlen)
- 8 g Baobab-Pulver (Vitamin C, Ballaststoffe, sanft fruchtig im Geschmack)
- 8 g gemahlene Leinsamen (Ballaststoffe und Omega-3)
- 1 kleine Banane, zerdrückt (ca. 40 g, sorgt für Energie und Geschmack, wirkt appetitanregend)
- 1 EL hochwertiges Leinöl oder Hanföl (ca. 10 ml, für Nerven und Gehirn)
- 2–4 EL Wasser, je nach Bedarf

ZUBEREITUNGSSCHRITTE

1. Backofen auf 160 °C Umluft (180 °C Ober-/Unterhitze) vorheizen.
2. Dinkelmehl, Haferflocken, Eierschalenpulver, Baobab und Leinsamen in einer großen Schüssel vermengen.
3. Ei, Quark, Banane, Öl und 2 EL Wasser zugeben und alles zu einem geschmeidigen, gut formbaren Teig kneten. Bei Bedarf noch etwas Wasser ergänzen.
4. Den Teig zu kleinen, handlichen Leckerli (z. B. Mini-Kugeln, Riegel oder Würfel) formen. Praktisch fürs Training und als kleine Belohnung zwischendurch!
5. Die Leckerli auf ein mit Backpapier belegtes Blech legen und ca. 20 bis 25 Minuten backen, bis sie leicht fest, aber noch weich und aromatisch sind.
6. Komplett auskühlen lassen, damit sie nicht kleben und perfekt für kleine Mäuler sind.

Fütterungsempfehlung

- Welpen bis 5 kg: ½–1 Leckerli pro Tag
- Junghunde 5–15 kg: 1–2 Leckerli pro Tag
- 15–30 kg: 2–3 Leckerli pro Tag
- Ab 30 kg: 3–4 Leckerli pro Tag

Rechne die Lernleckerli immer als Teil der Tagesration an. Forme die Leckerli für besonders kleine Rassen oder sehr junge Welpen kleiner oder halbiere sie!

Hinweise zur Lagerung & Haltbarkeit

Lagere die Lernleckerli luftdicht verpackt im Kühlschrank, denn dort bleiben sie für 8 bis 10 Tage frisch. Einfrieren ist problemlos möglich und so hast du immer gesunde Snacks für Trainings sowie Abenteuer parat.

Mein Praxistipp

Die Lernleckerli eignen sich perfekt fürs Clickertraining, die Hundeschule oder einfach als Belohnung für zwischendurch. Baobab gibt dem Snack eine natürliche Süße, die viele Hunde lieben, und sorgt gemeinsam mit Banane und Leinsamen für eine gesunde Verdauung sowie stabile Energie. Eierschalenpulver liefert das nötige Kalzium für stabile Knochen, was gerade im Wachstum und beim Toben super-

wichtig ist. Ich empfehle diese Leckerli als tägliche kleine „Lernhilfe", denn ein gesunder, gut versorgter Hund lernt einfach schneller, bleibt konzentrierter und ist am Ende des Tages glücklich und ausgeglichen.

Die Lernleckerli sind als Ergänzung zur Hauptmahlzeit gedacht und können das Training, aber auch die Bindung zwischen dir und deinem Hund spielerisch stärken. Bei Fragen zur optimalen Kalziumversorgung oder bei rassespezifischen Besonderheiten konsultiere immer einen Hundeernährungsberater oder einen Tierarzt.

21 Entwicklungskeks

Ziel des Rezepts

Der Entwicklungskeks ist die Geheimwaffe für junge Hunde, die mehr als nur wachsen wollen! In dieser sensiblen Lebensphase sind die Weichen für ein gesundes Immunsystem, starke Knochen, stabile Nerven und eine leistungsfähige Verdauung gestellt. Rinderkolostrum bringt natürliche Immunglobuline, Wachstumsfaktoren und Vitalstoffe mit, wie sie sonst nur in der Natur zu finden sind. Es gibt den kleinen Vierbeinern einen echten Boost. Chiasamen sorgen für wertvolle Omega-3-Fettsäuren und Ballaststoffe, die die Verdauung unterstützen und die Konzentrationsfähigkeit stärken. Die AFA-Alge liefert jede Menge Mineralstoffe, Spurenelemente und Aminosäuren, also ein echtes Brain- und Body-Food für heranwachsende Fellraketen. Das Ergebnis ist ein Keks, der Entwicklung, Leistungsfähigkeit und Wohlgefühl spürbar fördert!

ZUTATENLISTE

(für ca. 20–25 Kekse)

- 80 g Buchweizenmehl (glutenfrei, leicht verdaulich, mineralstoffreich)
- 30 g feine Haferflocken (sanfte Ballaststoffe, gut verträglich)
- 1 Ei (M)
- 50 g Magerquark (laktosefrei möglich, liefert Protein und Kalzium)
- 10 g Rinderkolostrum-Pulver (hochwertige Tierqualität, Immunschub pur!)
- 8 g Chiasamen (einmalig in Omega-3, sorgen für gute Verdauung und Ausdauer)
- 4 g AFA-Algenpulver (Spirulina oder Klamath-See-Alge, hochwertige Quelle für Vitalstoffe)
- 1 kleine Birne, fein gerieben (ca. 40 g, bringt Süße und Vitamine)
- 1 EL hochwertiges Hanföl oder Leinöl (ca. 10 ml, für Nerven, Haut und Gehirn)
- 2–4 EL Wasser, je nach Bedarf

ZUBEREITUNGSSCHRITTE

1. Backofen auf 160 °C Umluft (180 °C Ober-/Unterhitze) vorheizen.
2. Buchweizenmehl, Haferflocken, Rinderkolostrum, Chiasamen und AFA-Algenpulver in einer großen Schüssel gründlich vermengen.
3. Ei, Quark, die geriebene Birne, Öl und 2 EL Wasser zugeben. Alles zu einem gut formbaren, geschmeidigen Teig kneten. Falls nötig, noch etwas Wasser ergänzen.
4. Den Teig zu kleinen Kugeln oder Riegeln formen, so wie es für deinen Vierbeiner und das Training am besten passt.
5. Kekse auf ein mit Backpapier belegtes Blech legen und 25 bis 30 Minuten backen, bis sie fest, aber noch soft sind.
6. Vollständig auskühlen lassen, damit sie handlich und bekömmlich bleiben.

Fütterungsempfehlung

- Welpen bis 5 kg: ½–1 Keks pro Tag
- Junghunde 5–15 kg: 1–2 Kekse pro Tag
- 15–30 kg: 2–3 Kekse pro Tag
- Ab 30 kg: 3–4 Kekse pro Tag

Rechne die Entwicklungskekse immer als Teil der Tagesration an! Für Mini-Rassen oder sehr junge Welpen forme die Kekse bitte noch kleiner.

Hinweise zur Lagerung & Haltbarkeit

Lagere die Entwicklungskekse luftdicht verpackt im Kühlschrank, dann bleiben sie 8 bis 10 Tage frisch. Sie lassen sich auch super einfrieren und das ist perfekt, wenn du für die nächste Entwicklungsrunde vorsorgen willst!

Mein Praxistipp

Gerade nach Impfungen, in besonders wilden Wachstumsphasen oder wenn dein Welpe mal etwas wackelig wirkt, sind Entwicklungskekse ein echter Segen. Das Kolostrum bringt die Power aus dem „ersten Lebenstagen" direkt ins Leckerli. Chiasamen sorgen für Ausdauer und Konzentration, während die AFA-Alge das ganze Paket mit Vitaminen und Spurenelementen abrundet. Die Birne macht die Kekse saftig und sorgt für beste Akzeptanz.

Ich empfehle die Kekse vor allem als Begleitung zum Training, während Wachstumsschüben oder bei sensiblen Junghunden, die einen kleinen Extraschub brauchen. So stärkst du nicht nur die Gesundheit, sondern auch die Bindung, weil mit jedem Keks ein gutes Gefühl und noch mehr Lebensfreude im Napf landet.

Die Entwicklungskekse sind als Ergänzung zum Hauptfutter gedacht und nicht als alleinige Ernährungsquelle! Hol dir bei speziellen Wachstumsfragen, Allergien oder Problemen rund um das Immunsystem bitte Rat beim Tierarzt oder Ernährungsberater.

KAPITEL 8

Saisonale und besondere Snacks

22 Sommerhappen zum Einfrieren

Ziel des Rezepts

Die Sommerhappen sind der perfekte Snack für heiße Tage, Abenteuer im Park oder als kleine Belohnung nach einer schattigen Siesta. Diese Leckerbissen bringen nicht nur Abkühlung, sondern liefern deinem Liebling eine Extraportion Zellschutz, Konzentrationspower und echte Superfood-Energie. *Ginkgo biloba* fördert die Durchblutung und unterstützt die geistige Frische, Granatapfelkerne liefern Antioxidantien, während Aronia als heimische „Vitaminbombe“ die Abwehrkräfte stärkt. Das Rezept habe ich so konzipiert, dass die Sommerhappen schön frisch, saftig und leicht gefroren serviert werden können. Ein Highlight für jede Fellrakete im Sommer!

ZUTATENLISTE

(für ca. 20–25 Sommerhappen, je nach Form)

- 80 g Kokosjoghurt (oder laktosefreier Naturjoghurt, als frische Basis)
- 50 g frische oder aufgetaute Himbeeren (Vitamin C und Frischekick)
- 20 g getrocknete Granatapfelkerne (am besten fein gemahlen)
- 10 g getrocknete Aroniabeeren (oder 2 EL Aroniapulver, liefert Zellschutz und Farbe)
- 5 g Ginkgo-biloba-Pulver (hochwertige Tierqualität, für Fokus und Durchblutung)
- 1 TL Honig (optional, nur wenn der Hund es gut verträgt, für eine sanfte Süße)
- 2 EL gemahlene Leinsamen (Ballaststoffe und Omega-3)
- 30 ml Wasser oder Kokoswasser (bei Bedarf zum Verdünnen)

ZUBEREITUNGSSCHRITTE

1. Alle Zutaten (bis auf das Wasser) in einen Mixer oder eine Küchenmaschine geben und fein pürieren, bis eine homogene, leicht cremige Masse entsteht.
2. Falls die Masse zu dick ist, gib esslöffelweise Wasser oder Kokoswasser hinzu, bis sie sich gut in Formen füllen lässt.
3. Die Masse in kleine Silikonförmchen, Eiswürfelformen oder Muffinbleche geben. Tipp: Kleine Portionen sind für Hunde ideal, denn so kannst du sie besser dosieren!
4. Die Förmchen für mindestens 4 Stunden (am besten über Nacht) ins Gefrierfach stellen, bis die Happen komplett durchgefroren sind.
5. Vor dem Verfüttern für mindestens 10 Min. antauen lassen, damit sie nicht zu hart sind, es zu keinen Magenbeschwerden kommt und dein Hund sich nicht die Zähne ausbeißt!

Fütterungsempfehlung

- Bis 5 kg: ½–1 Sommerhappen pro Tag
- 5–15 kg: 1–2 Sommerhappen pro Tag
- 15–30 kg: 2–3 Sommerhappen pro Tag
- Ab 30 kg: 3–4 Sommerhappen pro Tag

Die Happen sind als kühlende Ergänzung zum normalen Futter gedacht und sollten vor allem an warmen Tagen angeboten werden. Für kleine Hunde passe die Portion bitte entsprechend an – weniger ist manchmal mehr!

Hinweise zur Lagerung & Haltbarkeit

Im Gefrierfach halten sich die Sommerhappen ca. 3 bis 4 Wochen. Nimm immer nur so viele Portionen heraus, wie du brauchst, und lass sie bitte für mindestens 10 Minuten antauen, damit es zu keinen gesundheitlichen Beschwerden kommt!

Mein Praxistipp

Gerade an heißen Tagen ist es wichtig, den Vierbeiner nicht zu überfordern und ihm trotzdem Nährstoffe, Flüssigkeit und Abwechslung zu bieten. Mit diesen Sommerhappen schlägst du drei Fliegen mit einer Klappe: Abkühlung, echte Superfoods und perfekte Portionierung. *Ginkgo biloba* ist mein Geheimtipp, wenn Hunde im Sommer schnell „durchhängen" oder sich schwer konzentrieren können. Er unterstützt die Durchblutung und macht den Kopf klar. Granatapfelkerne und Aronia sorgen für Zellschutz, stärken die Abwehr und geben Farbe sowie Geschmack. Diese Happen werden auch von sensiblen und mäkeligen Hunden gerne genommen und sind das Highlight auf jedem Hundepicknick. Wenn du sie mit Silikonförmchen in Herzchen- oder Knochenform einfrierst, sehen sie nicht nur hübsch aus, sondern machen auch richtig Eindruck!

Die Sommerhappen sind eine Ergänzung zur täglichen Ernäh-

rung und ersetzen keine Hauptmahlzeit. Bei Allergien oder Unverträglichkeiten sprich vorher mit deinem Tierarzt oder Ernährungsberater, welche Zutaten für deinen Hund geeignet sind.

23 Geburtstagsmuffin für den Vierbeinertag

Ziel des Rezepts

Der Geburtstagsmuffin ist das Sahnehäubchen für jeden Hund, egal ob Welpe, Senior, Sportskanone oder gemütlicher Couch-Potato! Dieser Muffin ist so konzipiert, dass er nicht nur lecker, sondern auch absolut alltagstauglich und verträglich ist. Perfekt, um den Vierbeinertag gebührend zu feiern und als Highlight zum Geburtstag, Adoptionstag oder einfach als „Du bist mein Lieblingshund"-Moment. Die Kombination aus Heidelbeeren, Kokos, Süßkartoffel und Amaranth vereint geballte Superfood-Power: Antioxidantien, Ballaststoffe, Vitamine und gesunde Energie für jede Lebensphase. Vor allem auch Allergiker und mäkelige Hunde können in den allermeisten Fällen den Muffin genießen!

ZUTATENLISTE

(für 4–6 kleine Muffins oder einen großen „Hunde-Cupcake“)

- 60 g Amaranthmehl (glutenfrei, proteinreich, Power für die Zellen)
- 40 g Kokosraspeln (Ballaststoffe, gesunde Fette, frischer Geschmack)
- 1 Ei (M)
- 60 g laktosefreier Magerquark oder Kokosjoghurt (je nach Verträglichkeit)
- 1 kleine Süßkartoffel, fein gerieben (ca. 50 g, für Vitamine und eine tolle Konsistenz)
- 25 g Heidelbeeren, frisch oder TK (Antioxidantien-Boost, unterstützt die Zellgesundheit)
- 8 g gemahlene Chiasamen (Omega-3 und Verdauungshelfer)
- 1 TL Honig (optional, für die Extraportion Liebe und Verträglichkeit)
- 1 TL Kokosöl, kaltgepresst (gesunde Energie und Geschmack)
- ½ TL Zimt (nur Ceylon, wirkt antioxidativ und gibt Aroma)
- 1–3 EL Wasser, nach Bedarf

ZUBEREITUNGSSCHRITTE

1. Backofen auf 160 °C Umluft (180 °C Ober-/Unterhitze) vorheizen.
2. Amaranthmehl, Kokosraspeln, Chiasamen und Zimt in einer Schüssel vermengen.
3. Ei, Quark/Joghurt, Süßkartoffel, Heidelbeeren, Honig und Kokosöl zufügen. Alles gut vermengen, dabei nach und nach das Wasser zugeben, bis ein sämiger, löffelbarer Teig entsteht.
4. Teig in Muffinförmchen oder eine kleine Silikonform füllen. Für den „Party Look“ kannst du oben ein paar extra Heidelbeeren oder Kokosflocken aufstreuen.
5. Muffins ca. für 25 bis 30 Minuten backen, bis sie leicht goldgelb und fest sind. Mit einem Holzstäbchen testen, ob sie durch sind.
6. Gut auskühlen lassen und dann ab zur Party im Napf!

Fütterungsempfehlung

Muffins sind als besonderer Snack zum Festtag gedacht. Gib sie deshalb nicht täglich. Für kleine Hunde unter 10 kg Körpergewicht reicht ein halber Muffin, mittlere Hunde bis 25 kg Körpergewicht dürfen einen genießen, große Vierbeiner über 25 kg bis zu zwei Stück (am Tag). Biete den Muffin am besten als Highlight an und passe die Menge dem Aktivitätslevel sowie der sonstigen Tagesration an.

Hinweise zur Lagerung & Haltbarkeit

Gut verpackt im Kühlschrank halten sich die Muffins 2 bis 3 Tage frisch. Du kannst sie auch einfrieren und nach Bedarf auftauen, denn so hast du immer einen Grund zum Feiern auf Vorrat!

Mein Praxistipp

Ich habe selten so viele glückliche Hundenasen gesehen wie nach diesem Geburtstagsmuffin! Der Muffin ist saftig, aromatisch und wird durch die Heidelbeeren und Süßkartoffel besonders gut vertragen. Amaranth bringt hochwertige Proteine und Mineralstoffe mit, während Chiasamen und Kokosöl für Energie und Hautgesundheit sorgen. Für Allergiker kannst du die Eier durch 1 EL Apfelmus ersetzen und den Honig einfach weglassen. Der Muffin schmeckt trotzdem!

Der Geburtstagsmuffin ist ein Festtagssnack und keine tägliche Mahlzeit. Bitte rechne ihn immer als Teil der Tagesration an und passe unbedingt bei Unverträglichkeiten einzelne Zutaten an. Und jetzt Happy Birthday an deine Fellrakete!

TEIL III

Dein Fahrplan für gesunde Hundeernährung im Alltag

KAPITEL 1

Superfoods richtig einsetzen

Stell dir vor, die Hundeernährung wäre wie ein Werkzeugkoffer und die Superfoods darin die Spezialwerkzeuge. Manchmal reicht ein Schraubenzieher (also ein einzelnes Superfood als Ergänzung) und manchmal braucht es den ganzen Werkzeugkoffer (eine komplette Futterumstellung). Aber wann benutzt du was? Wie oft? Und wie vermeidest du typische Fehler? Genau das klären wir jetzt, pragmatisch und ehrlich!

Wie oft, wie viel und wie lange?

Superfoods sind kein Zaubertrank, sondern hochwertige Werkzeuge für die Gesundheit deines Vierbeiners. Aber auch hier gilt: Die Dosis macht das Gute und nicht jedes Superfood ist für jeden Hund oder jeden Tag geeignet.

Wie oft?

Manche Superfoods (wie Hagebutte, Leinsamen, Seealge) kannst du täglich geben und andere (wie Reishi, Ginseng, Kurkuma) lieber als gezielte Kur oder nach Bedarf. Gib solche Superfoods dann lieber regelmäßig in kleinen Portionen als selten eine große Menge. So bleibt der Effekt konstant und der Körper deines Lieblings kann die Nährstoffe optimal nutzen. Genauere Informationen habe ich dir zusätzlich in den einzelnen Kapiteln der Superfoods gegeben.

Wie viel?

Die Dosierung hängt vom Superfood, dem Gewicht deines Lieblings, Alter, Gesundheitszustand und sogar der Jahreszeit ab. Meine Faustregel: Starte mit der Mindestmenge (oft 1/5 bis 1/2 der empfohlenen Tagesmenge) und steigere langsam, während du die Verträglichkeit beobachtest. Mehr ist nicht immer besser und das Gegenteil ist leider oft der Fall! Schau dir daher auch die Dosierungsbeispiele zu jedem Superfood im Buch an und hol dir im Zweifel Rat von einem Ernährungsberater oder von deinem Tierarzt.

Wie lange?

Superfoods wie Spirulina, Grünlippmuschel oder Chiasamen kannst du monatelang geben und andere wie bestimmte Pilzextrakte oder Kräuter (z. B. Katzenkralle, Ginseng, Heilmoor) besser als Kur für 2 bis 6 Wochen und mach dann eine Pause.

Bei Unsicherheiten oder wenn du etwas Neues ausprobieren willst, starte immer mit weniger, dafür aber konsequent. Mach zudem lieber mal eine Pause als „durchzuballern“!

Wann dauerhaft und wann lieber kurweise?

Dauerhafte Begleiter:
Superfoods, die „bausteinartig" zur Grundversorgung beitragen, also Hanföl, Leinsamen, Bierhefe, Spirulina, Seealge, Knochenmehl (je nach Bedarf) kannst du langfristig, zum Teil sogar täglich einsetzen, solange dein Vierbeiner sie gut verträgt.

Kurweise einsetzen:
Viele Superfoods sind wie der Frühljahrsputz. Sie wirken am besten, wenn du sie gezielt und für einen überschaubaren Zeitraum einsetzt.

Beispiele:

- Grünlippmuschel (4 bis 8 Wochen Kur gegen Arthrosebeschwerden)
- Kurkuma (bei Entzündung oder nach OP, 2 bis 4 Wochen anwenden und dann eine Pause machen)
- Vitalpilze (wie Reishi oder Cordyceps, 4 bis 6 Wochen und dann eine längere Pause machen)
- Immunbooster wie Acerola, Camu-Camu, Katzenkralle im Fellwechsel, nach Krankheit oder Stress

- Bei Allergikern Superfoods zur Haut- und Darmregeneration (Perilla, Hirse, Flohsamen) verwenden.

➔ Immer wieder Pausen einlegen, damit sich keine Gewöhnung oder Überdosierung einschleicht!

Typische Fehler und wie du sie vermeidest

1 Zu viel, zu schnell:
Viele starten euphorisch und geben gleich drei neue Sachen auf einmal. Das rächt sich, denn dein Vierbeiner verträgt es vielleicht nicht oder der gewünschte Effekt bleibt aus.

➔ Starte lieber ein neues Superfood nach dem anderen, beobachte jedes einzelne Superfood für 7 bis 10 Tage und probiere dann das nächste.

2 Falsche Dosierung:
Gerade bei kleinen Hunden oder sensiblen Rassen kann eine Überdosierung schnell zu Problemen führen.

➔ Starte deshalb immer mit einer kleinen Portion und steigere diese langsam Stück für Stück.

3 Zu hohe Erwartungen:
Superfoods wirken unterstützend, aber sie sind keine Medizin! Wenn du Heilung erwartest, wirst du hier leider enttäuscht.

➔ Nutze die Superfoods als Teil eines Gesamtkonzepts und nicht als „Wundermittel".

4 Unverträglichkeiten ignorieren:
Jeder Hund ist individuell, deshalb solltest du stets Acht geben. Wenn dein Liebling nach einem Superfood Durchfall, Juckreiz oder Unwohlsein hat, setze es sofort ab!

➔ Lieber ein anderes ausprobieren als krampfhaft festhalten.

Futterergänzung vs. vollwertige Futterumstellung

Hier wird es praxisnah und spannend zugleich! **Futterergänzung** heißt, du fütterst Superfoods zum gewohnten Futter als Topping, Extra oder gezielte Ergänzung (z. B. zur Unterstützung bei Fellwechsel, Juckreiz, Arthrose, Immunschwäche etc.) dazu.

Das ist unkompliziert und für die meisten Hundebesitzer der beste Weg für den Einstieg.

Vollwertige Futterumstellung bedeutet, dass du das Hauptfutter deines Hundes konsequent umstellst. Zum Beispiel von Trockenfutter auf Barf, auf selbst gekochte Rationen oder auf hochwertiges Nassfutter, ggf. ergänzt mit passenden Superfoods.

Das ist sinnvoll, wenn dein Vierbeiner dauerhaft Probleme hat, schwer krank ist oder einfach „mehr" braucht als ein paar Extravitamine.

➔ Mein Tipp für dieses komplexe Thema: Starte mit kleinen Ergänzungen und beobachte, wie dein Liebling darauf reagiert, baue langsam auf. Nur wenn es nötig ist, es nicht besser wird und du wirklich willst, dann geh die komplette Umstellung an. Mach dir keinen Stress, denn Hunde lieben Routine und kleine Schritte wirken oft besser als ein radikaler Schnitt!

KAPITEL 2

Individuell füttern – So findest du die richtigen Superfoods für deinen Vierbeiner

Es gibt keine Nullachtfünfzehnlösung, die für alle Hunde passt. Unsere Vierbeiner sind so unterschiedlich wie wir Menschen. Temperamentvoll oder gemütlich, sportlich oder Couch-Potato, jung oder alt, robust oder sensibel. Deshalb funktioniert bei Hunden die Ernährung „von der Stange" nicht. Was für den Schäferhund auf dem Hundeplatz ein Segen ist, kann für den Senior Shi-Tzu auf dem Sofa völlig überflüssig sein. Es ist wie ein Maßanzug, also je besser die Ernährung auf deinen Liebling zugeschnitten ist, desto stärker der Effekt.

Alter, Größe, Rasse, Aktivität: Was zählt wirklich?

Alter:

Welpe, Junghund, Erwachsener oder Senior. Jede Lebensphase hat andere Ansprüche.

- Welpen brauchen extra Kalzium, Omega-3 und Wachstums-Booster wie Knochenmehl, Chiasamen, AFA-Alge.
- Erwachsene Hunde profitieren von Superfoods wie Hanföl, Spirulina, Granatapfel, Grünlippmuschel (je nach Aktivität).
- Senioren benötigen Zellschutz, Gelenkpflege und Energie-Booster. Zum Beispiel Cordyceps, Ginseng, Gojibeeren, Reishi, L-Carnitin.

Größe und Rasse:

Große Hunde haben andere Baustellen als kleine Vierbeiner!

- Große Rassen kämpfen öfter mit Gelenkbeschwerden und brauchen Gelenkschutz wie Grünlippmuschel, Kollagen, Kurkuma.
- Kleine Rassen neigen eher zu Zahnproblemen. Hier helfen Petersilie, Salbei und Kokosöl.

Aktivität:

- Sporthunde (Agility, Jagd, Rettung) brauchen Omega-3, L-Carnitin, Spirulina als auch hochwertige Proteine für Regeneration und Ausdauer.
- Gemütliche Couchhunde dagegen benötigen Ballaststoffe, Zellschutz, Darmflora-Booster und moderate Fettquellen, damit sie nicht aus dem Leim gehen.

➔ Je genauer du die Bedürfnisse deines Lieblings kennst, desto gezielter kannst du Superfoods einsetzen. Schau deinen Hund ehrlich an und achte darauf, was für ihn wichtig wäre!

Symptome erkennen und gezielt reagieren

Hier trennt sich die Spreu vom Weizen. Denn es geht nicht darum, alle Superfoods „reinzustopfen“, sondern gezielt auf die Schwachstellen und Bedürfnisse deines Vierbeiners einzugehen.

Typische Symptome und passende Superfoods:

- Fellprobleme (stumpfes Fell, Schuppen, Juckreiz): Hanföl, Leinsamen, Seealge, Perilla, Spirulina, Maulbeeren, Hirse
- Müdigkeit, wenig Energie: Cordyceps, Ginseng, NADH, L-Carnitin, Süßkartoffel, Banane
- Durchfall, sensibler Magen: Ulmenrinde, Flohsamenschalen, Johannisbrot (Carob), Chlorella, Topinambur, Zeolith
- Allergien: Perilla, Hirse, Spirulina, Quark oder Omega-3-reiche Öle
- Gelenkprobleme: Grünlippmuschel, Kurkuma, Kollagen, *Ginkgo biloba*, Reishi

➔ Mach dir am besten eine kleine Liste mit den „Baustellen“ deines Lieblings und schau, welche Superfoods in diesem Buch besonders dafür passen.

Kombinationsstrategien
(z. B. 3er-Kombi gegen Juckreiz)

Superfoods wirken am besten im Team. Einzeln sind sie gut, aber clever kombiniert werden sie zum echten Gamechanger.

Beispiel 1:

Juckreiz bei Allergikern:

- Hirse (Darmregeneration, sanft zur Haut)

- Perillasamen oder -öl (Omega-3, wirkt entzündungshemmend)
- Spirulina (Zellschutz, stärkt Hautbarriere)

Beispiel 2:
Immunschwäche oder nach Krankheit:

- Acerola oder Camu-Camu (Vitamin C)
- Reishi oder Cordyceps (Immunsystem + Regeneration)
- Hanföl oder Leinöl (gesunde Fettsäuren + Zellschutz)

Beispiel 3:
Gelenkprobleme/Senioren:

- Grünlippmuschel (Gelenkschutz)
- Kurkuma (Entzündungshemmung)
- Kollagen oder Süßkartoffel (Regeneration + Zellschutz)

So findest du deine Kombi:

1. Such dir das größte Problem deines Vierbeiners aus.
2. Wähle 2 bis 3 passende Superfoods, die sich gegenseitig ergänzen.
3. Starte mit kleinen Mengen, nimm dir 3 bis 4 Wochen Zeit zum Beobachten.
3. Schreib auf, was sich verbessert, und feiere die kleinen Fortschritte!

Pass bitte auf und übertreibe nicht, denn weniger ist mehr! Starte lieber zwei Superfoods gezielt als mit fünf kreuz und quer. Wenn du unsicher bist, dann probiere eine Sache nach der anderen und beobachte, wie dein Liebling darauf reagiert.

Schon entdeckt? Die FutterPost = das Insider-Update für echte Hundeliebhaber

Mach mal kurz Pause und atme tief durch.

Stell dir vor, du hast sonntagabends einen festen Platz in der ersten Reihe, wenn es um das Neueste aus der Welt der Hundeernährung geht. Keine Filterblase, kein oberflächlicher Werbekram, sondern echtes Insiderwissen direkt aus meiner Praxis zum Greifen nah. Genau das erhältst du kostenfrei in meiner FutterPost.

Was macht die FutterPost so besonders?

Hier bekommst du nicht nur trockene Infos und auch nicht die x-te Produktwerbung, sondern echte Einblicke hinter die Kulissen rund um die Hundeernährung:

- Frisch aus meinen Beratungen, brandaktuell und ehrlich mit Anekdoten, die du sonst nirgends liest.
- Neue Superfoods, überraschende Trends, ehrliche Einschätzungen und alles, was mir in der Praxis auffällt, teile ich zuerst mit meiner Community.
- Praktische Lösungen für echte Alltagsprobleme, verständlich erklärt und sofort umsetzbar. Auch wenn es mal kompliziert wird.

Warum solltest du dich eintragen?

- Du bist immer einen Schritt voraus, wenn es um gesunde Ernährung und Wohlbefinden deines Hundes geht.
- Du bekommst Denkanstöße, die dich und deinen Hund langfristig voranbringen - keine Theorie, sondern Praxis pur.
- Es gibt Angebote, Aktionen und exklusive Inhalte, die NUR meine FutterPost-Leser bekommen. Kein Spam und keine Langeweile, sondern einfach ehrlicher Mehrwert.

Klingt spannend? Dann sei dabei und das völlig kostenlos. Schnapp dir den QR-Code und sichere dir jeden Sonntagabend deine wöchentliche Portion frisches Praxiswissen für deinen Liebling. Mach Schluss mit Halbwissen und werde Teil meiner FutterPost-Community!

KAPITEL 3

Ergänzen, aber nicht überladen!

Wenn du aus diesem Buch nur eine Sache mitnimmst, dann bitte diese: **Mehr ist NICHT immer besser** und ein Zuviel kann deinem Vierbeiner sogar schaden. Superfoods sind Booster und keine Hauptmahlzeit! Stell dir vor, du würdest bei deinem Auto jeden Tag fünf Additive in den Tank kippen und am Ende fährt es vielleicht schlechter als vorher. Genauso läuft es bei vielen Fellraketen, die von ihren Besitzern liebevoll überversorgt werden.

Wann zu viel wirklich zu viel ist

Gerade bei sensiblen, kleinen oder älteren Hunden kann eine Überdosierung blitzschnell für Probleme sorgen. Von Durchfall über Appetitlosigkeit bis hin zu Hautirritationen oder Unruhe. Zu viele verschiedene Pulver, Kräuter und Öle auf einmal machen die Sache weder effektiver noch gesünder. Sie bringen das Gleichgewicht im Hundekörper durcheinander!

Erfahrung aus der Praxis

Ich sehe immer wieder Fälle, in denen motivierte Hundebesitzer sieben Superfoods parallel geben, in der Hoffnung, alles abzudecken. Sie wundern sich dann, warum ihr Liebling plötzlich Durchfall, Juckreiz oder stumpfes Fell bekommt. Das ist nicht selten die Folge von „gut gemeint, aber zu viel auf einmal".

Warum „mehr“ nicht immer „besser“ ist

Deine Fellrakete hat einen Stoffwechsel, der auf Balance ausgelegt ist. Jedes neue Superfood bringt eigene Wirkstoffe mit, die sich ergänzen, aber auch überlagern oder im schlimmsten Fall sogar gegenseitig blockieren können. Außerdem braucht es manchmal einfach Geduld! Gib deinem Vierbeiner und seinem Körper Zeit, sich an ein neues Superfood zu gewöhnen. Es bringt nichts, nach einer Woche ohne sichtbaren Effekt gleich das nächste Mittel oben draufzupacken!

Mein Tipp an dich

Starte mit einem (maximal zwei) neuen Superfood. Beobachte für mindestens zwei Wochen, wie dein Hund darauf reagiert. Erst wenn alles passt, kannst du langsam eine weitere Ergänzung ins Boot holen. Weniger ist fast immer mehr und der Effekt wird viel klarer sichtbar!

Beispielhafte Wochenübersicht

So sieht ein Superfood-Alltag aus

Montag bis Freitag: Morgens ins Futter: 1 TL Hanföl (Zellschutz + Omega-3)

Abends als Topping: ½ TL Spirulina (Haut + Fell + Immunsystem)

Samstag: 1 TL Topinambur (Darmflora Booster + Ballaststoffe)

Sonntag: Kur-Tag: z. B. 1 TL Grünlippmuschel (Gelenkpflege + Immunabwehr)

Wichtig:

- Wenn du merkst, dass dein Liebling super darauf anspringt, kannst du nach ein paar Wochen noch ein weiteres Superfood einbauen (z. B. Kurkuma für Senioren, Chiasamen für Welpen, Leinsamen für Allergiker).
- Achte auf klare Pausen und schreib dir gerne auf, was sich verändert hat.

So bleibt die Ernährung deines Vierbeiners übersichtlich, verträglich und vor allem wirksam. Du wirst überrascht sein, wie viel schon ein oder zwei gezielte Ergänzungen verändern, ohne dass du gleich ein ganzes Apothekensortiment anrühren musst.

Superfoods wirken, aber nur wenn du sie mit Bedacht, Beobachtung und echtem Interesse für deinen Hund einsetzt. Bleib pragmatisch, hab Geduld und genieße jeden kleinen Fortschritt, der sich zeigt!

KAPITEL 4

Deine Superfood-Grundausstattung

Diese Zutaten solltest du immer zu Hause haben

Du musst kein Regal wie in der Drogerie anlegen. Aber ein paar ausgewählte Superfoods sollten in keinem Hundehaushalt fehlen, egal ob du ein Anfänger oder ein erfahrener Hundeflüsterer bist.

Das hier ist dein „Starter Kit", mit dem du locker 80 % aller Alltagsbaustellen deines Vierbeiners abdeckst:

- **Hanföl oder Leinöl:** Für Haut, Fell, Immunsystem und es liefert essenzielle Omega-3-Fettsäuren.
- **Spirulina:** Das grüne Multitalent für Zellschutz, Energie und glänzendes Fell.
- **Leinsamen (geschrotet):** Ballaststoffe, Omega-3 und Unterstützung für die Verdauung.
- **Kurkuma:** Entzündungshemmend und perfekt für ältere Hunde oder bei Gelenkproblemen.
- **Topinambur:** Darmflora-Booster für sensible Mägen oder bei Durchfall.
- **Grünlippmuschel-Pulver:** Gelenkschutz, Regeneration und Power für alle Altersklassen.
- **Quark (laktosefrei möglich):** Protein, Kalzium und hohe Akzeptanz bei fast jedem Hund.
- **Flohsamenschalen:** Bindung von Wasser im Darm, ideal bei weichem Kot oder Durchfall.
- **Bierhefe:** B-Vitamine für Nerven und Fellwechsel.

Je nach Alter, Bedarf und Baustelle deines Lieblings kannst du diese Liste ergänzen, aber mit diesem Grundstock bist du immer auf der sicheren Seite!

Einkaufsliste für Einsteiger

Damit du nicht planlos durch den Bioladen stolperst, hier die Basics, mit denen du sofort starten kannst (gibt's im gut sortierten Supermarkt, Reformhaus oder online):

- 1 Flasche Hanföl oder Leinöl (am besten in dunkler Glasflasche)
- 1 Dose Spirulinapulver (bio und keine Zusätze!)
- 1 Tüte geschrotete Leinsamen (Kühlregal oder Bio)
- 1 Packung Flohsamenschalen
- 1 Glas Kurkumapulver
- 1 Packung Topinamburflocken oder -pulver
- 1 Dose Grünlippmuschel-Pulver (auf Reinheit achten + Tierqualität!)
- 1 Becher Magerquark oder laktosefreien Quark
- 1 Dose Bierhefe (Tabletten oder Pulver)

Mein Tipp an dich

Achte auf die Qualität! Bio, naturrein und keine überflüssigen Zusätze sind Pflicht. Wenn du magst, kauf zunächst kleine Mengen zum Testen, bevor du dich mit größeren Vorräten eindeckst. Check bitte immer das Haltbarkeitsdatum, denn Superfoods wirken nur, wenn sie frisch sind.

Lagerung, Haltbarkeit und Handling

Superfoods sind zwar Power-Zutaten, aber keine Wundermittel gegen falsche Lagerung oder schlampigen Umgang. Das sind meine ganz persönlichen Tipps aus dem Alltag:

- **Öle** immer gut verschlossen und dunkel lagern, möglichst im Kühlschrank nach Anbruch. Denn sonst werden sie schnell ranzig und verlieren ihre Wirkung.

- **Pulver wie Spirulina, Kurkuma oder Grünlippmuschel** in luftdichten Behältern und dunkel aufbewahren, sonst klumpt oder verliert es an Kraft.
- **Leinsamen und Flohsamenschalen** immer trocken, dunkel und nicht zu warm lagern. Lagere sie im Sommer am besten im Kühlschrank!
- **Quark** natürlich im Kühlschrank aufbewahren und zügig verbrauchen.
- Superfoods nie mit heißem Wasser oder ins kochende Futter geben, sondern mische es immer ins lauwarme oder abgekühlte Futter ein. Dadurch bleiben die Vitamine und Wirkstoffe erhalten.

Praxis-Hack

Ich stelle mir alle 1 bis 2 Wochen kleine Döschen mit meinen „Standard-Superfoods" zusammen. So hast du immer alles griffbereit und vergreifst dich nicht versehentlich an der Dosierung.

Mit dieser Grundausstattung, klarem Blick auf Qualität und einfachem Handling bist du bestens ausgerüstet, damit Superfoods in deinem Alltag zum echten Helfer werden.

Abschlusswort

So, du hast es geschafft. Du bist einmal durch die Welt der Superfoods für Hunde gereist, hast gelernt, wie du sie clever einsetzt, worauf es wirklich ankommt und was einfach nur Hype ist. Vielleicht hast du schon gemerkt, dass es mir nicht um den schnellen Kick oder Dogmen geht, sondern um echte Veränderung für dich und deinen Vierbeiner. Um Lösungen, die im Alltag, bei jeder Wetterlage und bei jedem Hundetyp funktionieren.

Hundeernährung ist keine Raketenwissenschaft, aber sie braucht Herz, Verstand und das richtige Maß an Pragmatismus. Du hast jetzt nicht nur 77 Superfoods und 23 praxiserprobte Rezepte in der Hand, sondern auch den Fahrplan, wie du daraus Schritt für Schritt für mehr Gesundheit, Energie und Lebensfreude deines Hundes sorgst. Du musst nicht alles perfekt machen. Es reicht, wenn du aufmerksam bleibst, auf deinen Hund schaust und ab und zu etwas Neues ausprobierst. Kleine Schritte sind oft die, die am längsten wirken.

Bleib bitte stets neugierig, hab Spaß beim Ausprobieren und feiere jeden kleinen Fortschritt. Es geht nicht darum, deinem Hund jeden Trend hinterher zu füttern, sondern herauszufinden, was ihm wirklich guttut und was euch als Team noch enger zusammenschweißt.

Falls du mal unsicher bist, Fragen auftauchen oder du Austausch suchst, schau mal in der FutterPost, auf meinen Social-Media-Profilen oder auch in der Wuffio-App nach. Dort findest du immer frische Impulse, ehrliche Einschätzungen und Support von Menschen, die Hunde genauso lieben wie du.

Ich wünsche dir und deinem Vierbeiner von Herzen viele gesunde, glückliche und genussvolle Jahre voller Energie, Abenteuer und echter Freundschaft. Mach das Beste draus und gib deinem Liebling ab und zu einen besonderen Snack extra von mir! Bleib gesund, bleib neugierig und denk dran, dass der Weg zur optimalen Ernährung kein Sprint ist, sondern ein Spaziergang, den ihr gemeinsam geht.

Liebe Grüße
Dein Felix

Rechtlicher Hinweis / Disclaimer

Auch wenn ich mein ganzes Herz, meine Erfahrung und mein Wissen in dieses Buch gesteckt habe: Die Inhalte und Empfehlungen ersetzen keine individuelle tierärztliche Beratung oder Behandlung. Jede Hundefütterung ist so individuell wie dein Vierbeiner selbst. Die Rezepte und Hinweise in diesem Buch basieren auf aktuellen wissenschaftlichen Erkenntnissen und meiner langjährigen Beratungspraxis, sind aber grundsätzlich allgemeiner Natur.

Du bist als Hundehalter dafür verantwortlich, das Wohl deines Lieblings im Blick zu behalten und bei Unsicherheiten oder gesundheitlichen Problemen immer zuerst einen Tierarzt oder Tierheilpraktiker aufzusuchen. Das gilt insbesondere bei Allergien, chronischen Erkrankungen oder plötzlich auftretenden Symptomen. Die genannten Superfoods, Tipps und Fütterungsempfehlungen dienen der allgemeinen Information und können keine Diagnose, Behandlung oder Therapie ersetzen.

Bitte beachte außerdem, dass jeder Hund anders reagiert. Neue Zutaten solltest du langsam und aufmerksam einführen und immer individuell anpassen. Sicherheit und Wohlbefinden deines Vierbeiners stehen immer an erster Stelle!

Eine Haftung für Schäden oder Nachteile, die aus der Umsetzung der Inhalte dieses Buches entstehen könnten, übernehme ich verständlicherweise nicht. Die Verantwortung für das, was du mit den Informationen aus diesem Buch machst, liegt immer bei dir als Halter.

Kurz gesagt: Dieses Buch soll dich inspirieren, informieren und motivieren, aber es ersetzt nie die fachkundige, individuelle Beratung. Frag im Zweifel immer522 lieber einmal zu viel beim Profi nach als einmal zu wenig! Vielen Dank für dein Vertrauen und für deine Verantwortung deinem Vierbeiner gegenüber.

Anhang

1 Alle 77 Superfoods auf einen Blick

Hier findest du alle Superfoods, die im Buch besprochen wurden, übersichtlich in einer Tabelle – kurz, knackig und praktisch als Nachschlagewerk. Am besten zum Abfotografieren, wenn du im Alltag schnell mal etwas nachschlagen willst.

Kapitel 1: Gelenke, Knochen und Beweglichkeit

- Grünlippmuschel (Gelenkschutz, Knorpelaufbau, Entzündungslinderung)
- Hagebuttenpulver (Vitamin C, Immunsystem, Gelenke, Zellschutz)
- MSM (Methylsulfonylmethan, Entzündungshemmung, Beweglichkeit)
- Teufelskralle (Schmerzlinderung, Arthrose, Bewegungsapparat)
- Mangostan (antioxidativ, Zellschutz, Entzündungen)
- *Cissus quadrangularis* (Knochenheilung, Regeneration, Sehnen)
- Astaxanthin (starkes Antioxidans, Gelenke, Zellschutz)

Kapitel 2: Gehirn, Nerven und Stressreduktion

- Gotu Kola (Gedächtnis, Nerven, Konzentration)
- *Ginkgo biloba* (Durchblutung, Gehirnleistung, Antioxidans)
- Ashwagandha (Stressabbau, innere Ruhe, Ausgeglichenheit)
- Passionsblume (Entspannung, Schlaf, Beruhigung)
- Zitronenmelisse (Nerven, Magen, Stressabbau)
- *Rhodiola rosea* (Stressresistenz, Energie, Stimmung)
- Maca (Antrieb, Ausdauer, Hormonbalance)

Kapitel 3: Magen, Darm & Mikrobiom

- Topinambur (Ballaststoffe, Präbiotikum, Darmflora)
- Flohsamenschalen (Darmregulierung, Kotkonsistenz, Durchfall/Verstopfung)
- Ulmenrinde (Schleimhautschutz, Magenreizung, Verdauung)
- Zeolith (Bindung von Schadstoffen, Entgiftung, Darmgesundheit)
- Chlorella (Detox, Entgiftung, Immunstärkung)
- Karaya-Gummi (sanfte Verdauung, Ballaststoffe, Schleimhautschutz)
- Johannisbrot (Carob, Magenfreundlich, reguliert Verdauung, Durchfallhilfe)

Kapitel 4: Haut, Fell & Allergien

- Leinöl (Omega-3, Fellglanz, Hautbarriere)
- Hirse (Mineralstoffe, Haut, Allergiker, Darm)
- Hanföl (Omega-3, Zellschutz, entzündungshemmend)
- Perilla (Allergien, Haut, Omega-3)
- Spirulina (Zellschutz, Haut, Immunsystem)
- Granatapfelkerne (Antioxidantien, Zellschutz, Immunabwehr)
- Maulbeeren (Vitamine, Haut, Fell, Immunsystem)

Kapitel 5: Zähne, Maul & Atem

- Seealgenmehl (Zahnpflege, Mundgeruch, Mineralstoffe)
- Petersilienwurzel (Atemfrische, Verdauung)

- Eichenrinde (Schleimhautschutz, Zahnfleisch, Magen)
- Salbei (Maulhygiene, Entzündungshemmung, Atem)
- Rotalge (Mineralstoffe, Zahnschutz)
- Miswak-Wurzel (natürliche Zahnbürste, Zahnpflege)
- Erdmandelmehl (Ballaststoffe, Zahnabrieb, Darm)

Kapitel 6: Herz, Kreislauf & Blutwerte

- Rote-Bete-Pulver (Blutbildung, Durchblutung, Herz)
- Aronia (Antioxidantien, Gefäße, Immunsystem)
- OPC/Traubenkernextrakt (Zellschutz, Gefäße, Herz)
- Coenzym Q10 (Energie, Herz, Zellschutz)
- Taurin (Herzfunktion, Muskelkraft)
- Hibiskusblüten (Gefäßschutz, Blutdruckregulation)
- Weißdorn (Herzstärkung, Kreislauf)

Kapitel 7: Immunsystem & Zellschutz

- Camu-Camu (Vitamin C, Immunabwehr, Zellschutz)
- Acerola (natürliches Vitamin C, Abwehr, Zellschutz)
- Reishi-Pilz (Immunsystem, Zellschutz, Stressregulation)
- Katzenkralle (Immunsystem, Zellschutz, Entzündung)
- Astragalus (Abwehrkraft, Zellregeneration, Stressresistenz)
- Maitake-Pilz (Abwehrstärkung, Vitalität, Zellschutz)
- Lapacho-Rinde (antimikrobiell, Abwehr, Zellschutz)

Kapitel 8: Für Allergiker & empfindliche Hunde

- Ziegenkolostrum (Immunglobuline, Allergien, Darmflora)
- Heilerde (Entgiftung, Magen-Darm, Haut)
- Brennnesselsamen (Haut, Fell, Stoffwechsel)
- Goldrute (Niere, Entwässerung, Allergien)
- Stiefmütterchenkraut (Haut, Allergien, Entzündung)
- Süßholzwurzel (Entzündungshemmung, Immunsystem, Schleimhaut)
- Zistrose (Haut, Abwehr, Allergien)

Kapitel 9: Für ältere Hunde & Senioren

- NADH (Zellenergie, Antrieb, Gehirnleistung)
- L-Carnitin (Fettstoffwechsel, Ausdauer, Herz)
- Alpha-Liponsäure (Antioxidans, Zellschutz, Nervenschutz)
- Ginseng (Vitalität, Immunsystem, Stress)
- Boswellia/Weihrauch (Entzündungshemmung, Beweglichkeit, Zellschutz)
- Gojibeeren (Antioxidantien, Immunsystem, Zellschutz)
- Cordyceps (Energie, Ausdauer, Immunmodulation)

Kapitel 10: Für Welpen & Junghunde

- Knochenmehl (Kalzium, Knochenaufbau, Wachstum)
- Rinderkolostrum (Immunglobuline, Abwehr, Wachstum)
- Chiasamen (Omega-3, Verdauung, Gehirn)
- Eierschalenpulver (Kalzium, Knochen, Zahngesundheit)
- AFA-Alge (Vitalstoffe, Immunsystem, Zellschutz)
- Baobab (Vitamin C, Ballaststoffe, Immunboost)
- Moringa (Vitamine, Proteine, Zellschutz, Immunsystem)

Kapitel 11: Zecken & Parasiten

- Bierhefe (Abwehr, Fell, Zeckenprophylaxe)
- Papaya-Kerne (Verdauung, Parasitenkontrolle)
- Dodecansäure/Laurinsäure (Kokosöl, Zeckenabwehr, Hautschutz)
- Neem (Parasitenabwehr, Haut)
- Beifuß (Wurmprophylaxe, Verdauung)
- Thymian (Parasiten, Verdauung, Abwehr)
- Oregano (antibakteriell, Parasiten, Immunsystem)

2 Alle 23 Rezepte auf einen Blick

Kapitel 1: Gelenkfreundliche Leckerlis

1. Goldpfoten-Keks: Für starke Gelenke und mehr Bewegungsfreude mit Superfoods für Knorpel, Gelenkschutz und Mobilität.

2. Bewegungshappen für agile Hunde: Ideal für aktive Vierbeiner, denn es unterstützt Sehnen, Bänder und die Muskelregeneration.

3. Knorpel-Cracker: Knackige Unterstützung für Gelenkstoffwechsel und gesunden Bewegungsapparat.

Kapitel 2: Zahnpflege & Maulhygiene

4. Atemfrisch-Leckerli: Für frischen Atem und Maulgesundheit mit Petersilie, Kokos und Co.

5. Zahnstein-Stopp-Keks: Vorbeugung gegen Zahnstein, stärkt das Zahnfleisch und reinigt schon beim Kauen.

6. Mundklar-Knabberei: Rundum-Pflege für Maul, Zähne und Zunge, da es die natürliche Reinigung unterstützt.

Kapitel 3: Haut- & Fellgesundheit

7. Superfell-Keks: Für seidiges Fell und gesunde Haut mit Omega-3, Zink und Fellboostern.

8. Fellfreunde-Snacks: Fellwechselhilfe und Hautschutz für Allergiker oder empfindliche Hunde.

9. Pflegehappen bei Juckreiz: Gezielte Unterstützung bei Allergien, Juckreiz und schuppiger Haut.

Kapitel 4: Verdauung & sensible Mägen

10. Wohlfühl-Kugeln für den Hundebauch

Beruhigen, regulieren und schützen den sensiblen Magen-Darm-Trakt.

11. Darmfit-Keks: Reguliert die Verdauung, baut die Darmflora auf und ist ideal nach Infekten oder Futterumstellung.

12. Kräuterwürfel für empfindliche Mägen: Sanfte Unterstützung bei Durchfall, Futterumstellung oder als kleine Darmkur.

Kapitel 5: Immunsystem & Zellschutz

13. Abwehrkraft-Keks: Immunbooster für die kalte Jahreszeit oder nach Belastung.

14. Zellenstark-Leckerli: Zellschutz und Regeneration durch Power fürs Immunsystem und Vitalität.

15. Immunbooster: Extrakick an Vitamin C und Antioxidantien für mehr Abwehrkraft, gerade in Stressphasen.

Kapitel 6: Seniorfreundliche Snacks

16. Seniorensnack für mehr Vitalität: Energie, Zellschutz und Lebensfreude für die „graue Schnauze".

17. Energiekeks für ältere Hunde: Natürliches Plus an Power, Konzentration und Beweglichkeit für Senioren.

18. Konzentrationscracker: Für ein klares Köpfchen und starke Nerven im Alter.

Kapitel 7: Junghunde & Welpen

19. Wachstumswürfel für kleine Helden: Optimal für Welpen und Junghunde in der Wachstumsphase.

20. Lernleckerli für junge Entdecker: Das ideale Trainingsleckerli für kluge Köpfe im Wachstum.

21. Entwicklungskeks: Boostet Immunsystem, Konzentration und Vitalität im jungen Alter.

Kapitel 8: Saisonale & besondere Snacks

22. Sommerhappen zum Einfrieren: Erfrischender Superfood-Snack für heiße Tage, da er kühlt und die Zellen schützt.

23. Geburtstagsmuffin für den Vierbeinertag: Der besondere Festtagsleckerbissen für besondere Momente und Verwöhntage deiner Fellrakete.

3 Glossar wichtiger Begriffe

1. **AFA-Alge:** Blaugrüne Süßwasseralge, reich an Vitalstoffen, wird als Superfood für Hunde und Menschen genutzt.

2. **Allergie:** Überempfindliche Reaktion des Immunsystems auf bestimmte Stoffe (z. B. Futter, Pollen).

3. **Aminosäuren:** Bausteine der Proteine; essenziell für Muskelaufbau, Immunsystem und Zellfunktion.

4. **Antioxidantien:** Stoffe, die Zellen vor freien Radikalen schützen (z. B. Vitamin C, E, Carotinoide).

5. **Astaxanthin:** Rotes Carotinoid aus Algen, starkes Antioxidans mit Zellschutzwirkung.

6. **Ballaststoffe:** Unverdauliche Pflanzenbestandteile, wichtig für die Verdauung und einen gesunden Darm.

7. **Barf:** Abkürzung für „biologisch artgerechte Rohfütterung" – Fütterung mit rohem Fleisch, Knochen, Gemüse.

8. **Beta-Glucane:** Ballaststoffe aus Pilzen/Hafer, unterstützen Immunsystem und Darmgesundheit.

9. **Bierhefe:** Natürliche Quelle für B-Vitamine, gut für Fell, Haut und Nerven.

10. **Bioverfügbarkeit:** Maß, wie gut ein Nährstoff im Körper aufgenommen und verwertet wird.

11. **Kalzium:** Mineralstoff, wichtig für Knochen, Zähne, Muskeln und Nerven.

12. **Chiasamen:** Samen aus Südamerika, reich an Omega-3, Ballaststoffen, Antioxidantien.

13. **Darmflora:** Alle Mikroorganismen im Darm, wichtig für Verdauung und Immunsystem.

14. **Dosierung:** Menge eines Stoffes, die ein Hund pro Tag bekommen sollte.

15. **Einzelfuttermittel:** Reine Zutaten wie Fleisch, Gemüse, Öle – keine Mischungen.

16. **Enzyme:** Biologische Katalysatoren, steuern Verdauungs- und Stoffwechselprozesse.

17. **Fellwechsel:** Zeit, in der Hunde ihr Fell saisonal erneuern.

18. **Flohsamenschalen:** Ballaststoffreiche Schalen, fördern Darmgesundheit und Kotkonsistenz.

19. **Futtermittelallergie:** Allergische Reaktion auf Futterbestandteile (z. B. Rind, Weizen).

20. **Futterumstellung:** Schrittweiser Wechsel des Hundefutters, um Verdauungsprobleme zu vermeiden.

21. **Gelenkschutz:** Zusätze wie Grünlippmuschel oder Kollagen zur Unterstützung der Gelenke.

22. **Glutenfrei:** Ohne das Klebereiweiß Gluten – v. a. für sensible Hunde sinnvoll.

23. **Grünlippmuschel:** Neuseeländische Muschelart, liefert Gelenk-Nährstoffe wie Glykosaminoglykane.

24. **Hanföl:** Pflanzenöl mit Omega-3/6, unterstützt Haut, Fell und Zellgesundheit.

25. **Hirse:** Glutenfreies Getreide, gut verträglich, reich an Mineralstoffen.

26. **Immunsystem:** Abwehrsystem des Körpers gegen Krankheitserreger.

27. **Inulin:** Ballaststoff, besonders in Topinambur, wirkt präbiotisch.

28. **Juckreiz:** Häufiges Symptom bei Allergien oder Hautproblemen.

29. **Kalzium-Phosphor-Verhältnis:** Wichtig für Knochenwachstum; sollte ausgewogen sein (v. a. bei Welpen).

30. **Karotinoide:** Pflanzliche Farbstoffe (z. B. Beta-Carotin) mit antioxidativer Wirkung.

31. **Kaltgepresst:** Schonende Ölherstellung ohne hohe Temperaturen, erhält Nährstoffe.

32. **Kollagen:** Protein für Bindegewebe, Gelenke und Haut.

33. **Kurweise Fütterung:** Gezielte Gabe eines Superfoods für einen begrenzten Zeitraum.

34. **Laktosefrei:** Frei von Milchzucker; für Hunde mit Unverträglichkeit wichtig.

35. **Leinsamen:** Samen mit Omega-3 und Ballaststoffen; gut für Fell, Haut und Verdauung.

36. Makronährstoffe: Hauptnährstoffe: Protein, Fett, Kohlenhydrate.

37. Magen-Darm-Schleimhaut: Schutzschicht im Verdauungstrakt; wichtig für Gesundheit und Abwehr.

38. Mineralstoffe: Lebenswichtige Nährstoffe wie Kalzium, Magnesium, Eisen.

39. Monoprotein: Futter mit nur einer tierischen Proteinquelle – gut bei Allergien.

40. NADH: Coenzym, steigert Zellenergie, wichtig bei älteren und leistungsschwachen Hunden.

41. Omega-3-Fettsäuren: Gesunde Fettsäuren (z. B. aus Hanföl, Leinsamen, Fisch), wichtig für Zellschutz.

42. Präbiotika: Ballaststoffe, die das Wachstum „guter" Darmbakterien fördern.

43. Probiotika: Lebende Mikroorganismen, die die Darmflora stärken.

44. Protein: Eiweiß; wichtiger Baustoff für Muskeln, Zellen und Immunsystem.

45. Quark: Milchprodukt (auch laktosefrei), liefert Protein und Kalzium.

46. Rezeptur: Zusammenstellung der Zutaten in einem Futter oder Snack.

47. Rohasche: Kennzeichnung von Mineralstoffgehalt im Futter (kein Zusatzstoff!).

48. Selen: Spurenelement, wichtig für Zellschutz und Immunsystem.

49. Senior: Bezeichnung für ältere Hunde (meist ab ca. 7 Jahren, je nach Rasse).

50. Spirulina: Blaugrüne Mikroalge, liefert Eiweiß, Antioxidantien, Vitamine.

51. Superfood: Lebensmittel/Zutat mit besonders hoher Nährstoffdichte und gesundheitsfördernder Wirkung.

52. Taurin: Aminosäure, wichtig für Herz und Augen (besonders bei Katzen).

53. Topping: Zusatz/Ergänzung zum Hauptfutter, z. B. Öle, Kräuter, Superfoods.

54. Ulmenrinde: Schleimstoffreiche Rinde, beruhigt Magen-Darm-Schleimhaut.

55. Unverträglichkeit: Negative Reaktion auf bestimmte Futterbestandteile, ohne Immunbeteiligung.

56. Verdauung: Prozess der Nahrungsaufnahme, -zerlegung und -aufnahme im Körper.

57. Vitalpilze: Medizinische Pilze mit gesundheitsfördernder Wirkung (z. B. Reishi, Maitake).

58. Vitamin C: Wichtiges Antioxidans, unterstützt Immunsystem und Zellschutz.

59. Wochenübersicht: Planung der Fütterung und Ergänzungen über die Woche.

60. Zellschutz: Schutz der Körperzellen vor Schäden durch Antioxidantien und Vitalstoffe.

4 Literatur und Quellen

Fachbücher & Standardwerke:

- Zentek, J., Kienzle, E. u.a.: „Ernährung des Hundes", Schlütersche Verlag, 2016.
- Meyer, H. & Zentek, J.: „Ernährung des Hundes und der Katze", Enke Verlag, 2011.
- Hand, M. S., Thatcher, C. D. et al.: „Small Animal Clinical Nutrition", Mark Morris Institute, 2010.
- Grimm, D., Sauter-Louis, C.: „Hunde richtig füttern: Von der Welpe bis zum Senior", Ulmer Verlag, 2022.
- Swanie Simon: „BARF – Biologisch Artgerechtes Rohes Futter für Hunde und Katzen", Kynos Verlag, 2019.
- Kaus, R.: „Hunde würden länger leben, wenn …", Riva Verlag, 2016.

Fachzeitschriften, Studien & Wissenschaftliche Veröffentlichungen:

- Reinhart, G. A., et al. (2018): „Dietary omega-3 fatty acids and their effects on canine health." *Journal of the American Veterinary Medical Association.*
- Rutherfurd-Markwick, K. J., et al. (2013): „Spirulina and its potential role in animal nutrition." *Animal Feed Science and Technology.*
- Stainer, A., et al. (2018): „Effect of seaweed supplementation on oral health in dogs:

A randomized clinical trial." *Veterinary Record.*
- Swanson, K. S., et al. (2002): „Nutritional strategies to modulate the intestinal microbiota and immune function in dogs and cats." *British Journal of Nutrition.*

Webseiten und Expertenportale:

- National Research Council (NRC): www.nap.edu
- Europäische Behörde für Lebensmittelsicherheit (EFSA): www.efsa.europa.eu
- PubMed: www.ncbi.nlm.nih.gov/pubmed
- FEDIAF Leitlinien: www.fediaf.org

Hinweise aus meiner Beratungspraxis & Erfahrungswerte:

- Die enthaltenen Empfehlungen, Dosierungen und Praxistipps stammen aus mehr als 2.000 Ernährungsberatungen mit Hundebesitzern in Deutschland, Österreich und der Schweiz.
- Viele Produkt- und Kombinationshinweise wurden in der alltäglichen Beratung getestet und individuell angepasst.

Weitere Quellen und Lesetipps (nach Kapiteln geordnet):

- Superfoods & Einzelzutaten: Detaillierte Literaturhinweise findest du bei jedem Superfood im jeweiligen Kapitel (z. B. Hinweise zu Studien und Empfehlungen im Abschnitt zu Seealgenmehl, Spirulina, Camu-Camu, Flohsamenschalen etc.).
- Rezepte: Die Leckerli-Rezepte sind Eigenkreationen aus meiner Praxis, ergänzt durch Anregungen aus Fachbüchern und bewährten Blogs wie „dogtastic.de" und „haustiernews.de".

Wichtiger Hinweis: Diese Quellen stellen eine Auswahl der wichtigsten Grundlagen, Studien und Empfehlungen dar, auf denen dieses Buch basiert. Für alle Einzelangaben und Studien findest du weiterführende Infos und Links jeweils direkt im entsprechenden Kapitel oder in der Produktempfehlung per QR-Code.

5 Bildquellenverzeichnis

Vorwort

Die Bilder im Vorwort stammen alle von: © Felix Biedermann

Einführung

Die Bilder in der Einführung stammen alle von: © Felix Biedermann

Teil I

Grünlippmuscheln: © Rytis Bernotas / Shutterstock.com

Grünlippmuschelpulver: © Shutterstock.AI Generator / Shutterstock.com

Hundepfoten mit Herz in Händen: © savitskaya iryna / Shutterstock.com

Lächelnde Seniorin mit Hund vor Couch: © Lucigerma / Shutterstock.com

Hagebuttensträußchen: © Roman_studio / Shutterstock.com

Hände voll Hagebutten: © stu.dio / Shutterstock.com

Frau kniet vor Hund: © Yury Nikolaev / Shutterstock.com

MSM-Pulver: © Food Impressions / Shutterstock.com

MSM-Dose: © nadisja / Shutterstock.com

Teufelskralle: © kelifamily / Shutterstock.com

Teufelskralle in Alpen: © Gherzak / Shutterstock.com

Hund mit orangem Ball: © Inna Vlasova / Shutterstock.com

Mangostan: © Photoongraphy / Shutterstock.com

Mangostane auf Markt: © alexkoral / Shutterstock.com

Frau mit Hund auf Teppich: © Prostock-studio/ Shutterstock.com

Vellierte Trauben: © YuRi Photolife / Shutterstock.com

Frau hält Hund in Arm: © PeopleImages.com – Yuri A / Shutterstock.com

Krillölkapseln: © Madeleine Steinbach / Shutterstock.com
Astaxanthin Meeresfrüchte: © Tatjana Baibakova / Shutterstock.com
Mann und Hund lächeln: © PeopleImages.com – Yuri A / Shutterstock.com
Centella asiatica Grünpflanze nah: © Bowonpat Sakaew / Shutterstock.com
Mörtel mit Kräutern: © Light Stock / Shutterstock.com
Weißer Hund mit Ball auf Wiese: © JanelleT / Shutterstock.com
Ginkgo Ast: © Flower_Garden / Shutterstock.com
Ginkgo Extrakt in Fläschchen: © Monika Wisniewska / Shutterstock.com
Großer Grauer Seniorhund: © Magui RF / Shutterstock.com
Aschwagandha Wurzel und Pulver: © Eskymaks / Shutterstock.com
Aschwagandha Pulver: © creativecrew099 / Shutterstock.com
Alter Mann umarmt Labrador: © Inside Creative House / Shutterstock.com
Exotische Passionsblume: © MargJohnsonVA / Shutterstock.com
Passiflora incarnata Nahaufnahme: © Marcin Lukasiak / Shutterstock.com
Lachende Frau geküsst von Labrador: © Prostock-studio / Shutterstock.com
Haufen Zitronenmelisse: © mommyjarie / Shutterstock.com
Melisse in Tontopf: © DimaBerlin / Shutterstock.com
Welpe auf Hundebett: © Cavan-Images / Shutterstock.com
Rhodiola rosea Busch: © volkova natalia / Shutterstock.com
Rhodiola rosea Nahaufnahme: © Idea Studio / Shutterstock.com
Frau umarmt braun-schwarzen Hund: © Kateryna Onyshchuk / Shutterstock.com
Maca Wurzel Pulver: © Luis Echeverri Urrea / Shutterstock.com
Makanwurzel Knollen: © Luis Echeverri Urrea / Shutterstock.com
Hund in rosa Bettdecke sitzend: © Pixel-Shot / Shutterstock.com
Topinambur Wurzel Korb mit Hand: © La Huertina De Toni / Shutterstock.com
Frische organische Jerusalem-Artischockenwurzel: © YARUNIV Studio / Shutterstock.com
Frau hält hellen Hund im Arm lächelnd: © PeopleImages.com – Yuri A / Shutterstock.com
Psylliumschale in Holzschale: © avijit bouri / Shutterstock.com
Psyllium Husk Drink: © avijit bouri / Shutterstock.com
Golden Retriever im Profil vor Wiese: © V_Lisovoy / Shutterstock.com
Elm Pulver Haufen: © Alex Bogatyrev / Shutterstock.com
Lächelnder Mann mit Hund von Seite: © New Africa / Shutterstock.com
Zeolitpulver mit Löffel transparent: © Yushchuk Myroslava / Shutterstock.com
Zeolitpulver mit Pestel: © teka12 / Shutterstock.com
Lächelnder Mann mit Hund: © AnnaStills / Shutterstock.com
Matcha-Pulver mit Schippe: © New Africa / Shutterstock.com
Chlorella Pulver mit Schippe: © yanishevska / Shutterstock.com
Frau lächelnd mit Hund auf dem Arm: © Kandybka Alina / Shutterstock.com
Pfirsichgummi: © Jeunedaisy / Shutterstock.com
Karaya-Gum einzeln: © nishantt01 / Shutterstock.com
Zwei Hunde lächelnd: © Adree1985 / Shutterstock.com
Getrocknete Johannisbrotkerne: © Artyart / Shutterstock.com
Johannisbrotkerne offen: © Valentyn Volkov / Shutterstock.com
Frau schreibt in Buch mit braunem Hund: © My July / Shutterstock.com
Leinsamen mit Öl: © Fascinadora / Shutterstock.com
Leinsamenöl: © Olena Rudo / Shutterstock.com
Mann mit Golden Retriever auf Bank Umarmung: © PeopleImages.com – Yuri A / Shutterstock.com
Hirsestängel: © S Nilofar / Shutterstock.com
Hände in Gelbhirse: © Nungning20 / Shutterstock.com

Beagle rennt auf Kamera zu auf Wiese: © Stock Holm / Shutterstock.com
Hanföl Pipette: © Melnikov Dmitriy / Shutterstock.com
Hände vor Hanffeld: © 24K-Production / Shutterstock.com
Hund im Korb: © Pixel-Shot / Shutterstock.com
Perillasamen und Öl: © wasanajai / Shutterstock.com
Perillablätter: © jgdanwoo / Shutterstock.com
Border Collie schwarz/weiß: © Eric Isselee / Shutterstock.com
Spirulina Nahaufnahme: © OlegD / Shutterstock.com
Spirulina Pulver und Tabletten mit Schippen: © Kirill Aleksandrovich / Shutterstock.com
Frau mit Hund auf Sessel: © Gladskikh Tatiana / Shutterstock.com
Granatapfelkerne Schüssel: © Mouse family / Shutterstock.com
Granatapfelkerne Nahaufnahme: © Mixa74 / Shutterstock.com
Hund mit Brille vor Laptop: © Iryna Kalamurza / Shutterstock.com
Maulbeeren Nahaufnahme: © Bukhta Yurii / Shutterstock.com
Maulbeeren in Schüssel: © innakreativ / Shutterstock.com
Frau mit Stiefeln küsst Hund: © PeopleImages.com – Yuri A / Shutterstock.com
Algen Nahaufnahme: © HHelene / Shutterstock.com
Rockunkraut-Algen Haufen: © Einar Magnus Magnusson / Shutterstock.com
Hund Zahnuntersuchung: © Nadzeya Sheima / Shutterstock.com
Rüben Nahaufnahme: © Christine Kuchem / Shutterstock.com
Rüben aufgeschnitten: © New Africa / Shutterstock.com
Asiatin mit Hund auf Arm und Handy: © Prostock-studio / Shutterstock.com
Eichenrinde in Schüssel: © LN team / Shutterstock.com
Eichentee: © LN team / Shutterstock.com
Lächelnder Mann von Hund abgeleckt: © Lopolo / Shutterstock.com
Salbeiblätter in Holzschale: © Ika Rahma H / Shutterstock.com
Salbeitee: © New Africa / Shutterstock.com
Schwarz-weißer Hund leckt Nase: © Jucadima / Shutterstock.com
Rote Algen in Schüssel in Hand: © Arunee Rodloy / Shutterstock.com
Rote Alge am Strand: © JourneyGazeGallery / Shutterstock.com
Trauriger Hund schaut über Schulter: © Hanna Taniukevich / Shutterstock.com
Miswak Holz mit Raspeln: © Ermak Oksana / Shutterstock.com
Miswak Zahnbürste traditionell: © Hayati Kayhan / Shutterstock.com
Golden Retriever Zahnschau: © Blachkovsky / Shutterstock.com
Holzschnitzel mit Ternnussmehl: © Picture Partners/ Shutterstock.com
Tigernüsse: © P Maxwell Photography / Shutterstock.com
Frau mit Hund Stirn an Stirn: © eva_blanco / Shutterstock.com
Rote Rote Bete in einer Schüssel: © Esin Deniz / Shutterstock.com
Schale aus lebhaftem Rübenpulver: © Pixel-Shot / Shutterstock.com
Hund, der draußen lächelt: © Tara Lynn and Co / Shutterstock.com
Chokeberry am Strauch: © FotoBuy24 / Shutterstock.com
Chokeberry Nahaufnahme: © Nataly Studio / Shutterstock.com
Frau umarmt Golden Retriever: © ViDI Studio / Shutterstock.com
OPC Supplement in Behältnis: © nadisja / Shutterstock.com
Traubenextraktmehl in Holzschale: © Jr images / Shutterstock.com
Hund auf Bein schläft: © Gerain0812 / Shutterstock.com
Rosa Pillen auf Holzlöffel: © Gerain0812 / Shutterstock.com
Weiße Pillen Q10: © Oksana Mizina / Shutterstock.com
Frau von hinten mit Hund auf dem Arm: © chesterf / Shutterstock.com
Weißes Pulver auf Löffel: © simon jhuan / Shutterstock.com
Taurin Pulver mit Pillen und Formel: © Danijela Maksimovic / Shutterstock.com

Hund, der untersucht wird: © Nestor Rizhniak / Shutterstock.com
Getrocknete Hibiskus Blüte: © hanif66 / Shutterstock.com
Hibiskus Tee mit Blüten: © Esin Deniz / Shutterstock.com
Hund schaut Mann am Laptop zu: © Seventy-Four / Shutterstock.com
Weißdorn Strauch: © Licvin / Shutterstock.com
Dorn Tee: © irina02 / Shutterstock.com
Lachender Hund schaut in Kamera: © Maria Leali / Shutterstock.com
Reife Camu-Früchte: © juerginho / Shutterstock.com
Camu Frucht und Pulver: © guentermanaus / Shutterstock.com
Border Collie läuft auf Wiese: © Pic Media Aus / Shutterstock.com
Acerola Kirschen: © Photoongraphy / Shutterstock.com
Acerola Kirschen und Pulver: © Amelia NF / Shutterstock.com
Frau auf Boden mit Laptop und zwei Hunden: © Basicdog / Shutterstock.com
Lingzhi Reishi Pilz: © sweet_tomato / Shutterstock.com
Lingzhi Reishi Pilz mit Pulver: © wasanajai / Shutterstock.com
Hundekopf auf Teppich: © Renko Aleks / Shutterstock.com
Gelbe Katzenkralle Blumen: © Mercenia / Shutterstock.com
Katzenkralle Pulver: © James Aloysius Mahan V / Shutterstock.com
Hund zwischen lila Blumen: © claire norman / Shutterstock.com
Nahaufnahme lila-weiße Blume: © Harappa / Shutterstock.com
Astragalusblätter und -scheiben: © Zhane Luk / Shutterstock.com
Australian Shepperd Nahaufnahme im Feld: © Rolf Dannenberg / Shutterstock.com
Nahaufnahme eines Maitake-Pilzes: © The Image Party / Shutterstock.com
Ein Makrofoto von Maitake Mushrooms: © blvcksuhel / Shutterstock.com
Amerikanischer Cocker Spaniel in Hundekorb: © O_Lypa / Shutterstock.com
Lapacho Kräutertee in Holzschüssel: © vandycan / Shutterstock.com
Lapacho Kräutertee mit Glastasse und Scheffel: © Heike Rau / Shutterstock.com
Golden Retriever auf Teppich vor Sofa: © Prostock-studio / Shutterstock.com
Kuh oder Büffelkolostrum: © Halil ibrahim mescioglu / Shutterstock.com
Ziegenmilch mit Ziege wird abgefüllt: © StockMediaSeller / Shutterstock.com
Seniorin mit Hund auf dem Schoß: © Mar-Kord / Shutterstock.com
Heilerde mit Löffel in Schüssel: © PhotoSGH / Shutterstock.com
Deutscher Schäferhund im Grünen: © kackaborovska / Shutterstock.com
Brennnesselfeld: © Brian G Burgin / Shutterstock.com
Brennnessel und Nesselsamen: © Heike Rau / Shutterstock.com
Hund High-Five auf der Wiese: © Julia Suhareva / Shutterstock.com
Close-up von Biene Pollensammeln: © Wirestock Creators / Shutterstock.com
Goldenrot Tee mit Pflanze: © Martina Osmy / Shutterstock.com
Frau und Hund Pfötchen im Wald: © Standret / Shutterstock.com
Lila Stiefmütterchen Nahaufnahme: © Jana Milin / Shutterstock.com
Stiefmütterchen Tee: © Malykalexa / Shutterstock.com
Hund im Arm einer Frau mit weißem Hemd: © Reshetnikov_art / Shutterstock.com
Süßholzpulver und -wurzel: © Darwish.Studio / Shutterstock.com
Süßholztee: © Luis Echeverri Urrea / Shutterstock.com
Hund in Hundehütte im Schnee: © ChocoPie / Shutterstock.com
Frauenhand zeigt violette Blume: © Karen Images / Shutterstock.com
Kräutertee mit rosa Blume: © iva / Shutterstock.com
Deutscher Schäferhund Welpe: © otsphoto / Shutterstock.com
NADH Pulver mit Löffel: © luchschenF / Shutterstock.com

Schwarzer alter Hund auf Wiese: © Pommer Irina / Shutterstock.com
L-Carnitin Formel und Pillen: © Danijela Maksimovic / Shutterstock.com
Kreatin Pulverhaufen: © RHJPhtotos / Shutterstock.com
Labrador liegt im Bett und schaut in die Kamera: © Anna_Belova / Shutterstock.com
Alpha-Liposäure im Labor: © chemical industry / Shutterstock.com
Alpha-Liposäure mit Kapseln und Löffel: © Food Impressions / Shutterstock.com
Mongrel Hund sitzt und schaut nach oben schräg: © Claudia Luna Mtz / Shutterstock.com
Giseng Wurzel mit Pillen und Scheffel: © vetre / Shutterstock.com
Giseng Wurzel und -pulver in Holzschüssel: © creativecrew099 / Shutterstock.com
Deutscher Schäferhund liegt mit Kopf auf Pfoten: © Zanna Pesnina / Shutterstock.com
Boswellia Harz auf Holzlöffel: © Madeleine Steinbach / Shutterstock.com
Alter Baum in Wüste: © Marcel Hamonic / Shutterstock.com
Golden Retriever auf Hundebett: © Yobab / Shutterstock.com
Gojibeeren in Hand: © HU Art and Photography / Shutterstock.com
Gojibeeren mit Holzscheffel: © New Africa / Shutterstock.com
Alter Hund Nahaufnahme schaut über Kamera: © Cavan-Images / Shutterstock.com
Cordyceps Pilze in Holzschale: © uladzimir zgurski / Shutterstock.com
Cordyceps auf Steinen mit Moos: © Light Stock / Shutterstock.com
Border Collie läuft Parcours: © Alexandra Kruspe / Shutterstock.com
Fleisch- und Knochenmehl: © RHJPhtotos / Shutterstock.com
Golden Retriever Welpe: © badebeli2 / Shutterstock.com
Kuh oder Büffelkolostrum in Glasschale: © Halil ibrahim mescioglu / Shutterstock.com
Kuh mit Kalb auf Wiese: © Debra Anderson / Shutterstock.com
Boxerhund mit Zunge raus: © KajaHiis / Shutterstock.com
Chiasamen in Holzschüssel: © abdovicamina / Shutterstock.com
Chiasamen in Wasser: © Julie208 / Shutterstock.com
Vizsla Hund Welpe: © otsphoto / Shutterstock.com
Eierschalen mit Mortar: © LN team / Shutterstock.com
Eierschalen mit Holzlöffel: © Olga Pilnik / Shutterstock.com
Welpe mit Metallschüssel: © Gladskikh Tatiana / Shutterstock.com
Aquakultur Algen: © Gulf MG / Shutterstock.com
Algenpulver: © Kjetil Kolbjornsrud / Shutterstock.com
Alter grauer Hund Nahaufnahme: © Pommer Irina / Shutterstock.com
Baoba Bäume Makroaufnahme: © Bossa Art / Shutterstock.com
Baoba Samen und Pulver: © Sissoupitch / Shutterstock.com
Welpe auf Wiese kratzt sich: © kobkik / Shutterstock.com
Händer picken Pflanze: © Afifah Nuranian / Shutterstock.com
Moringa Pulver in Holzschale: © Rostovtsevayu / Shutterstock.com
Alter Hund auf Hundebett: © Cavan-Images / Shutterstock.com
Holzwolle auf Flocken: © New Africa / Shutterstock.com
Nahaufnahme von Brauereiheftrötchen: © Towfiqu ahamed barbhuiya / Shutterstock.com
Welpe mit grünem Spielzeug: © Gladskikh Tatiana / Shutterstock.com
Aufgeschnittene Papaya: © Romix Image / Shutterstock.com
Papayasamen: © Nugi Natanael / Shutterstock.com
Hund an Zwingergitter: © Okssi / Shutterstock.com
Kokosöl mit Holzlöffel: © Imagepocket / Shutterstock.com
Kleiner Hund mit Kokosöl: © ThamKC / Shutterstock.com
Kleiner Hund mit Zecke und Pinzette: © sergey kolesnikov / Shutterstock.com

Hände mit Neemblättern: © soumen82hazra / Shutterstock.com
Neemöl in Flasche mit Pflanze: © Ninetechno / Shutterstock.com
Hunde mit Pflegerin: © andysavchenko / Shutterstock.com
Blätter in Korb: © Stock for you / Shutterstock.com
Wermut Nahaufnahme: © Orest lyzhechka / Shutterstock.com
Dackel Welpe auf Holzboden: © Jennifernik / Shutterstock.com
Thymian Nahaufnahme: © Lilly Reilly / Shutterstock.com
Thymian auf Holzscheffel: © milart / Shutterstock.com
Schäferhund im Wald: © Mariya Kuzema / Shutterstock.com
Oregano Nahaufnahme: © Nohema Contreras / Shutterstock.com
Getrockneter Oregano: © New Africa / Shutterstock.com
Mops Nahaufnahme: © Julija Kumpinovica / Shutterstock.com

Teil II

Die Bilder aus Teil 2 wurden alle mit KI generiert.
Ausnahme: Das Bild „Futterpost für deinen Hund" stammt von: © Felix Biedermann
Ausnahme: Das Bild „Wuffio" stammt von: © Felix Biedermann

Teil III

Die Bilder aus Teil 3 wurden alle mit KI generiert.
Ausnahme: Das Bild „Futterpost für deinen Hund" stammt von: © Felix Biedermann

Abschlusswort

Das Bild stammt von: © Felix Biedermann

Über den Autor

Die Bilder stammen von: © Felix Biedermann

Wuffio

Das Bild stammt von: © Felix Biedermann

Über den Autor

Manchmal beginnt eine große Reise mit kleinen Pfotenabdrücken. Bei mir war es meine Oma, eine leidenschaftliche Hundezüchterin für Rhodesian Ridgebacks. Sie hat mir schon als Kind gezeigt, was es bedeutet, Verantwortung für Tiere zu übernehmen. Ihre Hunde waren für sie keine „Zuchtprodukte", sondern Familienmitglieder und Futter war bei ihr nie nur Futter, sondern ein entscheidender Schlüssel für Gesundheit, Lebensfreude und ein langes Hundeleben.

Damals war Hundeernährung für mich vor allem Herzenssache und Abenteuer. Ich habe gelernt, wie viel Unterschied das richtige Futter macht, egal ob bei Welpen voller Energie, Senioren mit grauer Schnauze oder Hunden, die mit Problemen zu kämpfen hatten. Es gab Zeiten, da stand ich als Jugendlicher stundenlang in der Küche, habe Futterpläne studiert und Rezepte ausprobiert, die heute noch in abgewandelter Form ihren Weg in mein Buch gefunden haben.

Mein Weg in die professionelle Hundeernährung begann nicht im Hörsaal, sondern im Alltag mit kranken Hunden, verzweifelten Besitzern und ganz normalen Sorgen, wie sie jede Familie kennt. Erst später kamen die Ausbildungen, Seminare und Zertifikate dazu und das alles hat mein Wissen gestärkt, aber meine Motivation war und ist immer das echte Leben mit Hunden.

Heute bin ich dankbar, jeden Tag das machen zu dürfen, was mir am meisten Freude bereitet: Hundebesitzer zu beraten, Hunden wirklich zu helfen und dabei auch mal gegen den Strom zu schwimmen. Was mich dabei antreibt ist total einfach. Es sind nämlich die Geschichten von Hundebesitzern, die durch eine kleine Futterumstellung plötzlich einen ganz anderen, vitalen und glücklichen Hund an ihrer Seite haben. Es sind die Mails, die Fotos, die Rückmeldungen aus ganz Deutschland, Österreich,

Schweiz und der gesamten Welt von Hundebesitzern, die sich für meine Arbeit bedanken und nun beruhigter mit der Ernährung von ihrem Vierbeiner sind. Aber auch meine Wut auf die vielen Billigprodukte und den Quatsch, der Hundebesitzern tagtäglich als „gesund" verkauft wird, treibt mich an, für Aufklärung zu sorgen.

Wenn du das hier liest, bist du Teil dieser Mission. Mehr Klarheit, mehr Ehrlichkeit und vor allem mehr Gesundheit im Napf deines Lieblings. Mittlerweile erreichen meine Videos Millionen von Hundebesitzern jeden Monat, egal ob auf YouTube, Instagram, TikTok, Facebook oder in meiner FutterPost. Ich durfte in den letzten Jahren nicht nur Tausende von Hundebesitzern persönlich begleiten, sondern auch viele Firmen beraten, die wirklich etwas verändern wollen. Aber am wichtigsten bleibt für mich immer das einzelne Tier und der Mensch, der es liebt.

Meine Arbeit ist nicht die Jagd nach Reichweite oder Umsatz, sondern die Leidenschaft, einen echten Unterschied zu machen. Denn ich weiß, mit dem richtigen Futter kannst du nicht nur Krankheiten vermeiden, sondern echte Lebensfreude schenken. Das ist mein Antrieb, mein Alltag und ja, manchmal auch mein Ärger, wenn ich sehe, wie Hunde und Halter von der Industrie belogen und über den Tisch gezogen werden.

Deshalb gibt es dieses Buch als Werkzeugkiste für alle, die ihren Vierbeiner wirklich verstehen und unterstützen wollen. Ohne Blabla, ohne Dogmen, sondern praxisnah, ehrlich und immer im Sinne unserer Fellraketen. Deshalb vielen lieben Dank, dass du diese Reise für eine Welt, in der gesunde, glückliche Hunde keine Ausnahme, sondern die Regel sind, mit mir gehst.

Dein Felix

Wuffio: Die Hundeernährungs-App, die für deinen Vierbeiner mitdenkt!

Stell dir vor, du hast rund um die Uhr einen Coach an deiner Seite, der deinen Vierbeiner wirklich kennt. Jemanden, der nicht nur Standardantworten ausspuckt, sondern wirklich zuhört, mitdenkt und die Bedürfnisse deiner Fellrakete versteht. Genau das macht meine App Wuffio aus.

Mit Wuffio hast du die geballte Expertise aus meinen Beratungen immer in der Hosentasche und das Ganze 24/7, egal ob mitten in der Nacht, beim Spaziergang oder am Wochenende, wenn sonst niemand erreichbar ist.

Du stellst einfach deine Frage, egal ob es um neue Superfoods, Unverträglichkeiten, die optimale Futterumstellung, Fellprobleme oder das passende Leckerli für deinen Liebling geht. Die App liefert dir individuell auf deinen Liebling abgestimmte Antworten. Keine Floskeln, keine allgemeinen Tipps, sondern exakt das, was euch als Team wirklich weiterbringt.

Was macht Wuffio so besonders?

Du wirst Schritt für Schritt durch alle Ernährungsfragen geführt und das klar, verständlich und absolut alltagstauglich. Über die Ernährungsreise tauchst du wie in einem interaktiven Spiel Level für Level tiefer in die Welt der Hundeernährung ein und lernst, worauf es wirklich ankommt.

Der **Organizer** hilft dir, alle wichtigen Daten deines Vierbeiners im Blick zu behalten – von der Fütterung über Impfungen bis zu Allergien, Medikamenten und sogar Geburtstagen. Sogar alles mit Erinnerungsfunktionen, damit du nie wieder etwas vergisst.

Jeden Tag wartet außerdem ein spannendes Quiz auf dich, mit dem du spielerisch dein Wissen testest und immer wieder neue, praxisnahe Tipps bekommst.

Wuffio ist genau deshalb keine nullachtfünfzehn App. Es ist das Tool, das du dir immer gewünscht hast, wenn du nachts grübelst, ob das neue

Futter wirklich passt, oder wenn du im Alltag einfach eine ehrliche, schnelle Antwort brauchst. Mit Wuffio bist du nie mehr allein, wenn es um die Ernährung deines Lieblings geht und bekommst in Sekunden das Know-how, für das sonst viele Hundebesitzer monatelang suchen müssen oder sogar viel Geld zahlen müssten!

Teste Wuffio jetzt kostenlos!

Scanne einfach den QR-Code, lade dir die App herunter und entdecke, wie einfach individuelle Hundeernährung heute sein kann. Mach Schluss mit Halbwissen, Internet-Foren und Zufallstipps und hol dir echte Lösungen, die zu deiner Fellrakete passen. Ich verspreche dir, dass dein Liebling es dir danken wird.